全栈开发实战宝典

优逸客科技有限公司　编著

机械工业出版社

"全栈"翻译自英文 Full Stack，表示为了完成一个项目所需要的一系列技术的集合。IT 行业发展到现阶段，开发一个 Web 应用，工程师需要具备的技能涵盖：前端标记语言（如 HTML 5、CSS 3）、前端编程语言（如 JavaScript）、服务器端编程语言（如 Node.js）、数据库（如 MongoDB）等，这些技术互相联系、互相依赖，缺一不可。

本书分享了全栈工程师的技能要求、核心竞争力、未来发展方向，以及对移动端的思考，内容涵盖了 Web 全栈开发的方方面面。本书既可以为互联网行业新人提供一幅精准的技术路线图，又可以作为相关从业程序员即学即用的工具书。

图书在版编目（CIP）数据

全栈开发实战宝典 / 优逸客科技有限公司编著. —北京：机械工业出版社，2018.11

ISBN 978-7-111-61262-9

Ⅰ．①全… Ⅱ．①优… Ⅲ．①网页制作工具－程序设计

Ⅳ．①TP393.092.2

中国版本图书馆 CIP 数据核字（2018）第 249885 号

机械工业出版社（北京市百万庄大街 22 号　邮政编码 100037）

策划编辑：丁　诚　　责任编辑：丁　诚

责任校对：张艳霞　　责任印制：孙　炜

保定市中画美凯印刷有限公司印刷

2019 年 1 月·第 1 版·第 1 次印刷

184mm×260mm · 29.5 印张 · 727 千字

0001－3000 册

标准书号：ISBN 978-7-111-61262-9

定价：99.00 元

前　言

读者现在拿在手里的这本书是优逸客科技有限公司出品的"实战宝典"系列丛书的第二部，第一部《HTML 5 实战宝典》可以在各大书店及相关网店购买。

优逸客科技有限公司是一家全国知名的实训机构，拥有一流的师资团队，成员大多来自北京、上海的一线公司，他们拥有丰富的实战经验。多年来，从这里走出了 3000 多名优秀的前端工程师，成就了无数学员的梦想。2014 年初，我们决定把自己掌握的知识和经验分享给更多的人，几经筹划，最终本系列丛书诞生。当时大量 Hybird App 和 Web App 兴起，企业为了追求高效，会使用 HTML 5 替代原生开发，导致市场对 HTML 5 技术人才的需求量大大增加，为了满足这个需求，我们出版了丛书的第一部《HTML 5 实战宝典》。很多前端工程师学习阅读之后纷纷表示受益匪浅，积极反馈要求分享更多的知识以适应新的 Web 开发趋势，正好在此期间我们的课程体系经过多次打磨修正，全面升级到了全端+全栈的体系，我们觉得非常有必要把全端+全栈的知识分享给大家，所以就有了丛书的第二部《全栈开发实战宝典》，希望大家喜欢！

本书内容主要围绕全栈开发展开，那么什么是"全栈"？

"全栈"翻译自英文 Full-Stack，表示为了完成一个项目所需要的一系列技术的集合。IT 行业发展到现阶段，开发一个 Web 应用，工程师需要具备的技能涵盖前端标记语言、前端编程语言、服务器端编程语言、数据库等，这些技术互相联系、互相依赖，缺一不可。以至于所有的 IT 公司都亟须有全栈人才的加入，缩短开发周期、减少开发成本、增强产品的伸缩性和可维护性。

近几年前端技术飞速发展，使得前端程序语言 JavaScript "焕发" 出了它本该具有的光芒。在这种力量的支持下，后台 JavaScaript 也迅猛发展，我们称之为 Node.js。Node.js 的诞生使得前端程序员无障碍地进入到后台世界，与此同时，非关系型数据库如火如荼。JavaScript 再次发力完成对 MongoDB 的操作和控制。至此，JavaScript 以全新的姿态进入人们的视野。一种语言能够完美地衔接前端、后台、数据库，这是其他语言难以做到的，使得前端人员迅速占领了全栈工程师的高地。

围绕这两个核心概念，本书分为 4 部分来介绍全端和全栈开发中涉及的技术。

1. 全栈之 Java Script

本部分主要介绍 Java Script，包含它的"前世今生"、语法结构、操作逻辑等。这一部分会结合读者在工作中遇到的大量实例来全面剖析 Java Script 的每一个知识点。通过对比的方式对 ES5 和 ES6 做解析，让读者能够明白新的语法结构和语言升级的来龙去脉。

2. 全栈之 PHP+MySQL

本部分主要介绍 PHP 和 MySQL。作为一名前端工程师来说，向后台进军显然是不太容易的。我们需要掌握新的语言，需要掌握不同于前台的编程思想，需要和数据打交道。但幸运的是，Node.js 的诞生帮助前端人员大大降低了进入后台的门槛。但是 Node.js 作为一个"新秀"，它天然继承了大部分语言的精髓，所以入门相对来说比较难，于是我们先从 PHP

这个简单、优秀的语言说起，让读者先明白一个应用前后台的架构模式和编程思想，然后再进入 Node.js 的学习。

这一部分内容并不是本书的重点，但是它起着承前启后的作用，既能整合前面前端的内容，又能理清后面 Node.js 的编程思想，同时读者还能再掌握一门语言。这一部分中，我们将会以实际项目开发的思路带领读者写一个自己的 MVC 框架，这样既能熟悉 PHP 语法，又能了解 PHP 的主流编程思想，同时还能掌握现在流行的一些架构模式。

3. 全栈之框架

本部分对 Angular JS 和 React JS 等流行的框架进行了详细的阐述。

4. 全栈之 Node.js

Node.js 是一个让 JavaScript 运行在浏览器之外的平台。它实现了诸如文件系统、模块、包、操作系统 API、网络通信等 JavaScript Core 没有或不完善的功能。

本部分的讲解覆盖了 Web 开发中的大多数知识点，从原生 JavaScript 到 AngularJS、ReactJS 框架，从 PHP 到 Node.js，深入讲解 ES6 核心内容，全面剖析 Node.js 开发模式，全面解读 MVVM 模式和组件化开发模式，全面分析流行框架以及前端自动化开发工具的原理。选题案例应用价值高，且全部来源于大型项目的真实案例，完全可以应用于真实的项目。

同时，本书作者团队曾指导上千名前端、全栈开发工程师高薪就业，学习成果久经考验，列举的实例数量多，质量高，覆盖最前沿的技术方案。他们不仅精通程序开发，同时又是经验丰富的讲师，对学习过程中的重点、难点，以及学生容易感到困惑的点都有非常精准的把控，知识点之间的关联、顺序都是根据多年的实训经验积淀而成，这一点在本书的各个章节中都有体现。

看着这样一本书的诞生，我们百感交集，在这里要感谢所有为本书付出了大量精力的同事，没有他们的辛勤工作，就没有本书的问世，他们分别是优逸客公司总经理张宏帅，副总经理严武军，实训副总监岳英俊，全栈团队马彦龙、候宁洲、王琦、马松、李星、石晓蕾、杨晓春、杨登辉。在本书编写过程中，他们加班加点，几易其稿，精益求精，力求做到让所有知识点都清晰明了，力争每一段示例代码都是经过深思熟虑的精品，尽最大努力尝试让读者在阅读的过程中，不仅可以学到技能，同时还能感受到代码之美！

因为作者水平有限，书中难免会出现纰漏和瑕疵，请广大读者批评、指正。

编　者

目　　录

第 2 部分 全栈之 PHP+MySQL 212

第 3 部分 全栈之框架 251

第 1 部分　全栈之 JavaScript

从 Web 的发展史来看，Web 1.0 以展示和呈现信息为主。从 Web 2.0 开始以使用和交换信息为主，即人机交互。交互的出现使得人们能在互联网上进行各种各样的活动，如社交、购物、观影等，而互联网的发展不仅于此。移动端的出现使得人们不再局限于计算机旁，每个人则变为行走的数据。离开了固定局促的计算机旁，人们发现基于互联网能做更多的事情，如移动支付、移动办公、移动餐饮、移动学习、移动娱乐，越来越多的事情都能在移动中完成。所以人们需要的交互越来越多，交互的逻辑也越来越复杂。于是开始进入 Web 3.0 时代也就是万物互联的时代。

JavaScript "生于" Web 1.0，但是在 Web 2.0 的时候 "粉墨登场"，它的出现正好契合了 Web 2.0 时代的标志。它使得前端页面具有了动态的效果，具有了交互的生命和产品的灵魂。于是 JavaScript 受到了越来越多的从业人员的追捧和喜爱。JavaScript 一路追随着互联网的发展在更新和迭代，于是 ES5、ES6、ES7 一路 "高奏凯歌"，全面占领了前端的高地，能够高效地运行在 PC 端、移动端、多端，为下一步布局做好充分的准备。

JavaScript 现在已然是前端的代名词，成为前端的核心技术。它能够对重构的页面进行动态操作，能够实现人类对于前端页面操作的所有想象，能够为静态的页面注入活力四射的数据。本章将对 JavaScript 展开详细的讲解，结合大量的实例来全面剖析 JavaScript 的每一个知识点。通过对比的方式对 ES5 和 ES6 做解析，让读者明白新的语法结构和语言升级的来龙去脉。

JavaScript 是进阶 Web 全栈开发的必经之路，也是 Web 全栈开发中最核心的语言，本部分对后续内容有着举足轻重的作用。

第 1 章

JavaScript 基础概念

本章主要内容

- **JavaScript 的用途**
- **JavaScript 的发展历史**
- **JavaScript 的语法特点**
- **JavaScript 的引入方式**
- **JavaScript 中的输出工具**

全端意味着利用相关的技术、编程手段、编程思想将视觉和交互效果无缝、完美地重构到多种终端。本章将从基本语法开始，详细阐述能够实现交互效果的 JavaScript。

JavaScript 是一门跨平台、面向对象的弱类型的轻量级的解释型语言，也是目前最流行的网页前端脚本语言之一，通常被称为 JS。那些炫酷的页面效果、良好的交互体验、表单验证等，都是通过 JavaScript 实现的。

随着 AJAX 的出现，前端可以在不刷新页面的情况下和后台进行数据交换，从而实现页面数据的更新。jQuery 库的出现，使得 JS 编写变得非常简洁。类似于 ECharts、D3 插件的出现，使得前端实现丰富的数据可视化图表变得更加容易，AngularJS、React 等优秀框架的出现，大大提高了开发效率。最终 Node 的发布，使得 JS 不仅可以运行在前端，还可以运行在服务器上。现在，前端工程师通过 JS 实现网站开发已经成为现实了。

以上只是陈列了本书中涉及的一些插件和框架，当然还远不止这些，那么面对这么多框架和插件，该如何快速上手呢？既然它们都是建立在 JavaScript 的基础上，那么只要把 JavaScript 中的基本知识以及原理都理解透彻，学习将会变得容易很多。

关于 JavaScript，大家必须深刻理解并熟练运用的有 3 部分，即变量、对象、函数。具体内容会在接下来的章节中讲到。

本章将重点阐述 JavaScript 的基础概念。

1.1　JavaScript 的用途

　　JavaScript 作为前端开发中的核心语言，其重要性不言而喻，那么用它能做些什么呢？本节将介绍 JavaScript 的一些应用场合。

1.1.1　数据的验证

　　JavaScript 最初设计的目的就是用来完成表单数据的验证。到今天，利用 JavaScript 完成数据验证依然是一种重要的验证方式，当然，除了使用 JavaScript，表单中也有自带的验证功能，但是一些需要结合数据库的验证依然需要通过后台语言来完成。

　　例如，优逸客官网（www.sxuek.com），首页中有在线咨询的功能，其中有输入手机号的一个输入框，当用户输入信息时就需要进行数据验证。还有人们经常操作的用户登录、注册等也都需要进行数据验证。

1.1.2　制作页面动态效果

　　随着网络链接速度的提升和硬件设备的发展，人们越来越不满足于简单、死板的内容呈现方式，通过浏览器，用户更想看到一些不一样的效果，而 JavaScript 就是在网页中制作动态效果的比较好用的工具。

　　例如，优逸客官网的轮播图和楼层跳转等动态效果都是通过 JS 实现的。

1.1.3　对事件做出响应

　　JavaScript 是基于事件驱动的，用户可以通过单击、鼠标指针的移入移出、滚轮滚动、键盘按下等一系列的事件来控制页面中代码的执行，进而提升网页的交互性。

　　例如，在优逸客官网中通过单击 banner 图的轮播点、导航栏等，可以进行内容的切换等，包括鼠标指针移入后效果的变化，其实都是 JavaScript 在对事件做响应。

1.1.4　单页面应用

　　随着 AngularJS 等前端框架的兴起，JavaScript 能够在前端网页中处理的逻辑也更加复杂，WebStorage 更是给开发人员提供了直接在浏览器中保存数据的便利。以前一些 C/S 结构的应用现在也可以基于浏览器来实现了。

　　例如，谷歌在线的 Word、Excel 等编辑器；各大平台的云，如小米云、谷歌云等都是单页面应用。

1.1.5　网页游戏

　　H5 中的 Canvas 给开发人员提供了在页面中处理复杂 2D、3D 效果的接口，当然，操作这些接口的还是 JavaScript。虽然如今在浏览器端的网页游戏更多的是通过其他语言实现的，但是基于 JavaScript 的游戏，现在也可以在游戏市场分一杯羹。

1.1.6　服务器端的应用

Node.js（有关 Node.js 详见本书的第 3 部分）就是运行在服务器端的 JavaScript。Node.js 是一个事件驱动 I/O 服务端的 JavaScript 环境，基于 Google 的 V8 引擎，执行 JavaScript 的速度非常快，性能非常好。

JavaScript 发展到目前为止，它不仅仅作为一种客户端语言，而且还能构建服务器，但是无论如何，学习它都需要学习以下 3 部分：

1）ECMAScript，核心语法部分。

2）浏览器对象模型（BOM），提供访问和操作网页内容的方法和接口。

3）文档对象模型（DOM），提供与浏览器交互的方法和接口。

注：在本书 Node 部分还有关于 JavaScript 的其他操作，如操作文件、操作数据库等，相关内容请查阅本书的第 3 部分。

有关 BOM 和 DOM 的详细介绍请参考第 6 章。

1.2　JavaScript 的发展历史

如上节介绍所说，JavaScript 拥有诸多用途，那么我们不禁好奇，如此强大的一门语言，它是怎么由来的呢？

1.2.1　悄然诞生

1995 年，Netscape（网景）公司的 Brendan Eich（布兰登·艾奇）（见图 1-1）在公司提出的"看上去与 Java 足够相似，但是比 Java 简单，使得非专业的网页开发者也能很快上手"的要求下，利用 10 天时间就把 JavaScript 设计出来了。当然，起初并不是 JavaScript 这个名字，最开始叫作 liveScript，因为 Sun 公司（Java 开发者所在公司）与网景合作的原因，故改名为 JavaScript。

同年，不甘落后的微软在自己的 IE 浏览器中嵌入了 JavaScript 的复刻版并且将其命名为 JScript，独立发展自己的客户端脚本语言。

1997 年，通过网景、Sun、微软等公司以及众多开发者的努力，统一标准的 ECMAScript 被作为标准规范推出，标准编号为 ECMA-262，从此 ECMAScript 就成为 JavaScript 等脚本语言实现的标准基础。因为命名版权的原因，JavaScript 的正式名称为 "ECMAScript"。ECMA（欧洲计算机制造联合会）是制定计算机标准规范的机构，不

图 1-1

过在一般场合下，还是把它称为 JavaScript。

1.2.2　稳步发展

1998 年、1999 年，ECMAScript 2.0 和 ECMAScript 3.0 相继推出，并且稳定下来，在之后的很长一段时间内，JavaScript 都在有条不紊地发展。随着 JavaScript 的不断发展，越来越多的人加入到 JavaScript 开发者的行列中。当然，因为语言本身设计缺陷的问题，JavaScript 越来越多的不足之处渐渐暴露了出来。所以新版本的推出已经迫在眉睫。

2008 年，关于 JavaScript 新版本协商的会议在并不和谐的氛围中落下帷幕，因为有太多激进的改动被提出，众多开发商不能达成一致，所以最终只是采用了一个折中的办法，将一些较小的改动加入到新版本中，并且命名为 ECMAScript 3.1。而一些激进的改动则作为 JavaScript.next 继续改进。ECMAScript 3.1 也在不久后正式更名为 ECMAScript 5。

1.2.3　黄金时代

2015 年 6 月，ECMAScript 6.0 正式推出，其中包含了大量关于 JavaScript 的语法补充以及新的语法，因为还有许多改动不断被提出，所以标准委员会决定，在每年 6 月份发布一次版本更新，而第一版的正式名称也被改为 ECMAScript 2015。

如今，越来越多基于 JavaScript 的框架出现，JavaScript 可以完成的功能也越来越多，使用也越来越方便。AngularJS、ReactJS、VueJS 等框架让前端开发进入了全新的模式，而 Node.js 的出现和发展也让 JavaScript 进入了后台和数据库。在未来一段时间内，JavaScript 作为 Web 全栈开发的核心，将会迎来更加鼎盛的发展。

1.2.4　JavaScript 和 ECMAScript

如上文所述，ECMAScript 1.0 版从一开始就是针对 JavaScript 语言制定的，但是之所以不叫 JavaScript，有两个原因：

1）Java 是 Sun 公司的商标，根据授权协议，只有 Netscape 公司可以合法地使用 JavaScript 这个名字，且 JavaScript 本身也已经被 Netscape 公司注册为商标。

2）想体现这门语言的制定者是 ECMA，而不是 Netscape，这样有利于保证这门语言的开放性和中立性。

因此，ECMAScript 和 JavaScript 的关系是，前者是后者的规格，后者是前者的一种实现。日常场合中，这两个词是可以互换的。

1.2.5　JavaScript 和 Java

在开始接触 JavaScript 时，很多人都会误解 JavaScript 和 Java。这两个编程语言除了"外貌"看起来有点相似，实则是两种完全不同的编程语言：

1）从发布公司来讲，Java 是 Sun 公司于 1995 年 5 月推出的；而 JavaScript 是 1995 年

由 Netscape 公司设计并实现的，由于两个公司间的合作关系，Netscape 高层希望它看上去能够像 Java，所以取名为 JavaScript。

2）从本质上来说，Java 是面向对象的编程语言；而 JavaScript 是基于对象的，它本身就提供了很多丰富的内置对象可以供设计人员使用。

3）从执行方式上来讲，Java 是编译性的语言，即在执行之前必须经过编译；而 JavaScript 是解释性的语言，在执行之前无须编译，由浏览器解释执行，等等。总之，Java 和 JavaScript 是两个完全不一样的语言。

1.3　JavaScript 的语法特点

每个编程语言都有自己的特点，而语法的学习是入门的开始。本节将介绍 JavaScript 这门编程语言的特点。

JavaScript 是基于对象和事件驱动的松散型的解释性语言，下面一一解释每个特点。

1.3.1　基于对象

基于对象，是因为 JavaScript 是基于面向对象的方式开发的，通过构造函数完成类的定义，通过对象冒充和 prototype 实现继承。之所以说是继承，是因为它自身就有很多内置的对象可以直接使用，关于 JavaScript 内置的对象将在第 5 章中详细介绍。

示例：

```
function Array(){}
var arr=new Array();
//在 JavaScript 中没有类，需要通过构造函数来模拟类
class Phone(){
}
var phone=new Phone();
//通过构造函数新建一个对象，这个对象会继承父类身上所有的属性和方法
```

1.3.2　事件驱动

在事件驱动这个特点中，事件指的就是用户的一些操作或浏览器的一些行为，如用户单击鼠标、按下键盘上的某个键等。JavaScript 的运行需要事件的驱动来完成，那么对于事件我们可以在 HTML 代码中添加，也可以在 JavaScript 代码中添加。

示例：

```
<!-- 在 HTML 中添加 -->
<div onclick="alert('欢迎来到优逸客(山西)实训基地')">优逸客</div>
// 在 JS 中添加
divobj.onclick=function(){
    alert('欢迎来到优逸客(西安)实训基地');
  }
```

1.3.3　松散型

之所以说 JavaScript 具有松散型特点（有时也称为是一门弱语言），是因为相比 Java、C 等强语言，它的语法并不是很严格。在强语言中，不同类型的变量声明方式也不相同，而在 JS 中，不用关注变量的类型，一个 var 就可以搞定；每一行代码的最后可以加分号，也可以不加分号；函数和 var 声明的变量都可以在声明之前访问等。

示例：

```
console.log(str);  //undefined
var str="优逸客";
var num=123465;
console.log(num);  //123456
```

说明：在上述示例中定义的变量 str，在没有声明之前就可以调用，且不报错。此处得到的 undefined 是个数据类型，并不是错误，后续章节中会讲到。

1.3.4　解释型

在众多编程语言中，如 C、C++、Java、JavaScript、PHP 等，都可以分为两类，即编译型语言和解释型语言。如果把读者比喻为计算机，那么编程语言就是一本书，读者通过阅读书上的内容，理解书里边的内涵，从而采取某些相应的动作。解释型语言就类似于阅读英文的文献，需要一边看一边翻译。

JavaScript 作为典型的解释型语言，不需要编译，可以由浏览器来解释执行，所以在学习 JavaScript 时，安装主流浏览器进行测试是很有必要的，如 IE、火狐、谷歌。

1.4　JavaScript 的引入方式

通过学习前 3 节，读者已经初步对 JavaScript 有了一定的了解，为了让静态的 HTML 页面实现某些动态效果，因此引入 JavaScript。本节将重点介绍如何将 JavaScript 与 HTML 页面正确地联系起来。

总的来说，在 HTML 网页中引入 JavaScript 有 4 种方式，这 4 种方式各有各的用途，在实际工作中具体采用哪种方式，需要根据具体的需求来决定。

1.4.1　在域名或者重定向的位置引入

示例：

```
<!DOCTYPE html><html lang="en">
<head>
    <meta charset="UTF-8">
    <title>Document</title></head><body>
    <!-- 在域名中引入，即在 a 标签的 href 属性中引入 -->
```

```
<a href="javascript:alert('优逸客(山西)实训基地')">链接</a>
<!-- 在重定向中引入，即在表单的 action 属性中引入-->
<form action="javascript:alert('优逸客(西安)实训基地')" >
    <input type="submit" name="" value="">
</form>
</body>
</html>
```

说明：如上述示例，当用户单击链接进行页面跳转或提交表单时就会执行对应的 JavaScript 语句。在实际工作中，JavaScript 语句一般都会写在对应的 JS 文件中。

1.4.2   在事件中引入

在事件中引入 JavaScript，即在元素的某个属性中直接编写 JavaScript 代码，这里的属性指的是元素的事件属性，如 onclick 表示鼠标单击事件。

示例：

```
<!DOCTYPE html><html lang="en">
<head>
    <meta charset="UTF-8">
    <title>Document</title></head><body>
  <div onclick="alert('优逸客[山西]实训基地')">优逸客</div>
</body>
</html>
```

说明：如上述示例，当用户单击该文本时会执行对应的 JavaScript 语句。该方式一般也仅用于测试，在实际工作中，这些操作都是在 JS 文件中实现的。

1.4.3   在页面中嵌入

在页面中嵌入，类似于之前的 CSS 通过 style 标签对在页面中嵌入，JavaScript 可以在页面中通过 script 标签对嵌入。

示例：

```
<!DOCTYPE html><html lang="en">
<head>
    <meta charset="UTF-8">
    <title>Document</title>
  <script>
      //这里编写 JavaScript 程序
  </script>
</head>
<body>
</body>
</html>
```

注意：JavaScript 代码必须在<script></script>标签对内编写。该引入方式一般在做练习的时候比较常用，真正做项目的时候不推荐大家使用，因为不能很好地实现前后台分离。

1.4.4　引入外部 JavaScript 文件

在实际工作中，不同功能的文件一般是分离的，所以外部引入的形式采用较多，引入方式也是采用 script 标签对。不过这里需要注意的是，在引入外部文件时，script 标签对中间是不能放置任何其他内容的！

示例：

```
<!DOCTYPE html><html lang="en">
<head>
    <meta charset="UTF-8">
    <title>Document</title>
    <script type="text/javascript" src="script.js"></script>
    <script  type="text/  javascript  "  src="script.js">alert(2);
</script>  //这种写法虽然不会报错，但是不会执行 script 标签对之间的代码
</head>
<body>
</body>
</html>
```

注意：引入外部 JavaScript 文件的 script 标签可以放在 head 标签内，也可以放在 body 标签内。

1.4.5　注意事项

上文中介绍的 4 种不同的引入方式之间会在代码加载的时候按照书写顺序执行。

多个块之间（即多个 script 标签对）的代码最终还是在一个环境中解析的，所以互相之间是有关联的，会相互影响。

示例：

```
<script type="text/javascript">
    var str='uek';
</script>
<script type="text/javascript">
    alert(str); //uek
</script>
```

说明：如上述示例，在第一个 script 标签对中声明的变量，可以在第二个 script 标签对中进行调用。特别注意，在 JavaScript 脚本中不能出现 script 标签对。

1.5　JavaScript 中的输出工具

在上节中已经学习了如何将 HTML 页面和 JavaScript 关联起来，即 JavaScript 的引入，

那么在编写代码的过程中，除了要正确引入文件，编写高质量、优美的语法代码也是必需的。但是在编写过程中难免会碰到一些 bug，所以需要一些输出工具来完成一些数据的验证测试。在最终完成的程序中肯定看不到这些输出的代码，但在开发过程中，这些输出调试是必需的，常用的输出方式有 console.log()、alert()、document.wirte()等，下面将详细介绍每个输出工具的使用方法。

1.5.1 console

console 是控制台的意思，在浏览器中打开开发者工具就可以找到控制台，各个浏览器都有自己的查看工具，功能各有千秋，常用的控制台命令如下：

1）console.log()可在控制台打印括号中的内容，将要输出的内容写到括号中即可，可以一次输出多个。

示例：

```
var num1=1;
console.log(num1);        //1
var num2=2;
console.log(num1,num2); //1 2
```

说明：有时在不同的浏览器中可能会输出不同的结果，如对于对象的输出，这是正常现象。

2）console.dir()可详细地输出一个对象的所有属性以及原型链。

示例：

```
var obj={name:'zhangsan'};
console.dir(obj);
// object
//  name:zhangsan
//  __proto__:Object
```

3）console.table()，对于某些复合类型的数据，它可以将其转为表格显示。

示例：

```
var arr=[{name:"zhangsan",age:17},{name:"lisi",age:18}];
console.table(arr);
```

示例输出结果见表 1-1。

表　1-1

(index)	name	age
0	zhangsan	17
1	lisi	18

4）console.clear()可清空当前的控制台。

当然还有一些其他方法，不过常用的就是这些，读者若感兴趣可以详细查阅 console 对象。

1.5.2 alert()

方法 alert()用于显示带有一条指定消息和一个确定按钮的警告框。

示例：

```
var str="弹出一个对话框";
 alert(str);
```

示例运行结果如图 1-2 所示。

图 1-2

说明：alert()会阻塞代码的运行，这在测试的时候对我们非常有帮助，如果不想程序被阻塞，可以采用其他输出方式。

1.5.3　document.write();

此方法会在文档中打印内容并显示到网页中，不过，因为这样的操作会影响文档结构，所以这种方式不推荐使用，可在页面中做一些有个性的输出测试。

1.5.4　prompt(str,[value]);

此方法用于弹出一个输入框，可以为它指定默认值，也可以接收该输入值。
示例：

```
// 指定默认值
var str1 = prompt("请输入用户名：","Lily");
// 不指定默认值
var str1 = prompt("请输入用户名：");
```

示例运行结果如图 1-3 所示。

图 1-3

1.5.5　confirm()

此方法用于弹出一个确认框，单击确认返回 true，单击否返回 false。

示例：

```
var str2 = confirm("你确定要报名吗？");      //单击确认
console.log(str2);                          //true
```

示例运行结果如图 1-4 所示。

图 1-4

1.5.6　JavaScript 注释

在实际开发过程中，除了通过输出工具可以帮助我们进行代码的调试，还可以借助 JavaScript 注释。

JavaScript 注释分为两种：行注释// 和块注释/**/。

通过添加注释可以对 JavaScript 代码进行解释，或者提高代码的可读性；还可以使用注释来阻止代码的执行。

下面的示例中使用行注释来解释代码：

```
var str = "优逸客(山西)实训基地";// 通过方法 alert()在页面中弹出 str 的值
alert(str);
```

下面的示例中使用块注释进行多行代码的注释，故块注释又可以称为多行注释：

```
var str = "优逸客(山西)实训基地";
/*alert(str);
var str = "优逸客(西安)实训基地";
*/
alert(str);
```

说明：不能嵌套使用块注释，否则会报错。

第 2 章

基本构成

本章主要内容

- **JavaScript 变量**
- **数据类型**
- **JavaScript 运算符**
- **JavaScript 流程控制**

每个编程语言都有自己一套完整的基础语法,当然这些语法之间会有一些类似,如果读者之前有了解过其他语言,将很容易上手。无论哪门语言,都会涉及变量、函数、对象等最基础的知识。

我们在编程过程中更多的是对不同类型的数据在不同的条件下进行不同的操作。每个应用中都会涉及各种类型的数据以及对数据的操作。

本章将介绍 JavaScript 中有关变量的基础语法以及数据类型、常见运算符和流程控制。

2.1 JavaScript 变量

在应用编程中，需要使用变量作为值的符号，而且操作最多的就是变量。变量是整个 JavaScript 语法最基础的概念。

2.1.1 变量的概念

在代数计算中，通常会使用一个字母来保存值，如字母 x 上保存一个数值 2，字母 y 上保存一个数值 3，之后通过表达式 z=x+y，可以计算出 z 的值为 5。

在 JavaScript 中，这些字母称为变量。读者可以将变量理解为就是一个用来存储数据的容器。JavaScript 中的变量可以保存和引用任意类型的数据。变量在内存中的存储如图 2-1 所示。

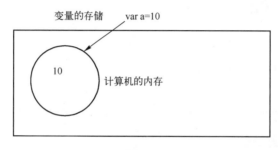

图 2-1

在 JavaScript 中，变量除了可以用单个的字母来命名，也可以用一些更语义化的名称来命名，如 num、sum 等。这和它的松散类型关系密切。这里读者需要牢记 JavaScript 中的命名规范：

1）严格区分字母的大小写。JavaScript 是区分大小写的语言，即变量名、函数名、关键字都必须采取一致的大小写形式。例如，变量名"num""Num""NUM"是 3 个不同的变量名；函数名也类似；关键字"var"必须写成"var"，而不能写成"Var"或者"VAR"。

2）变量名必须以字母、下画线、$符号作为开始，后面可以跟任意的字母、数字、下画线、$符号。

3）不能使用关键字或保留字命名。关键字就是 JavaScript 中用来执行特定操作的代码，如 var。保留字是 JavaScript 预留的用于执行特定操作的代码，如 int。

4）JavaScript 有自己的命名习惯，例如，驼峰命名法：getElementById；首字母大写法：Object()。

5）命名尽量要有实际意义，这样代码的可读性比较高。

在 JavaScript 中，常常用到标识符（即一个名字）对变量和函数进行命名。在 JavaScript 中规定了一些标识符专门为自己所用，即关键字，见表 2-1。

表 2-1

Break	Do	instanceof	typeof	case	else
New	Var	Catch	finally	return	void
Continue	For	Switch	while	function	this
With	default	If	throw	delete	in
Try	extends	Class	const		

除了关键字以外，和其他语言一样，JavaScript 也保留了一些标识符在后续的版本中可能会用到，称为保留字，见表 2-2。

表 2-2

Abstract	Enum	Int	short	boolean	export
Interface	static	Byte	long	super	char
Final	native	Synchronized	float	package	throws
Goto	private	Transient	debugger	implements	protected
Volatile	double	Import	public		

2.1.2　变量的声明和赋值

在 ES6 之前，变量的声明一般使用 var 来完成，在 ES6 中新增了使用 let 来声明变量的方式。

1. var 声明变量

使用 var 声明和赋值变量有以下 4 种形式：

1）声明的同时赋值：

```
var url = "www.sxuek.com";
```

说明：在上述示例中通过 var 定义一个变量 url，并同时通过赋值运算符给它赋值。

2）先声明后赋值：

```
var url;
url = "www.sxuek.com";
alert(url);
```

说明：在上述示例中通过 var 先声明一个变量 url，声明后可以在之后使用时再对它进行赋值操作。在上述示例中存在变量覆盖问题，详见 2.1.3 节。

3）一次声明多个变量，同时赋值：

```
var name = "wangwu",age = 17,sex = "girl";
```

说明：上述示例和第 1 种方式声明类似，只不过此处同时声明了多个变量并同时进行赋值，需要特别注意的是，多个变量间要用逗号隔开。

注意：

1）此处有的值上加了引号，有的没加，加了引号的声明是字符串类型的数据，数字 17

是数值类型的数据。

2）一次性声明多个变量必须要用逗号隔开。

3）一次声明多个变量，然后赋值：

```
var name, age , sex;
name = "lisi";
age = 14;
sex = "boy";
```

说明：同第 3 种声明方式，需要注意多个变量间用逗号隔开。

2．let 声明变量

let 是 ES6 新增的命令，用法类似于 var，但是它所声明的变量只在 let 命令所在的代码块内有效。let 方式与 var 方式的区别主要体现在作用域上，这里暂且不做讨论。

不像 var 存在变量提升现象，即变量可以在声明之前使用，值为 undefined。为纠正这种奇怪的现象，let 命令改变了语法行为，即变量一定要先声明后使用，否则会报错。

示例：

```
console.log(foo);   // undefined
console.log(bar);   // bar is not defined
var foo = 2;
let bar = 2;
```

说明：在上述示例中，通过关键字 var 声明的变量 foo 可以在声明之前进行访问，只不过结果为 undefined，undefined 是个数据类型，并不是报错。而通过 let 声明的变量 bar 在声明之前进行访问会报错，并非变量未定义。

3．const 方式

可以使用关键字 const 声明一个只读的常量。常量标识符的命名规则和变量相同。此外需要注意，const 必须在声明的同时赋值，并且不能重新声明和赋值。

示例 1：

```
const PI=3.1415926;
PI=3.14 //Uncaught TypeError: Assignment to constant variable.
```

说明：以上示例表明常量不可以通过赋值来改变原来的值，也不可以在脚本运行时重新声明，它必须初始化为某个值。

示例 2：

```
const foo; // Missing initializer in const declaration
```

说明：以上示例表明 const 一旦声明变量，就必须立即初始化，不能留到以后赋值，否则会报错。

2.1.3 声明变量的其他注意事项

1）变量在没有被赋值的情况下会被自动赋值为 undefined，undefined 也是一种数据类型，不是错误。

2）不使用 var 或者 let 声明的变量，如果直接赋值，不会报错，这个变量会被当作 window 对象的属性存在，拥有全局的作用域，本书不推荐这样的写法。

3）如何覆盖已有变量？变量在声明之后是可以重新赋值的，使用 var 的方式可以重新声明和赋值，使用 let 则只能重新赋值，不能重新声明。

示例：

```
var num1=1;
var num1;        //如果重新声明该变量，而没有赋值，则不会改变值
console.log(num1);//1
var num2=1;
num2=2;          //如果重新声明该变量并且赋值，则会覆盖旧的值，变成新的值
console.log(num2);//2
var num3=1;
var num3=2;
console.log(num3);//3
let num4=1;
num4=2;
console.log(num4);//2
let num5=1;
let num5=2;
console.log(num5);//Uncaught SyntaxError: Identifier 'num5' has already
been declared
```

说明：上述示例表明，通过关键字 var 声明的变量可以重新声明和赋值，通过 let 声明的变量只能重新赋值不能重新声明，那么在写程序的过程中，let 就能很好地帮助开发人员避免一些不必要的错误。

2.2 数据类型

在 JavaScript 变量中，我们会将一些值保存在变量中以备后续使用，那么在编程过程中，经常需要对值进行操作，而能够表示并操作值的类型称为数据类型。本节将重点介绍 JavaScript 中的数据类型。

JavaScript 的数据类型大致可以分为初始类型和引用类型。

1. 初始类型

1）Number：数值，如 10 或 3.1415。

2）String：字符串，如 UEK。

3）Boolean：布尔值，只有 true 和 false。

4）undefined：变量未定义时的属性。

5）null：空。

6）ES6 中新增的 Symbol 类型：一种数据类型，它的实例是唯一且不可变的。

2. 引用类型

1）对象。

2）数组。

3）函数。

通过这几种数据类型，我们就可以在应用程序中执行和实现不同的功能。接下来将对每个类型进行详细讲解。

2.2.1　typeof 操作符

鉴于 JavaScript 是松散型的弱类型语言，需要通过一种手段来检测已有变量的数据类型，而 typeof 操作符正好可以帮助我们检测，通常返回的结果是一个字符串，可能的情况如下。

1）number：数值。

2）string：字符串值。

3）boolean：布尔值。

4）undefined：未定义。

5）object：（对象）或者 null。

6）function：函数。

2.2.2　初始类型

初始类型在内存中是在栈区保存的，因为一个初始类型的数据在内存中所占的长度总是固定的。

1. Number（数值）

和其他编程语言不同，在 JavaScript 中不区分整型和浮点型数值，即数值类型包括整型和浮点型，支持二进制（0b）、八进制（0o）、十进制、十六进制（0x）。用科学计数法来表示，还包括一些特殊的值：Number.MAX_VALUE（最大值）；Number.MIN_VALUE（最小值）。

示例：

```
var n1=1;
console.log(n1);    //1
var n2=-1;
console.log(n2);    //-1
var n3=Number.MAX_VALUE;
console.log(n3)     //1.7976931348623157e+308
var n4=Number.MIN_VALUE;
console.log(n4);    //5e-324
var n5=2e+2;
console.log(n5);    //200
```

ES6 中规定：二进制使用 0b 开头，八进制不再使用 0 开头，而是使用 0o 开头，十六进制依然使用 0x 开头。

示例：

```
var n1=0b11;
console.log(n1); //3
var n2=0o11;
console.log(n2); //9
var n3=0x11;
console.log(n3); //17
```

2．String（字符串）

用单双引号来说明，它所包围的值都可以是字符串。

单双引号的用法：效率是一样的；只能成对出现，不能相互交叉使用；可以相互嵌套。

还包括一些特殊的字符，具体见表2-3。

表　2-3

代码	输出
\'	单引号
\"	双引号
\&	和号
\	反斜杠
\n	换行符
\r	回车符
\t	制表符
\b	退格符
\f	换页符

在ES6中还新增了模板字符串。模板字符串使用反引号(``)来代替普通字符串中的双引号和单引号。之所以称为模板字符串，是因为模板字符串中的插值特性。

在模板字符串中可以方便地引入变量：

```
var year = 2013;
var month = 9;
var date = 23;
var uek = `山西优逸客成立于${year}年${month}月${date}号`;
alert(uek);
```

说明：在上述示例中，${year}、${month}和${date}称为模板占位符，这样就可以很方便、很优雅地将JavaScript的值插入到字符串中。

在模板字符串中可以进行变量运算，示例如下：

```
var num = 1, num1 = 2;
console.log(`${num} + ${num1} = ${num + num1}`)  // "1 + 2 = 3"
console.log(`${num} + ${num1 * 2} = ${num + num1 * 2}`) //"1+4 = 5"
var obj = {a: 1, b: 2};
console.log(`${obj.a + obj.b}`)     // 3
```

说明：模板占位符可以是任何 JavaScript 表达式，故函数调用以及四则运算都是合法的。

3．boolean（布尔值）

只有两个特殊的值 true 和 false，用来表示真或假。

4．undefined（未定义）

当一个变量声明了但未被赋值时就会被默认赋值为 undefined。此外，在一些其他地方，如对象未被赋值的属性、函数没有定义的返回值等都会被自动赋值为 undefined。

5．null（空对象）

空类型，表示一个占位符或清空一个对象，通常用于清空对象。

对象的属性名现在可以有两种类型，一种是原来就有的字符串，另一种就是新增的 Symbol 类型。

6．Symbol

Symbol 类型是一种特殊的、不可变的数据类型，表示唯一的值，可以保证不会与其他属性名产生冲突。

Symbol 函数的参数只是表示对当前 Symbol 值的描述，因此相同参数的 Symbol 函数的返回值是不相等的。

示例：

```
// 没有参数的情况
var s1 = Symbol();
var s2 = Symbol();
s1 === s2;    // false
// 有参数的情况
var s3 = Symbol('fun');
var s4 = Symbol('fun');
s3 === s4;    // false
```

说明：每一个 Symbol 值都是不相等的，所以 Symbol 值可以作为标识符。

属性名的遍历：

1）Symbol.for()。

有时，我们希望重新使用同一个 Symbol 值，Symbol.for 方法可以做到这一点。它接受一个字符串作为参数，然后搜索有没有以该参数作为名称的 Symbol 值。如果有，就返回这个 Symbol 值，否则就新建并返回一个以该字符串为名称的 Symbol 值。

Symbol.for()与 Symbol()这两种写法，都会生成新的 Symbol。它们的区别是，前者会被登记在全局环境中供搜索，而后者不会。

示例：

```
var foo = Symbol('foo');
var s1 = Symbol.for('foo');
var s2 = Symbol.for('foo');
console.log(foo); //Symbol(foo)
```

```
console.log(typeoffoo); //symbol
console.log(s1);     //Symbol(foo)
console.log(typeof s1); //symbol
console.log(s2);     //Symbol(foo)
console.log(typeof s2);//symbol
console.log(foo === s1); // false
console.log(s1 === s2);  //true
```

2）Symbol.keyFor()。

Symbol.keyFor 方法用来获取 Symbol 注册表中与某个 Symbol 关联的键。

示例：

```
var s1 = Symbol.for("foo");
Symbol.keyFor(s1)    // "foo"
var s2 = Symbol("foo");
Symbol.keyFor(s2)     // undefined
```

注意：使用 Symbol 作为属性名时，该属性将不会被 for...in 遍历，不会被 Object.keys()、Object.getOwnPropertyNames()、JSON.stringify()返回。

2.2.3 引用类型

引用类型在内存中存储在堆区，当访问一个引用类型时，只是在访问它的应用地址。关于引用类型的详细介绍，参见第 5 章。

2.3 JavaScript 运算符

在 JavaScript 程序中，不仅要定义不同数据类型的变量，还要对这些变量进行操作。操作时采用 JavaScript 本身提供的运算符。本节主要描述了 JavaScript 的运算符，包括算术、关系、赋值、逻辑、一元、三元、特殊运算符等。

在介绍运算符之前，我们先来了解一个常见的概念——表达式。

表达式是一组可以计算出一个数值的有效的代码的集合。简单地说，任何即将赋值或已经赋值的都是一个表达式。除了表达式以外的都是运算符。

JavaScript 中有如下类型的运算符：

1）算术运算符。

2）关系运算符。

3）赋值运算符。

4）逻辑运算符。

5）一元运算符。

6）三元运算符。

7）特殊运算符。

2.3.1 算术运算符

算术运算符取数值作为其操作数，并且返回一个数值。标准的算术运算符就是加、减、乘、除。

算术运算符包括"+""-""*""**""/""%""i++""++i""i--""--i"。

加号（+）运算符和代数中的用法一样，用来进行数值的求和运算，在 JavaScript 中还有一个用法就是进行字符串的拼接。

1）用于数值的求和运算：

```
var a = 1,b = 2;
  var c = a + b;
  console.log(c);  //对数值进行求和的运算
  //3
```

2）用于字符串的拼接：

```
var num1 = "1",num2 = "2";
var sum = num1 + num2;
console.log(c);   //当定义的变量为非数值类型时,加号的作用是连接符
//12
var num3 = 1,num4 = "2";
var sum = num3 + num4;
console.log(sum);  //12
var num5 = "1",num6 = false;
var sum = num5 + num6;
console.log(sum);//1false
var a = null + "a";
var b = undefined + "a";
var c;
var d = c + "a";
var e = true + "a";
var f = [1,2,3];
var g = f + "a";
console.log(a,b,d,e,f)  // nullaundefinedaundefinedatruea 1,2,3a
```

说明：任何的数据类型和字符串相加都是等于相加以后的字符串。

减法（-）、乘法（*）和除法（/）跟代数中是一样的运算方式，需要注意的是，不仅是数值，其他类型的数据也可以进行这些运算。

```
//定义操作的变量为数值类型
var  a=1;
    var  b=2;
    var  c=a-b;
    var  d=a*b;
```

```
        var e=a/b;
        console.log(c,d,e);
    // -1  2  0.5
    //定义操作的变量为标准数值的字符串类型
        var a="1";
        var b="2";
        var c=a-b;
        var d=a*b;
        var e=a/b;
        console.log(c,d,e);
    // -1  2  0.5
    //定义操作的变量为字符串类型
        var f="b";
        var g=a/f;
        console.log(g);  //NaN
```

说明：上述示例中，操作数 a 和 b 都是标准数值的字符串类型，当进行算术运算时，会发生隐式的转换：先将操作数转换为数值类型再进行操作；如果转换不成功，即得不到一个数值结果，则会得到一个 NaN(not a number)。有关数据类型的转换详见3.2.2 节。

取余（%）用来取某个数的余数，或用于取一段范围的值。

一般不用于小数，因为结果不确定（不精确）。

i++是先运行，再自增。++i 是先自增，再运行。

示例：

```
    var i = 1;
    var num = i++;
    console.log(i);     // 2
    console.log(num);  // 1
    var num2 = ++i;
    console.log(num2); // 3
```

i--是先运行，再自减。--i 是先自减，再运行。用法同自增。

指数运算符（**）是 ES6 中新增的一个运算符操作，即可以进行指数运算。

示例：

```
    console.log(2**3);    //等同于 2*2*2
```

2.3.2 关系运算符（或比较运算符）

关系运算符会比较它的操作数并返回一个基于表达式是否为真的 boolean 类型的值。操作数可以是任何类型的数据。遇到字符串类型的数据做比较时，会使用 Unicode 值。具体见表 2-4。

表 2-4

运算符名称	描述
等于（==）	两边的操作数比较是否相等，相等时返回 true
全等于（===）	两边的操作数比较，数值是否相等、类型是否相同，当两个条件都满足时返回 true
不等于（!=）	两边操作数不相等时返回 true
不全等于（!==）	两边操作数不相等或类型不同时返回 true
大于（>）	左边的操作数大于右边的操作数时返回 true
小于（<）	左边的操作数小于右边的操作数时返回 true
大于等于（>=）	左边的操作数大于或等于右边的操作数时返回 true
小于等于（<=）	左边的操作数小于或等于右边的操作数时返回 true

注意，=>不是运算符，是箭头函数的标记符号。

== 和===的区别：

1）== 对数值比较是否相等。

2）===对数值比较是否相等，并且比较数据类型是否相同。

示例：

```
var num=1;
var num1="1";
console.log(num= =num1);      //true
console.log(num= ==num1);     //false
```

注意：

1）如果两个操作数都是字符串，则比较两个字符串对应的字符编码值，直到比较出大小。

2）如果一个数值和布尔值进行比较，则会把布尔值转换为数值再进行比较，true 为 1，false 为 0。

3）当一个是字符串，另一个是数值时，则把字符串尝试转换成数值类型，然后进行比较，如果转换不成功，则返回 false。

等性运算特例，见表 2-5。

表 2-5

表达式	值
null == undefined	true
"NaN" == NaN	false
5 == NaN	false
NaN == NaN	false
NaN != NaN	true
false == 0	true
true == 1	true
true == 2	false
undefined == 0	false
null == 0	false
"5" == 5	true

2.3.3　赋值运算符

赋值运算符旨在将它右边操作数的值赋值给左边的操作数，见表 2-6。

表　2-6

运算符名称	简写操作	含义
赋值	x = y	x = y
加法赋值	x += y	x = x + y
减法赋值	x -= y	x = x - y
乘法赋值	x *= y	x = x * y
除法赋值	x /= y	x = x / y
取余赋值	x %= y	x = x % y

示例：

```
var x = 2;
var y = 4;
x += y;             //同等于 x = x + y = 6
console.log(x);     //6
```

说明：如上述示例中的 x += y 的加法赋值运算，就相当于计算 x = x + y。

2.3.4　逻辑运算符

逻辑运算符分为 3 部分：逻辑与 "&&"、逻辑或 "||"、逻辑非 "!"，常用于布尔值之间。当用于非布尔值时，返回的是一个特定的操作数的值，即返回的值可能是非布尔值。

逻辑运算符的运算一旦得到结果，运算立即停止，最终结果取决于运算停止的表达式。

1. 逻辑与

关于逻辑与运算，下面分两种情况进行介绍。

情况 1：运算数为布尔类型的值，具体见表 2-7（1）。

表　2-7（1）

运算数 1	运算数 2	结果
true	true	true
true	false	false
false	true	false
false	false	false

情况 2：运算数为其他类型的值。

示例：

```
var str = "UEK"&&"UNIQUE"; // true && true return UNIQUE
```

```
var str1 = "UEK"&& (3 >=4); // true && false return false
var str2 = false &&"UEK" ; //false && true return false
var str3 = 0 && false; //false && false return 0
```

总结见表 2-7（2）。

表 2-7（2）

运算数 1	运算数 2	结果
真值 1	真值 2	真值 2
假值	假值	false
假值 1	假值 2	假值 1

2. 逻辑或

关于逻辑或运算也分两种情况进行讨论。

情况 1：运算数为布尔类型的值，具体见表 2-8（1）。

表 2-8（1）

运算数 1	运算数 2	结果
true	true	true
true	false	true
false	true	true
false	false	false

情况 2：运算数为其他类型的值。

示例：

```
var str = "UEK" || "UNIQUE"; // true || true return "UEK"
var str1 = true || (3 >=4); // true || false return false
var str2 = false || "UEK" ; //false ||true return "UEK"
var str3 = (3 >= 4) || false; //false || false return false
```

总结见表 2-8（2）。

表 2-8（2）

运算数 1	运算数 2	结果
真值 1	真值 2	真值 1
假值	真值	真值
假值 1	假值 2	false

3. 逻辑非

! 运算符，即执行取反操作，假的变成真的，真的变成假的，该运算符返回的一定是布尔值。

示例：

```
console.log(!true)    //false
```

```
console.log(!false)      //true
console.log( !0 );       //true
console.log( !1 );       //false
console.log( !"a" );     //false
console.log( !"" );      //true
```

小结：

逻辑运算符可以对任何类型的数据进行运算，但是在运算后，可以转换为对应的布尔值，具体见表 2-9。

表 2-9

数据类型	转换结果
Undefined	false
Null	false
Boolean	就是本身的值
Number	除了 0 和 NaN 以外都是真的
String	除了空字符串以外都是真的
Object	true

能转换为 false 的值有 undefined、null、0、NaN、空字符串。

短路原则：

1）如果第一个运算数决定了结果，则不再计算第二个运算数。

2）对于逻辑与运算来说，如果第一个运算数是 false，那么无论第二个运算数的值是什么，结果都不可能为 true，所以将不会计算第二个运算数。

3）对于逻辑或运算来说，如果第一个运算数是 true，那么无论第二个运算数的值是什么，结果都不可能为 false，所以将不会计算第二个运算数。

示例：

```
console.log( "aa"&& 0 );     //0
console.log( 0 &&"aa" );     //0
console.log( "aa" || 0 );    //"aa"
console.log( 0 || "aa" );    //"aa"
```

2.3.5　一元运算符

1．typeof 运算符

typeof 运算符可以返回任意一个数据的数据类型，示例如下：

```
console.log(typeof 1);                  // number
console.log(typeof"a");                 // string
console.log(typeof true);               // boolean
console.log(typeof null);               // object
console.log(typeof function(){});       // function
```

```
console.log(typeof {});                    // object
```

2. 自增/自减运算符

所谓自增/自减运算符就是，数值进行加 1 或减 1 的操作，示例如下：

```
var num = 10;
++num;
alert(num); //11
```

第 2 行代码对 num 进行了加 1 操作，实质上等价于：

```
var num = 10;
num = num + 1;
```

3. new 运算符

new 运算符的作用是创建一个对象实例，详见第 4 章。

4. delete 运算符

delete 运算符用来删除一个对象或一个对象的属性，详见第 4 章。

示例：

```
var x = 10;
var y = "UEK";
z = 20;
let m = 30;
const n = 100;
delete x;//cannot delete if declared
delete y; //cannot delete if declared
delete z; //z is not defined
delete m;//cannot delete if declared
delete n;//cannot delete if declared
```

说明：上述示例表明，如果 delete 操作成功，则变量会变成 undefined。但是如果变量是通过关键字声明的，则删除不成功。

5. +（正）和-（负）运算符

示例：

```
var i = 1;
console.log(+i)     // 1
console.log(-i)     // -1
console.log(+(+i))  // 1
console.log(-(-i))  // 1
console.log(-(+i))  // -1
console.log(+(-i))  // 1
var s = "-1";
console.log(+s)     // -1
console.log(-s)     // 1
```

```
console.log(+(+s))   // -1
console.log(-(-s))   // -1
console.log(-(+s))   // 1
console.log(+(-s))   // 1
```

2.3.6 三元运算符

三元运算符是 JavaScript 中唯一需要 3 个操作数的运算符，运算结果根据给定条件在两个值中取其一为变量赋值。

格式：

```
var 变量 = 条件 ? 值1 : 值2;
```

如果条件为真，则结果为值1，否则为值2，示例如下：

```
var  position = (age >= 25) ? "老师" : "学生";
```

说明：当 age 大于等于 25 时，将"老师"赋值给 position，当 age 小于 25 时，将"学生"赋值给 position。

示例：

```
var num = 1 < 0 ? 1 : 2;//2
// 等同于
if(1 < 0){
  num = 1;
}else{
  num = 2;
}
```

说明：三元运算符可以等同于 if...else 流程控制结构。有关流程控制将在下节中详细介绍。

2.3.7 特殊运算符

1. 逗号运算符

逗号运算符常用在变量声明中，用来一次性声明多个变量或 for 循环，在每次循环时对多个变量进行更新。

示例：

```
var num1 = 1, num = 2, num3 = 3;
```

2. 小括号运算符

小括号运算符在运算时可以确定计算一个表达式的顺序，即改变运算的优先级。

示例：

```
var i = 1 + 3 * 5;
console.log(i);    // 16
var l = (1 + 3) * 5;
console.log(l);    // 20
```

2.4 JavaScript 流程控制

HTML 中存在默认的文档流顺序，才能让代码在页面中对应的位置正确地呈现。同样地，JavaScript 中程序代码的执行也有一定的顺序，但是通常情况下需要让程序代码按照我们指定的方式去执行，为此 JavaScript 提供了一套灵活的语句集——流程控制。

流程控制是每一个高级语言的核心语法，也是程序之所以能称之为程序、程序之所以能有思想并按照我们的意愿去执行的必要条件。本书中写的每一个功能、每一个应用都有流程控制的语法。其中，if...else 是管控逻辑的，循环是用来帮助我们程序化处理大量流程和数据的。

2.4.1 名词解释

1．流程
流程就是程序代码的执行顺序，一条一条语句地执行。

2．流程控制
通过规定的语句（在 JavaScript 中，任何一条表达式都可以看作一条语句，每条语句间用分号隔开）让程序代码有条件地按照一定的方式执行。

3．3 种流程控制
（1）顺序结构
按照书写顺序来执行，一行行地解释执行，顺序结构是程序中最基本的流程结构。
如果想让程序代码在某种条件下执行，就必须用到接下来的选择结构。
（2）选择结构（分支结构、条件结构）
根据给定的条件有选择地执行相应的语句。
（3）循环结构
在给定的条件满足的情况下，反复地执行同一段代码。

2.4.2 选择结构

在选择结构中，会根据 if 语句指定的条件执行特定的语句，返回对应的结果。 if 语句是一种较为基本的控制语句，这种语句有两种形式，一种是：

```
if(条件或值)
条件成立或值为真后要执行的代码;
```

在这种形式中，当条件或值是真值时，后面只能紧跟着一条执行语句。当执行语句有多条时，可以将多条语句合并成一条，具体形式如下：

```
if(条件或值){
条件成立或值为真后要执行的代码;
}
```

示例：

```
var str = prompt("请输入数字","");
//隐式转换
alert(typeof str);//string
if(str > 60){
  alert("恭喜你，及格了!");
  document.write("该生成绩为:"+str);
}
```

1．分支结构

（1）单路分支

当判断一个逻辑条件为真时，用 if 语句执行一个语句，否则不做任何处理。

示例：

```
if(条件或值){
条件成立或值为真后要执行的代码;
}
```

若条件不成立或值为假，则不执行内部代码。可理解为：跳过。

示例：

```
var cords = prompt("请输入成绩","");
if(cords > 60){
  alert("及格");
}
```

说明：在上述示例中，通过方法 prompt()输入随机的成绩并保存在变量 cords 中，通过条件判断，若获取的成绩比 60 大，则弹出"及格"，否则不做任何处理。

（2）双路分支

相比较于单路分支，当判断一个逻辑条件为真时，多路分支用 if 语句执行一条语句；当条件或值为假时，使用 else 从句来执行这个语句。

```
if(条件或值){
条件成立或值为真后要执行的代码;
}else{
条件不成立或值为假后要执行的代码;
}
```

必定执行，且只能执行其中的一段代码。

示例：

```
//通过 prompt 方法传入数据
var cords = prompt("请输入成绩","");
if(cords > 60){
  alert("及格");
}else{
  alert("不及格");
}
```

说明：在上述示例中，将输入的成绩与 60 进行比较，当成绩大于 60 时，弹出"及格"，后面的代码将不再执行。当成绩小于 60 时，先判断是否大于 60，若该条件不满足，则继续执行 else 语句，最终弹出"不及格"。若读者不清楚代码到底是如何执行的，可以打开火狐浏览器的 FireBug 工具或者谷歌浏览器的开发者工具进入 Sources 一栏，给代码添加断点进行调试。

（3）多路分支

当需要判断多个条件或值时，可以采用多路分支。多路分支是组合语句通过 else if 来测试连续的多个条件或值的判断。

第 1 种形式：

```
if(条件1或值1){
条件1成立或值1为真后要执行的代码;
}else if(条件2或值2){
条件1不成立或值1为假，且条件2成立或值2为真后要执行的代码;
}else if(条件3或值3){
条件1不成立或值1为假，
条件2不成立或值2为假，且条件3成立或值3为真后要执行的代码;
}
```

第 2 种形式：

```
if(条件1或值1){
条件1成立或值1为真后要执行的代码;
}else if(条件2或值2){
条件1不成立或值1为假，且条件2成立或值2为真后要执行的代码;
}else{
以上条件均不成立或值均为假后要执行的代码;
}
```

示例：

```
var cords = prompt("请输入成绩","");
if(cords>=90){
  alert("优秀");
}else if(cords<90 && cords>=60){
  alert("及格");
}else{
```

```
        alert("不及格");
    }
```

（4）嵌套分支

if 语句还可以相互嵌套来使用，语法格式如下：

```
if(条件1或值1){
if(条件2或值2){
两层判断均为真时执行的代码;
}
}
```

示例：

```
var cords = prompt("请输入成绩","");
if(cords>=90){
    alert("优秀");
if(cords==100){
    alert("满分");
}
}else if(cords<90 && cords>=60){
    alert("及格");
}else{
    alert("不及格");
}
```

说明：在多路分支示例的基础上，这里实现嵌套分支。在成绩大于等于 90 的条件下，再来判断它是否等于 100 并弹出"满分"。

下面通过分支结构来实现一个有关成绩录入的示例，代码如下：

```
var grade=prompt("请输入成绩：");
    if(grade>=60 && grade<=100 ){
        if(grade==100){
          alert("满分！");
        }else if(grade>=90 && grade<100){
          alert("优秀！");
        }else if(grade>=70 && grade<90){
          alert("良好！");
        }else if(grade>=60 && grade<70){
          alert("及格！");
        }
    }else if(0<=grade && grade<60){
      alert("不及格");
      if(grade>50){
            alert("还有救！");
      }else{
        alert("没救了！");
      }
```

```
    }else{
      alert("成绩录入错误! ");
    }
```

注意：条件满足的情况不可重复，以免造成不可预期的结果，示例代码如下：

```
let cor = prompt('请输入成绩');
if(cor < 60){
  if(cor < 50){
    alert("还有救");
  }else if(cor < 40){
    alert("再努力下吧");
  }else{
    alert("没救了");
  }
}
```

2. 条件结构

在 if 语句中，可以通过 else if 创建多条分支，以处理不同的情况，但是这么多分支如果都依赖于同一个表达式的值，则重复地使用多条 if 语句会很麻烦。而这种情况，switch 语句可以很好地处理。在 switch 语句中允许一个程序请求一个表达式的值并且尝试去匹配表达式的值到一个 case 标签。如果匹配成功，则这个程序执行相关的语句。switch 语句的语法格式如下：

```
switch(变量的任何数据类型){
    case 值1:与值1匹配成功执行的代码段;
     [break;]
    case 值2:与值2匹配成功执行的代码段;
     [break;]
    ...
    defaulte:所有值都不匹配时执行的代码段;（一般用作出错处理）;
}
```

注意：break 语句与每一个 case 语句相关联，用来保证匹配的语句在执行完成后可以跳出 switch 并继续执行 switch 后面的语句。如果不写 break，则程序会从匹配的语句开始执行，并继续执行下一条语句，直到全部执行完。

示例：

```
var week=prompt("请输入星期","");
switch(week){
    case "1":alert("这是星期一");
    break;
    case "2":alert("这是星期二");
    break;
    case "3":alert("这是星期三");
    break;
    case "4":alert("这是星期四");
```

```
            break;
            case "5":alert("这是星期五");
            break;
            case "6":alert("这是星期六");
            break;
            case "7":alert("这是星期日");
            break;
            default:alert("输入不正确");
    }
```

说明：在上述示例中，通过条件结构实现了星期几的输出。需要注意的是，通过 prompt()输入的数据都是字符串类型的，所以每个表达式的值都必须是字符串类型的。有兴趣的读者也可以参考第 3 章，将得到的成绩转换成数值类型的，再进行匹配。

总结：

当判断某种范围时最好用 if 语句，当判断单个值时用 switch 语句。例如，分支结构示例中成绩的判断，若使用 switch 语句实现，那么就要写 100 种情况，比较麻烦，不适合。

2.4.3 循环结构

循环结构是一系列反复执行直到找到符合特定条件的命令。对于比较简单的循环情况，完全可以用 if 语句来完成，示例如下：

```
let i = 1;
let a = 7;
if(i <= a){alert(1);} i++;
if(i <= a){alert(1);} i++;
if(i <= a){alert(1);} i++;
if(i <= a){alert(1);} i++;
if(i <= a){alert(1);} i++;
if(i <= a){alert(1);} i++;
if(i <= a){alert(1);} i++;
```

说明：如上述示例，当 a 的值比 7 大，甚至超过 100 时，再用 if 语句来完成就比较麻烦。为了更方便地实现循环，JavaScript 中专门提供了用来实现循环的 for、while 和 do while 语句。另外，可以在循环语句中使用 break 和 continue 语句来中断或跳出循环。

示例：

```
let a = 7;
for (let i = 1;i < a;i++){
  alert(1);
}
```

1. for

for 语句会反复循环直到一个特定的条件计算为假。同时 for 语句对循环做出了简化，即每次开始循环之前都会初始化变量，每次执行循环之前都会检测变量的值，最后变量做自增或自减操作。语法示例如下：

```
for(变量=初始值;变量<最终值;步进值){
    条件满足时，重复执行的代码;
}
for(var i=0;i<4;i++){                    //最外层循环用来控制输出的行数
    for(var k=0;k<5-i;k++){
        document.write(" ");        //金字塔每行输出的内容都应该是居中的，故在
输出内容之前要先调整好位置
    }
    for(var j=0;j<i+1;j++){              //内层循环用来控制输出的列数
        document.write("*"+"  ");
    }
    document.write("<br>");
}
```

说明：在上述示例中，通过 for 循环在页面中输出金字塔，输出结果如图 2-2 所示。

图 2-2

2．while

while 语句是一个基本循环语句，在执行循环之前，会先检测条件得到的结果是否为真值，如果为真就会执行循环体，否则跳过循环体执行程序中的下一条语句。语法示例如下：

```
while(条件){
条件满足时，重复执行的代码;
}
let a = 0;
while (a < 5) {
  a++;
  document.write(a);      //1 2 3 4 5
}
a+=1;console.log(a);      //6
```

说明：在上述示例中，当条件表达式 a < 5 的值为 false 时，循环体内的语句停止执行，会跳出循环体执行之后的语句。故此处 a 的值最终为 6。

3．do while

do while 语句和 while 语句非常相似，不同的是，它的循环体每次至少会执行一次，主要原因是由于它检测条件得到的结果是否为真值是在循环的尾部执行。语法如下：

```
do{
```

```
条件满足时，重复执行的代码；
}while(条件)
```

do while 语句第一次执行时会在条件判断之前先执行一次，然后再进行条件判断。在每次语句执行完毕时都会执行条件判断。若条件表达式为 false，则跳出循环继续执行下面的语句。

示例：

```
let a = 5;do{
  a += 1;
  console.log(a); //6
}while(a < 5)
```

说明：在上述示例中，do while 循环至少执行一次，然后重复执行直到 a 不再小于 5。

小结：

（1）do while 和 while 的区别

1）while：当条件满足时，执行循环体，当不满足的时候退出循环，先判断后执行。

2）do while：先最少执行一次，再进行条件判断，如果条件满足则继续执行，如果不满足则退出循环。

（2）for 和 while 的区别

1）for：一般用于循环次数已指定的情况。

2）while：根据条件的真假来循环，当为真时进行循环，为假时则退出循环。

（3）break 和 continue

在循环结构中，当条件满足需求时需要跳出循环或者从一个位置跳到另一个位置。在 JavaScript 中能实现跳转的语句有 break 和 continue。

1）break：跳出并终止当前循环，并继续执行后面的语句。

示例：

```
for(var i = 0;i < 5;i++){
  if(i == 3){
    break;
  }
 console.log(i);//0 1 2
}
```

说明：在上述示例中，循环输出 i，直到 i 的值为 3 跳出循环。

2）continue：跳出并终止当前循环，和 break 不同的是，如果下个值还满足，则继续执行下一次循环体，而不是终止整个循环。

示例：

```
for(var i = 0;i < 5;i++){
  if(i == 3){
    continue;
  }
 console.log(a); // return 0 1 2 4
}
```

说明：在上述示例中，当 i 的值为 3 时，输出当前的值并跳出循环，但它只是跳出了当前循环，并没有跳出整个循环。

小结：

1）break 经常出现在 switch 语句和循环语句中。

2）在 switch 语句中，当条件满足时，break 用于退出 switch 语句。

3）在循环中，可以在任何地方通过 break 来提前退出当前循环。

4）continue 在循环中，会跳出并终止当前循环，转而继续执行下一次循环。

5）continue 只能出现在循环体内，所以最好还是用适当的语句代替 continue。

4. 标签语句

标签语句可以提供一种使开发人员在同一程序的另一处能找到它的标识，并用 break 或者 continue 来说明是中断整个循环，还是跳出当前循环继续执行。

语法格式如下：

```
标签名：语句；
```

注意：标签名只可以作用于 break 或 continue。

示例：

```
out:
for(var i = 0;i < 5;i++){
    document.write("第一层循环"+i); //return 0
    document.write("<br>  ");
    in:for(var j = 0;j < 5;j++){
        if(j == 3){
            break out;    //一般情况下，通过 break 只能中断当前的循环，但是通过标签
语句，可以中断最外层的循环
        }
        document.write("第二层循环"+j); //return 0 1 2
    }
    document.write("<br>");
}
```

说明：如上述示例中，out 标签定义了一个 for 循环，当第一层循环 i = 0 的时候，会循环 1 次第二层循环，此时当 j = 3 的时候，用 break 语句中断 out 标签定义的 for 循环。

第 3 章

函数和数组

本章主要内容

- **函数的基本概念**
- **内置顶层函数和数据类型转换**
- **ES6 中新增的函数语法**
- **数组**

在 JavaScript 中，函数是头等对象，因为在编程过程中，所有的事件操作都是基于函数的。此外函数也可以像任何其他对象一样具有属性和方法，当然，区别就在于函数可以被调用。使用函数可以使程序更加简洁、逻辑更加有条理、调用更加方便、维护更加容易等。在使用函数的过程中，它可以作为最基本的功能函数存在，也可以作为对象使用，亦可以当作构造函数使用。

使用函数是为了帮助编程人员更好地调用代码，那么在函数中无非是对一组或一系列数据的操作，如页面中有很多的 input 元素，要想操作这些元素，就要把它们全部获取，如果不借助数组来操作，那就得分别获取并操作多次。如果用数组，那么就可以一次获取并操作所有的元素。所以数组的好处就是：可以很方便地对很多数据进行重复操作。

3.1 函数的基本概念

函数是将完成某一特定功能的代码集合起来，可以重复使用的代码块。通过函数，编程人员可以封装任意多条语句，且可以在任何地方、任何时间进行调用。

示例：

```
function ta(num){
  for(var i=0;i<num;i++){
    for(var j=0;j<num-1-i;j++){
      document.write(" ");
    }
    for(var k=0;k<i+1;k++){
      document.write("*"+"  ");
    }
    document.write("<br>");
  }
}
ta(10);
ta(20);
ta(100);
```

说明：在上述示例中，通过函数实现了对上一章中金字塔的封装。直接调用这个函数并且传入想要输出的行数即可，而不需要再重复地将该功能写一遍。

3.1.1 函数的声明

函数的声明有 3 种形式：通过 function 关键字声明，通过字面量（匿名函数）的方式声明，通过实例化构造函数声明。

第 1 种：通过 function 关键字声明，语法如下：

```
function functionName(){
  // 函数体;
}
```

通过 function 关键字声明的函数类似通过 var 声明的变量一样，会被解析器有限读取。

示例：

```
function max(x,y){
  if(x > y){
    return x;
  }else{
    return y;
  }
}
```

说明：在上述示例中， max 函数定义如下。

1）function 指出了这是一个函数定义。

2）max 是这个函数的名称。

3）(x,y)括号中是函数的参数，参数个数没有限制，当有多个参数时以逗号分隔。

4）{}之间的是函数体，可以有若干条语句。

需要特别注意一下，函数体内部的语句在执行时，一旦执行至 return 时，函数就会执行完毕，且返回一个值。如果没有 return 语句，则会默认返回 undefined。因此，如果想要返回一个特定的值，则函数中必须有 return 语句来指定要返回的值。返回的值还可以进行其他操作。

5）需要特别注意，一个函数只有一个返回值，如果需要同时返回多个值，则一定要将多个值放进一个数组里，以数组元素的形式返回。有关数组的更多详情可参考第 5 章。

第 2 种：通过字面量的方式声明（函数没有名字），语法如下：

```
var func = function(){
  // 函数体;
}
```

通过字面量声明的函数是一个匿名函数，即将函数存储在变量中，而不需要函数名称，调用的时候通过变量名来调用。这种形式通常见于事件处理程序或者回调函数中。

与通过 function 关键字进行声明的不同之处在于，函数表达式必须等到解析器执行到它所在的代码行时才会被解释执行。

第 3 种：通过实例化构造函数的方式声明，语法如下：

```
var func = new Function([参数 1],[参数 2],…,"函数体");
```

函数也是对象，可以通过实例化构造函数来得到。当使用 new 关键字创建一个对象时，即调用了构造函数。一般不推荐大家使用这种方法定义函数。

示例：

```
var sum = new Function('num1','num2','return num1+num2');
```

说明：通过实例化构造函数来声明函数时，需要注意参数必须加引号。

3.1.2　函数的调用

1）用()来调用（用于声明函数的调用）。

在调用时，可以按顺序传入参数。有关函数参数后文会有详细介绍。

示例：

```
func(x,y);
```

2）自调用（用于匿名函数的调用，匿名函数还可以通过引用变量来调用）。

示例：

```
(function(){
    alert(1);
```

```
})()
//原理是将这个函数先优先运算, 然后再调用
```

3) 通过事件调用。

HTML 部分:

```html
<div class="btn">按钮</div>
```

CSS 部分:

```css
.btn{
    width: 187px;
    height: 66px;
    background: #ff7f02;
    border-radius: 16px;
    margin: 0 auto;
    font-size: 20px;
    color: #ffffff;
    text-align: center;
    line-height: 66px;
}
```

JavaScript 部分:

```javascript
var btn = document.querySelector(".btn");
function bar(){alert('UEK');};
btn.onclick=bar;
```

运行结果如图 3-1 所示。

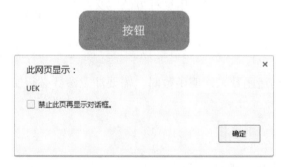

图 3-1

下面总结一下创建及调用函数时需注意的问题。

如果两个函数的命名相同, 则后面的函数将会覆盖前面的函数。

示例:

```javascript
function foo(){
    alert("这是第一个声明");
}
function foo(){
```

```
        alert("这是第二个声明");
    }
    foo();  // "这是第二个声明"
```

以基本语法声明的函数，会在页面载入时提前解析到内存中，以便调用，所以可以在函数的前面调用。但是以字面量形式命名的函数，在执行到它的时候，才进行赋值，所以只能在函数的后面调用。请看如下 3 个示例。

示例 1：

```
    sub();          // 结果为 弹出 1
    function sub(){
        alert(1)
    }
    sub();          // 结果为 弹出 1
```

示例 2：

```
    sub();          // 报错 sub is not a function
    var sub = function(){
        alert(1)
    }
    sub();
```

示例 3：

```
    var sub = function(){
      alert(1)
    }
    function sub(){
      alert(2)
    }
    sub();          //结果为 弹出 1
```

在不同的 script 块中，因为浏览器解析时是分块解析的，所以前面的 script 块不能调用后面 script 块内的函数，所以在不同的 script 块之间调用函数时，应该先定义后调用。

示例：

```
    <script>
        foo();      //报错
    </script>
    <script>
        function foo(){
            alert(1)
        }
    </script>
    <script>
        foo()       //结果为 弹出 1
    </script>
```

3.1.3 参数

在使用函数时，若想通过传递一些不同的值就能得到不同的结果，此时就需要用到参数。参数分为形参和实参两种，形参是在定义函数时设置的一个变量，实参是在调用函数时传递的具体的值。

示例：

```
function fn(a){//a 为形参
    alert(a)
}
fn(1);//1 为实参
```

参数的数据类型可以为任意类型的值，示例如下：

```
function fn(a){
 console.log(typeof a)
}
fn(1); //number
fn("1");//string
fn(true);//boolean
fn(undefined);//undefined
fn(null);//object
fn({name:"zhangsan"}); //object
```

参数的个数可以有很多个，示例如下：

```
function sum(n1,n2,n3,n4,n5){
    console.log(n1+n2+n3+n4+n5);
}
sum(1,2,3,4,5);//15
```

当实参和形参个数不统一时：

1）如果形参的个数大于实参的个数，那么多余的形参会被赋值为 undefined。

2）如果实参的个数大于形参的个数，则对函数没有影响。可以通过 arguments 对象访问实参，示例如下。

```
function sum(){
 console.log(arguments)
}
sum(1,2,3);//[1,2,3]
```

arguments 对象是函数中自带的一个对象，用于保存所有的实参信息，其形式是一个类似数组的形式，拥有以下属性。

1）arguments.length：返回函数实参的个数。

2）[index]：通过"[index]"的形式可以访问对象中的任意一个元素，index 被称为下标，从 0 开始计数。

3）arguments.callee：返回当前执行的函数整体。

arguments 对象是函数创建时才有的，不能显式创建。

在 JavaScript 中，因为 arguments 对象的存在，可以不明确指出参数名就进行访问，示例如下：

```
function test(){
    for(let i=0;i<arguments.length;i++){
      console.log(arguments[i]); //arguments 对象本身是一个类数组的形式进行
保存的，所以可以像访问数组一样访问它
    }
  }
  test("sxuek","xauek");
  //sxuek
  //xauek
```

其实在 JavaScript 中并没有函数重载的功能，但是 arguments 对象能够模拟函数重载，示例如下：

```
function sum(){
var he=0;
if(arguments.length==1){
    for(var i=0;i<=arguments;i++){
      he+=i;
    }
}else{
for(var i=0;i<arguments.length;i++){
      he+=arguments[i];
}
}
console.log(he);
}
sum(10);       //55
sum(1,1);      //2
```

说明：在上述示例中简单实现了类似于计算器的功能，当传入一个参数时，进行一个累加的运算；当传入参数多于一个时进行求和运算。这里就不给出具体代码了，但有一点需要注意，当 if 分支越来越多的时候，这种实现方法很不友好，读者可以想想这里该如何进行优化。

arguments 对象的 callee 属性返回的是当前执行函数本身，故可以实现递归函数（目前只是介绍 arguments 对象的用法，有关递归函数详见 3.1.7 节），示例如下：

```
function jiecheng(c){
  if(c == 1){
    return 1;
  }else{
    return c*arguments.callee(c-1);//此处等同于 return c*jiecheng(c-1)
  }
}
alert(jiecheng(5));//120
```

3.1.4 函数的返回值

函数的返回值就是函数运行结束之后得到的结果。

示例：

```
function foo(){
  return;
  alert("aa");
}
foo();   // 没有弹出 aa
```

说明：上述示例中，停止并跳出当前函数，即不会执行 return 后面的语句。

示例：

```
function foo(a){
    if(a>0){
        alert(a);
        return;
    }
    if(a<=0){
        alert(a);
        return;
    }
}
foo(3);  //  3
```

说明：上述示例中，一个函数可以有多个 return 语句，但只有一个 return 语句执行（用于判断）。

可以给一个函数返回值：

1）返回值可以是任何数据类型。

2）如果一个函数没有返回值，则会自动赋值为 undefined。

示例：

```
function foo(a){
    if(a>0){
        alert(a);
        return;
    }
    if(a<=0){
        alert(a);
        return 1;
    }
}
alert(foo(3));     //  3 undefined
alert(foo(0));     //  0 1
```

一个函数只能有一个返回值，示例如下：

```
function bar(a,b,c){
    return a,b,c;
}
alert(bar(3,5,7)); // 7
```

原因：用逗号作为返回值时，是按从左到右的顺序进行赋值的，最终赋值为最后一个值，前面的值被覆盖了。前文已经提到过，若想返回多个值，需要借助数组。

3.1.5 作用域

在 JavaScript 中，无论是变量还是函数，实际上访问都是有权限的。而 JavaScript 的执行环境决定了变量或函数是否有权访问其他数据。JavaScript 有自己的生存环境。

1. 环境

在 JavaScript 中环境分为两类：

（1）宿主环境

宿主环境指的就是浏览器。

（2）执行环境（执行环境决定了变量和函数的访问权限）

1）全局环境：整个页面。

2）函数环境：一个函数就是一个环境。

3）eval()：用来计算 JavaScript 字符串，并把它作为脚本代码来执行。如果传入的参数不是字符串，则直接返回这个函数。如果参数是字符串，则会把字符串当成 JavaScript 代码进行编译，如果编译失败，则抛出一个语法错误异常。如果编译成功，则开始执行这一段代码，并返回字符串中的最后一个表达式或语句的值。如果最后一个表达式或语句没有值，则最终返回 undefined。如果字符串抛出一个异常，则这个异常将把该调用传递给 eval()。

示例：

```
var str1="优逸客科技有限公司";
var str2="成立于 2013 年";
console.log(eval('str1+str2'));
```

注意：代码必须在一行里书写。

2. 作用域

函数对象拥有可以通过代码访问的属性和一系列仅供 JavaScript 引擎访问的内部属性。作用域是其中的一个内部属性，可以限制一段代码的作用范围。

作用域有以下两种情况：

（1）全局变量

在函数外部声明的变量，或者没有使用 var 关键字声明的变量，在任何地方都可以访问到，拥有全局的作用域。

（2）局部变量

在函数内部声明的变量，参数也是局部变量。只能在函数内部访问到，函数之外的任何地方都访问不到。

3. 全局作用域

以下两种情形拥有全局作用域：

1）在最外层函数外定义的变量和最外层函数拥有全局作用域。

2）所有未通过关键字定义就直接赋值的变量自动声明拥有全局的作用域。

示例：

```
//变量 a 定义在全局作用域中
var a=100;
//foo 函数定义在全局作用域
function foo(){
  alert(a);    //弹出 100
  var b = 200;
  c = 1;       //这里注意，在函数内部声明变量时，若不使用关键字，则实际上声明了一个
全局变量
  function bar(){
alert(b);       //弹出 200
}
bar();
}
foo();          //100 200
alert(a);       //100
alert(c);       //1
alert(b);       //报错
```

说明：在上述示例中，在 foo 函数内部声明的变量 b 只拥有局部作用域，在 foo 函数外面是访问不到的。

4. 作用域链

在 JavaScript 中，一切皆对象（有关对象详见第 4 章），函数也是对象，和其他的对象一样，拥有可以通过代码访问的属性和一系列仅供 JavaScript 引擎访问的内部属性。其中的一个内部属性 Scope，包含了函数被创建的作用域中对象的集合，称为函数的作用域链。作用域链决定了哪些数据能被函数访问。当一个函数创建后，其作用域链会填充此函数的作用域中可访问的数据对象。

示例：

```
//定义全局变量 num
var num = 1;
//嵌套函数
function foo(){
    var num = 2;
    function bar(){
      var num = 3;
      function col(){
        num = 4;
```

```
        alert(num);          // 4
      }
      col();
      alert(num);          // 4
    }
    bar();
    alert(num);          // 2
  }
  foo();
  alert(num);          // 1
```

说明：在上述示例中，bar 函数被包含在 foo 函数内部，这时 foo 内部的局部变量对 bar 是可见的，故返回来的 num 值为 2，而 bar 函数内部的局部变量对 foo 就是不可见的；col 函数被包含在 bar 函数内部，col 内部声明的变量没有通过关键字声明，是个全局变量，故在 bar 函数中得到的 num 值为 4；这就是 JavaScript 中的"链式作用域"。因此，父对象的所有变量对子对象都是可见的，反之亦然。

5. 预解析顺序

1）按< script ></ /script >块来解析。

2）按环境来解析。

3）遇到关键字 var 和 function 时，提前解析到内存中。

示例：

```
var num=10;
function fn(){
 alert(num); //undefined
 var num=20;
 alert(num);//20
}
fn();
```

4）如果还有< script ></ /script >块，则再按上述顺序来解析。

3.1.6 回调函数

在编程过程中，很多时候需要编程人员自己去定义一个函数，但是有时只需要写函数的一部分，然后作为另外一个函数的参数来使用，如 arry.forEach，这样的函数称为回调函数。

1）通过函数指针来调用（直接写函数名），示例如下：

```
function math(num1,num2,fu){
    return fu(num1,num2);
}function jia(num1,num2){
    return num1 + num2;
}function jian(num1,num2){
    return num1 - num2;
```

```
  }
math(1,2,jia);
```

2）把函数整体作为参数传进去，示例如下：

```
alert(math(2,2,function (num1,num2){
  return num1 * num2;
}))
```

3.1.7 递归函数

递归函数就是在函数内部直接或间接引用自身。

使用递归函数时一定要注意，如果处理逻辑不当就会造成无限递归，从而引起堆栈溢出，故每个递归函数里必须有终止条件。

示例：

```
function digui(c){
  if(c == 1){
     return c;
  }else{
     return c * digui(c-1);   //找到计算阶乘的关系
  }
}
alert(digui(5));
```

说明：上述示例实现了阶乘，先寻找递归的关系，即 c 与 c-1，c-2，…，1 之间的关系，找到关系以后就可以将递归函数的结构换成递归体。

示例：

```
var new_array=[];
function _getChilds(data){
  if(typeof data != "object" || data == null){
     new_array.push(data); //将接收到的数据依次放入新数组中
  }else{
     getChilds(data);
  }
}
function getChilds(data){
  for(var i in data){    //通过for in遍历数组并将每个数组元素传入_getChilds函数
     _getChilds(data[i]);
  }
}
var json = {
   "aa" : {"l" : 1,"m" : 3},
   "bb" : 1,
   "cc" : "abc",
```

```
    "dd" : true,
    "ee" : null
}
getChilds(json);
console.log(new_array);
```

运行结果最终将 json 的数据格式转化为数组，如图 3-2 所示。

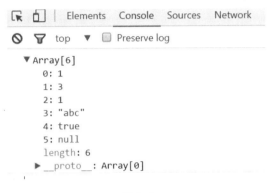

图 3-2

3.1.8 闭包函数

JavaScript 允许函数嵌套，并且内部函数可以访问定义在外部函数中的所有变量和函数，以及外部函数能访问的所有变量和函数。但是，外部函数不能访问定义在内部函数中的变量和函数。这给内部函数的变量提供了一定的安全性。而且，当内部函数生存周期大于外部函数时，由于内部函数可以访问外部函数的作用域，定义在外部函数的变量和函数的生存周期就会大于外部函数本身。当内部函数以某一种方式被任何一个外部函数作用域访问时，一个闭包就产生了。

简单地说，函数对象可以通过作用域链相互关联起来，函数体内部的变量都可以保存在函数作用域内，这种特性称为闭包。

示例：

```
function fn(){
    var num = 100; //在外部函数中定义了一个变量 num
    function comp(){
        return num; //内部函数可以访问外部函数定义的 num
    }
    return comp; //将内部函数返回，从而将其包括在外部函数的作用域里
}
var fns = fn();
alert(fns()); //返回 100
```

闭包的用途：

1）读取函数内部变量，如上述示例。

2）可以使变量一直保存在内存中，示例如下。

```
function func(){
  var name = "优逸客";
  function func1(){
    alert(name);
  }
  return func1;
}
var result = func();
result();      //"优逸客"
```

上文说到闭包可以使变量一直保存在内存中，但内存消耗大，故不能滥用闭包，以免造成内存泄漏。解决办法是，在退出函数之前，删除不使用的局部变量。

通过以上对闭包的了解，可以发现闭包共有 3 个特性：

1）函数嵌套函数。

2）函数内部可以引用外部的参数和变量。

3）参数和变量不会被垃圾回收机制回收。

有关闭包的使用在后续章节中会有体现，读者可以留心查看。

3.2 内置顶层函数和数据类型转换

3.2.1 内置顶层函数

内置顶层函数就是 ECMAScript 自带的函数，读者不用知道它是怎么实现的，只要会用就行了。它可以作用于任何对象，在整个页面中调用时都有效。

1）escape();——对字符串进行编码。

2）unescape(str);——对编码的字符串进行解码。

3）Number();——将任何数据类型转换为数值类型。

① 如果是布尔值，true 为 1，false 为 0。

② 如果是数值，转换为本身，会将无意义的后导零与前导零去掉。

③ 如果为 null，则转换为 0。

④ 如果是 undefined，则转换为 NaN not a number。

⑤ 如果字符串中只有数字，则转换为数字（十进制）时会忽略前导零和后导零。

⑥ 如果是规范的浮点数，则转换为浮点数时会忽略前导零和后导零。

⑦ 如果是空字符串，则转换为 0。

⑧ 如果是其他值，则转换为 NaN。

4）parseInt();——将任何数据类型转换为整数。

① 如果一个字符串中只包含数字，则转换为十进制数。

② 如果有多个空格，则会先找到第一个非空的值进行转换，直到没有数值时结束。

③ 如果第一个值不是以数字或空格开头的，则一定转换为 NaN。

④ 有两个参数时，第一个参数表示要转换的值，第二个参数表示几进制，返回值是一个十进制的数字。

注意：第一个参数从最高位开始计算，只要有一位数可以识别为第二个参数传入的进制，则可以实现转化；第二个参数是一个 2~36 之间的整数，通常默认为 10。

5）parseFloat();——将任何数据类型转换为浮点数并返回。

如果传入的参数有多个小数点，则只返回当前已经解析到的浮点数。

如果字符串是一个有效的整数，则其返回的是整数，不会返回浮点数。

6）String();——将任何数据类型转换为字符串。

① 如果是 null 和 undefined，则转换为字符串 "null"和"undefined"。

② 如果是数值类型，则转换为本身的字符串，123 转换为"123"。

③ 如果是布尔类型，则 true 为"true"，false 为"false"。

7）Boolean();——把任何数据类型转换为布尔型。

转换为假的有""(空串)，null，undefined，0，false，NaN；其他都为真。

8）isNaN();——判断一个数据能否转换为数值。如果能转换成数值则返回假，不能则返回为真。

3.2.2 数据类型转换

前文中已介绍 JavaScript 具有松散型特点，又称为弱类型语言，这就意味着在 JavaScript 中，变量可以随时赋予任意数据类型的值。

示例：

```
var x = y ? 1 : "UEK";
```

说明：在这个三元表达式中，变量 x 到底是什么类型的数据，取决于变量 y。只有当代码运行时，我们才能知道变量 x 的数据类型。

再如，对字符串类型的两个数值进行计算"var x = "10"-"4";"，在执行过程中两个字符串相减依然得到一个 number 类型的值。这是因为 JavaScript 在执行过程中自动为它们进行了数据类型的转换。

下面重点介绍 JavaScript 中的数据类型转换，主要分为两大类。

1. 强制类型转换

1）Number()——转换成数字。

2）String()——转换成字符串类型。

3）Boolean()——转换成布尔类型。

4）parseInt()——将字符串转换为整型。

5）parseFloat()——转换为浮点型。

可以结合参考 3.2.1 节。

2. 隐式类型转换

隐式类型转换是 JavaScript 自动完成的。一般发生隐式转换有以下几种情况：

1）不同类型的数据进行运算。

经常用于算数运算符类（+、-、*、/、%）。如果操作数不是数值，则将隐式地调用函数 Number()，按照这个函数的转换规则进行转换。如果转换不成功，则整个表达式返回 NaN。

对于加号（+）运算符需要特别注意：

① 任何数据类型和字符串相加，得到的是它们拼接的结果。

② 如果操作数都是布尔值，那么进行 Number()转换，false 为 0，true 为 1，再进行相加。

2）关系运算符类。

关系运算符的操作数可以是任何类型，如果操作数不是数值类型，则将发生隐式的转换。

3）逻辑运算符类。

参考 2.3 节。

4）语句（即对非布尔值类型的数据求布尔值）。

if 语句、while 语句和三元表达式中的表达式会隐式调用函数 Boolean()，按照这个函数的转换规则，转换为相应的布尔值。

3.3 ES6 中新增的函数语法

3.3.1 函数参数的默认值

ES6 允许为函数的参数设置默认值，即直接写在参数定义的后面。

示例：

```
function log(x, y = 'World') {
  console.log(x, y);
}
log('Hello')            // Hello World
log('Hello', 'China')   // Hello China
log('Hello', '')        // Hello
```

最好将带默认值的参数放在最后，这样使用起来会很方便，如下面示例。

示例 1：

```
function f1(x = 1, y) {
  return [x, y];
}
f1()                    // [1, undefined]
f1(2)                   // [2, undefined])
f1(, 1)                 // 报错
f1(undefined, 1)        // [1, 1]
f1(null, 1)             // [null, 1]
```

示例 2：

```
function f2(x, y = 5, z) {
  return [x, y, z];
}
f2()                     // [undefined, 5, undefined]
f2(1)                    // [1, 5, undefined]
f2(1, ,2)                // 报错
f2(1, undefined, 2)      // [1, 5, 2]
```

3.3.2 函数的 name 属性

函数的 name 属性就是返回该函数的函数名，ES6 中写入了标准，示例如下：

```
function aa() {}
console.log(aa.name);      // "aa"

var bb = function(){}
console.log(bb.name);      // "bb"
var cc = function dd(){}
console.log(cc.name);      // "dd"
```

3.3.3 箭头函数

下面介绍箭头函数的基本用法。
ES6 允许使用"箭头"（=>）定义函数。

```
var f = v => v;
```

上面的箭头函数等同于：

```
var f = function(v) {
  return v;
};
```

如果箭头函数不需要参数或需要多个参数，则使用一个圆括号代表参数部分：

```
var f = () => 5;// 等同于
var f = function () { return 5 };
var sum = (num1, num2) => num1 + num2;// 等同于
var sum = function(num1, num2) {
  return num1 + num2;
};
```

如果箭头函数的代码块部分多于一条语句，则需要使用大括号将它们括起来：

```
var sum = (num1, num2) => {
    console.log(num2);
    console.log(num1);
```

```
        return num1 + num2;
        }
        console.log(sum(1,2));      // 2 1 3
```

由于大括号被解释为代码块，因此如果箭头函数直接返回一个 json，则必须在对象外面加上括号：

```
        var person = age => ({ name: "Tom", age: age});
        console.log(person(21));       //Object {name: "Tom", age: 21}
```

箭头函数可以与变量结构结合使用，示例如下：

```
        var full = ({ name, age}) => name + '-' + age;
        console.log(full({name:"Tom",age:21}));       // Tom-21
```

箭头函数使得表达更加简洁，示例如下：

```
        const isEven = n => n % 2 == 0;
        const square = n => n * n;
```

3.4 数组

在编程中，开发人员经常需要存储一组相关联的数据并对它们进行不同的操作，如想要从全国的小黄车中找出某一辆，或者几百辆，这并不是一件容易的事，此时数组是最好的帮手。数组一般用来存储一组相同类型的数据，当然也可以存储不同类型的数据。通过下标的方式可以访问其中的任何一个值。此外，在数组中，每个元素还有唯一的 ID，这样更方便统一管理和使用。

3.4.1 数组的概念

数组就是一个可以存储一组或是一系列相关数据的容器。通过数组可以帮助开发人员解决大量数据的存储与使用问题。

3.4.2 数组的创建

JavaScript 中的数组和其他语言中的数组有着很大的差别，JavaScript 中的数组元素无须指定数据类型，可以是任意数据类型的，且大小可以调整。创建数组的方法有以下两种：

1. 通过对象创建 （实例化）

语法如下：

```
        var arr = new Array();
```

（1）直接赋值

示例：

```
        var arr = new Array(1,2,3,4);        //声明一个一维数组
        document.write(arr);                 //1,2,3,4
```

```
document.write(arr[2]);                //3
var arr1 = new array(new array(23,10),new array(4,12));
Document.write(arr1[1][0]);            //4
```

说明：可以在创建数组的同时直接进行赋值，即在数组内指定元素值。

（2）声明以后再赋值（具有两种方式）

方式 1：可以使用一个整数自变量来控制数组的容量。

示例：

```
var arr1 = new Array(3);
arr1[0] = "Lily";
arr1[1] = "Tom";
arr1[2] = "Ann";
document.write(arr1);            //"Lily","Tom","Ann"
```

说明：当声明数组时，括号中传入的只有一个参数(new Array(num))，且当参数类型是数值类型时，表示的是数组的长度，即创建了一个包含 num 个元素的数组，且数组的值为 undefined。之后可以通过下标来初始化数组中的元素。

方式 2：可以添加任意多个值，就像定义任意多个变量一样，该赋值方式体现了数组的长度是可调整的。

示例：

```
var arr2 = new Array();
arr2[0] = 97;
arr2[1] = 78;
arr2[2] = 89;
arr2[3] = 100;
alert(arr2);                //97,78,89,100
alert(arr2.length);         //4
```

说明：当声明数组时，也可以不传递参数，通过下标进行数组元素的初始化。

2. 通过 json 格式创建（即隐式创建）

语法如下：

```
var arr = [];
```

（1）直接赋值

示例：

```
var arr = [1,2,3,4];
document.write(arr);//1,2,3,4
```

说明：可以在声明数组的同时对其进行赋值。

（2）声明以后再赋值

示例：

```
var arr = [];
arr[0] = 98;
```

```
arr[1] = 96;
arr[2] = 100;
alert(arr);  //98,96,100
```

说明：可以声明以后通过下标进行数组元素的初始化。

之前介绍的都是一维数组，实际编程中常用的还有二维数组，二维数组的本质其实就是数组中的元素又是数组，示例如下：

```
var arr = [[1,45,2.2],[9,23,78],[3,7,34]];  //这就是二维数组
```

3.4.3 数组的访问

在创建数组时可以直接通过下标进行数组元素的初始化，那么在访问或操作数组时就可以通过下标的方式来访问，这样就可以访问某个特定的元素。

注意：通过下标访问数组时，需要注意下标是从 0 开始的，0 表示数组的第一个元素，最后一个元素可以用"arr.length-1"来表示，示例如下：

```
var student = ["Tom","Lily","Ann"];
document.write(student[0]);//"Tom"
document.write(student[3]);//undefined
document.write(student[student.length-1]);//"Ann"
```

说明：如上述示例，通过下标访问数组时，如果下标的范围超出数组定义的范围，则将返回 undefined。

二维数组的访问方式如下：

```
var arr = [[1,45,2.2],[9,23,78],[3,7,34]];
alert(arr[1][0]);  //访问数组 arr 第二行第一列的元素，即 9
alert(arr[2][2]);  //访问数组 arr 第三行第三列的元素，即 34
```

3.4.4 数组的遍历

当对数组进行操作时，遍历是不可或缺的，遍历数组常用的方法有 3 种。

1. for

在 JavaScript 中数组遍历最简单的方法就是 for，通过 for 可以指定循环的初始值与最大值，最大值即数组的长度。

示例：

```
var arr = [5,23,65,13,34];
for(var i = 0;i < arr.length; i++){
  arr[i] = arr[i]/2;
}
document.write(arr);//2.5,11.5,32.5,6.5,17
```

说明：i 在遍历数组中代表下标，arr[i]代表某个元素。for 循环的效率虽然不高，但是使用频率还是比较高的，对于 for 循环仍有优化的空间，代码如下：

```
var arr = [5,23,65,13,34];
for(var i = 0,var len = arr.length;i < len; i++){
  arr[i] = arr[i]/2;
}
document.write(arr);//2.5,11.5,32.5,6.5,17
```

说明：使用一个变量将数组长度提前缓存起来，以避免重复获取数组长度，这种优化在数组长度较长时优化效果会比较明显。

二维数组的遍历如下：

```
var arr = [[1,45,2.2],[9,23,78],[3,7,34]];
for(var i = 0;i < arr.length;i++){
    for(var j = 0;j < arr[i].length;j++){
        document.write(arr[i][j]);
    }
    document.write("<br/>");
}
```

2．for in

相比较 for 循环，for in 也比较受欢迎，但是在众多的循环遍历方式中，它的效率比较低。

示例：

```
var arr = [5,23,65,13,34];
for(var i in arr){
  arr[i] = arr[i]/2;
}
document.write(arr);//2.5,11.5,32.5,6.5,17
```

3．forEach

forEach 是数组自带的一种比较简便的遍历方式，性能要比 for 循环弱。而且在 IE 中不兼容，需要做处理。

示例：

```
var box = [5,2,6,1,3];
box.forEach(function(item,index,arr){
  arr[index]=item*2;
})
document.write(box);//10,4,12,2,6
```

说明：在 forEach 方法中传入了 3 个参数，item 代表当前的元素，index 代表当前元素的下标，arr 代表原始数组。

forEach 在 IE6～IE8 下的兼容处理：

```
Array.prototype.myForEach = function myForEach(callback,context){
```

```
    context = context || window;
    if('forEach' in Array.prototye) {
      this.forEach(callback,context);
      return;
    }
    //IE6～IE8下自己编写回调函数执行的逻辑
    for(var i = 0,len = this.length; i < len;i++) {
      callback && callback.call(context,this[i],i,this);
    }
  }
```

注：有关 this 详情参见 4.2.3 节。

下面编写两个数组的相关操作示例。

示例 1：实现数组筛选和判断。

```
        //筛选出数组中所有大于 60 的元素
var arr=[98,89,67,67,67,58,54,45,87];        //隐式创建数组并进行赋值
    var newarr=new Array();    //通过对象的方式创建一个新数组，用来保存结果
    var num=0;
    for(var i=0;i<arr.length;i++){        //用 for 循环对数组 arr 进行遍历，碰
到大于 60 的数组元素，赋值给数组 newarr
        if(arr[i]>=60){        //这里需要注意，i 代表数组下标，通过 arr[i] 的形
式可以访问每一个数组元素
            newarr[num]=arr[i];
            num++;
        }
    }
```

示例 2：实现数组去重。

```
    var arr=[1,1,2,2,3,3];
    var newarr=[];
    var num=0;
    for(var i=0;i<arr.length;i++){
        if(check(newarr,arr[i])){ //与示例 1 不同的是，判断条件是函数
        newarr[num]=arr[i];
        num++;
        }
    }
    function check(arr,num){        //此处接收的两个参数，arr 代表的是
newarr，num 代表的是每次循环出来的数组元素
        var has=true;
        for(var i=0;i<arr.length;i++){
            if(arr[i]==num){
                has=false;
            }
        }
        return has;
    }
```

第4章

对象

本章主要内容

- **JavaScript 对象**
- **对象的特性**
- **ES6 中对象的新特性**

对象是整个 JavaScript 中一个非常重要的概念，是 JavaScript 中基本的数据类型。JavaScript 是基于对象的，一个对象就是一系列相关属性的集合，而属性包含对应的名字和对应的值。一个属性的值可以是变量，也可以是函数，当为函数时也称该属性为方法。本章将讲述对象的基本概念、创建方法、属性等。

4.1　JavaScript 对象

4.1.1　名词解释

JavaScript 是基于对象的，那么什么是基于对象呢？

1. 基于对象

首先，一切皆对象，要以对象的概念来编程。其次，JavaScript 中有很多内置的对象，如 window，所以说 JavaScript 是基于对象的。

2. 对象

对象就是人们要研究的任何事物，不仅能表示具体事物，还能表示抽象的规则、计划或事件。例如，人可以看作一个对象，不同的人就是不同的对象。每个人都有自己所属的属性，有肤色、年龄、性别等。当然也有自己的方法，如说话、吃饭、学习等。同样地，JavaScript 对象也有属性来定义其特征。所以简单地说，对象就是属性的无序集合，每个属性可以存一个值（原始值，对象，函数）。对象的属性指的就是用数值描述对象的状态，对象的方法指的就是对象具有可实施的动作。

一个水杯有自己的分类，如保温杯还是塑料杯等，在 JavaScript 中，对象也有自己的类。

3. 类

具有相同或相似的性质的对象的抽象就是类。对象的抽象就是类，类的具体化（实例化）叫作对象。在 JavaScript 中是通过构造函数来实现类的。

4. 面向过程

面向过程是一种以过程为中心的编程思想。面向过程就是分析出解决问题所需要的步骤，然后用函数把这些步骤一步一步地实现，使用时一个一个依次调用即可。它是一种思考问题的基础方法。

5. 面向对象

面向对象是软件开发中的一种，是思考问题相对高级的方法。它把构成问题的事务分解成各个对象，建立对象的目的不是为了完成一个步骤，而是为了描述某个事物在整个解决问题的步骤中的行为。

这里给大家举个示例帮助理解记忆：

汽车发动，汽车到站。汽车发动是一个事件，汽车到站是另一个事件，在面向过程中我们关心的是事件，而不是汽车本身，针对上述两个事件，形成两个函数，之后依次调用。

对面向对象来说，我们关心的是汽车这类对象，两个事件只是这类对象所具有的行为，且对于这两个行为的顺序没有强制要求。

面向过程的思维方式是分析综合，面向对象的思维方式是构造。

4.1.2　创建对象的方法

JavaScript 拥有很多内置的对象。除此以外，也可以创建自己的对象。创建方法和其他语言大同小异。

1. 通过 Object 方法（JavaScript 顶层构造函数）创建

语法如下：

```
var obj = new Object();
```

示例：

```
var zhangsan = new Object(); //初始化 Object
zhangsan.name = "zhangsan";
zhangsan.age = 3;
zhangsan.say = function(){
    console.log("Hi,I am"+this.name+".I am"+this.age); // "zhangsan" 3
}
```

说明：通过 Object 方法创建对象，实则指的是通过 JavaScript 的原生对象的构造方法，实例化一个新对象。

2. 通过 json 方式创建

此方法多用于数据的存储，语法如下：

```
var obj = {};
```

示例 1：

```
var lisi = {}
lisi.name = "李四";
lisi.age = 30;
lisi.eat = function(){
    alert("吃饭");
}
lisi.eat();
```

说明：这也是非常简单的一种方法，一般情况下不推荐使用，因为这种方法可读性不够强。请看示例 2。

示例 2：

```
var lisi = {
    name:"李四",
    sex:"man",
    say:function(){
        alert("说话")
    }
};
```

```
lisi.say();
```

说明：相比较示例 1，示例 2 中嵌套的方法可读性很强，对象 lisi 的所有属性和方法都包含在其自身内，一目了然。

以上两种方法适用于只存在一个实例的对象。当需要创建多个对象实例时，就需要通过构造函数的方法来创建。

3. 通过构造函数创建

通过构造函数来创建对象类型时，最好首字母是大写的。
语法如下：

```
function Func(){
}
var obj1 = new Func();
alert(typeof obj1); //object
```

JavaScript 中没有类这一概念，需要用函数的方式来模拟类，这个函数就是构造函数。
示例：

```
function Person(name,sex){
    this.name = name;
    this.sex = sex;
    this.say = function(){
        console.log(this.name,this.sex); // "Lily" "女"
    }
}
var Lily = new Person("Lily","女");
var lisi = new Person("李四","男");
alert(Lily instanceof Person);//true
alert(lisi.constructor === Person);//true
```

说明：通过使用 this 将传入函数的值赋值给对象的属性，this 代表谁实例化它，它就指谁。现在就可以创建多个 Person 对象实例了。

4.1.3 属性与方法

1. 添加属性与方法

当属性的值为函数时就是对象的方法，其他都为属性。
格式：

```
对象.属性名 = 属性值                //属性名只有一个单词时
对象["属性名"] = 属性值            //属性名中有特殊字符时
```

为对象添加属性除了上述方法外，还可以通过 prototype（原型）属性来为对象添加属性。

JavaScript 中为每个函数都分配了 prototype 属性，该属性是个指针，指向一个对象，作为所有实例的基类引用。

示例：

```
    function Person(name,sex){
        this.name = name;
        this.sex = sex;
    }
Person.prototype.say = function(){
        console.log(this.name,this.sex);
}
    var Lily = new Person("Lily","女");
    var lisi = new Person("李四","男");
    alert(lisi.say === Lily.say); //true
```

2. 方法

格式：

```
    对象.方法名 = function(){}        //属性名只有一个单词时
    对象["方法名"] = function(){}     //属性名中有特殊字符时
```

示例同创建对象。

3. 访问属性

格式：

```
    对象.属性名;
    对象["属性名"];
```

4. 访问方法

格式：

```
    对象.方法名();
    对象["方法名"]();
```

4.1.4 销毁对象

销毁对象的格式如下：

```
    对象 = null;
```

JavaScript 的垃圾回收机制在对象不被引用时释放内存。

删除对象上的属性：可以用 delete 来删除对象上一个不是通过集成而来的属性，示例如下。

```
    delete a3.name;
    delete a3.say;
    alert(a3.name)   //undefined
    alert(a3.say()); //a3.say is not a function
```

4.1.5　对象的遍历

对象的遍历使用 for...in 方法。
示例：

```
var a = {}
a.name = "张三";
a.age = 30;
a.eat = function(){
    alert("吃饭");
}
for(var i in a){
    console.log(i,a[i])
}
//输出结果:
//name 张三
//age 30
//eat function(){
//        alert("吃饭");
//    }
```

4.1.6　对象的存储方式

1）变量保存的仅仅是对象的引用地址。

2）对象保存在堆中，每创建一个对象，就开辟一块内存。

3）当 JavaScript 引擎检测到对象没有引用时，将把它当作垃圾，等待回收。

4）在某一时刻回收垃圾对象。

对象的存储方式如图 4-1 所示。

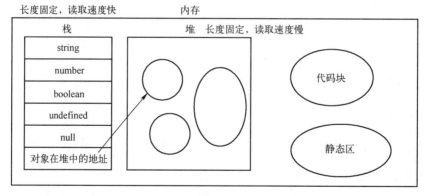

图 4-1

4.1.7　instanceof

instanceof 运算符用来检测某个对象是否是某个构造函数的实例。

示例:

```
var arr=[];
console.log(arr instanceof Array);       //true
console.log(arr instanceof Object);      //true
```

任何对象对 Object 构造函数进行判断,结果都是 true,因为 Object()是 JavaScript 中的顶层构造函数。

4.2　对象的特性

4.2.1　对象的特性——封装

封装是将对象的所有组成部分组合起来,尽可能地隐藏对象的部分细节,使其受到保护,只提供有限的接口与外部发生联系。

下面介绍封装方法。

(1)工厂函数(不推荐使用)

示例:

```
function person(name,sex){
    var person = {};
    person.name = name;
    person.sex = sex;
    person.say = function(){
        alert("说话");
    }
    return person;
}
var zhangsan = person("张三","man");
alert(zhangsan.name);
```

(2)构造函数(每创建一个对象,会把相同的代码存储到内存中,会造成对内存的浪费)

示例:

```
function person(name,sex){
    this.name = name;
    this.sex = sex;
    this.say = function(){
        alert("说话");
    }
}
var lisi = new person("李四","boy");
alert(lisi.sex);
```

(3)prototype 方法(会把共享的方法或属性放到代码段中来存储,它不能共享对象)

示例 1：

```
person.prototype.eat=function(){
    alert("吃饭");
}
var lisi=new person("李四","boy");
lisi.eat();
```

示例 2：

```
person.prototype.aaa = {name:"王五"};
var lisi = new person("李四","boy");
var zhaoliu = new person("赵六","boy");
alert(lisi.aaa.name = "xiaosi");    //xiaosi
alert(zhaoliu.aaa.name);            //xiaosi 将原型上的属性值一起改了
```

（4）混合函数

这是一种最佳的方法，构造函数与 prototype 的结合，应根据实际情况考虑。

示例：

```
function person(name,sex){
    this.name = name;
    this.sex = sex;
    this.say = function(){
        alert("说话");
    }
}
person.prototype.eat=function(){
    alert("吃饭");
}
var lisi=new person("李四","boy");
lisi.eat();
```

4.2.2 对象的特性——继承

继承是一个对象拥有另一个对象的属性与方法。所有的 JavaScript 对象继承于至少一个对象，并且继承的属性可通过构造函数的 prototype 对象找到。

对象的一个类可以从现有的类中派生出来，并且它拥有现有的类的方法与属性，这个过程就是继承。

父类（基类/原型）是被继承的对象，子类是继承的对象。

1. 继承优点

通过继承可以提高代码的重用性、逻辑性与可维护性。

2. 继承的方式

（1）通过原型来继承

示例：

```
function person(){
    this.name = "lisi";
    this.age = 18;
    this.say = function(){
        alert("会说话");
    }
}
function student(){
}
student.prototype = new person();
var lili = new student();
alert(lili.name);
```

说明：这种方式实现继承最为简单，只需让子类的 prototype 属性赋值为被继承的一个实例化对象即可，之后就可以直接使用被继承类的方法和属性了。

（2）call 方法

格式：

```
fun.call(obj2,参数1……)
```

从本质上来说，call 方法实际上就是要改变 fun 函数内的 this 指向。

示例：

```
function person () {
    this.name = "张三";
    this.say = function () {
        alert(this.name);
    }
}
function student () {
    this.name = "李四";
}var ren = new person ();var zhangsan = new student ();
ren.say.call(zhangsan);
person.call(zhangsan);
zhangsan.say();
```

（3）apply 方法

用法基本与 call 方法相同，格式如下：

```
fun.apply(obj2,[参数1……])
```

示例：

```
function person () {
    this.name = "张三";
    this.say = function () {
        alert(this.name);
```

```
    }
}
function student () {
    this.name = "李四";
}var ren = new person ();
var zhangsan = new student ();
ren.say.apply(zhangsan);
person.apply(zhangsan);
zhangsan.say();
```

3. 继承的顺序

优先级：对象本身>构造函数>原型链。

示例：

```
Object.prototype.say=function(){
    alert("Object 的方法");
}
function person(){
    this.say=function(){
        alert("person 的方法");
    }
}
person.prototype.say=function(){
    alert("person 原型的方法");
}
function student(){
    this.say=function(){
        alert("student 的方法");
    }
}
student.prototype=new person();
var xiaoming=new student();
xiaoming.say=function(){
    alert("xiaoMing 的方法");
}
xiaoming.say();
```

4.2.3 this 指针

本章很多内容中都提到了 this，本节专门针对 this 为读者进行详细讲解。

大家肯定会困惑，为什么要在编程中用 this？this 到底代表什么呢？

JavaScript 是一门基于对象的语言，也就是说，一切皆对象，函数也是一个普通的对象。JS 可以通过一定的设计模式来实现面向对象的编程，其中 this 指针就是实现面向对象的一个很重要的特性。

示例：

```
var name = "优逸客实训基地";
function say(){
  alert("大家好，欢迎来"+name+"参观");
}
say(); //大家好，欢迎来优逸客实训基地参观
```

说明：上述示例是一个普通的函数，通过调用 say 函数，弹出全局变量 name。

下面把上面的示例稍作修改：

```
var name = "Tom";
function say(){
  alert("大家好，欢迎来"+this.name+"参观");
}
say(); //大家好，欢迎来优逸客实训基地参观
```

说明：定义一个全局对象 say 并执行这个函数，函数内部使用 this 关键字，执行 this 对象时执行代码的对象是 say，say 被定义在全局作用域中。JS 中所谓的全局对象，无非就是定义在 window 这个对象下的一个属性而已。因此 say 的所有者是 window 对象。也就是说，在全局作用域下，可以通过直接使用 name 去引用这个对象，也可以通过 window.name 去引用同一个对象。因此，this.name 就可以翻译为 window.name 了。

两个示例最终运行结果一样，说明 this.name 引用的还是全局的 name 对象。

JavaScript 是一门动态语言，某一个函数中的 this 最终代表谁取决于调用模式。接下来通过示例帮助读者更好地理解 this 指向问题。

1）在普通函数中，this 总是指向 window 全局对象，代码如下：

```
window.name = "优逸客(山西)实训基地";
function Company(){
  console.log(this.name);
}
Company(); //此时输出"优逸客(山西)实训基地"，说明 this 指向的是 window
```

2）当函数作为对象的方法使用时，this 指向的是当前对象，代码如下：

```
var Obj={
  value:"优逸客(山西)实训基地",
  Company:function(){
      console.log(this.value);
  }
}
Obj.Company(); //当 Company 方法被调用时，this 才会绑定 Obj 对象
```

3）在构造函数中，this 指向的是该构造函数实例化出来的对象，代码如下：

```
function main(val){
this.value=val;
}
```

```
main.prototype.getValue=function(){
console.log(this.value);
}
var fun=new main("优逸客(山西)实训基地");
fun.getValue();
fun.value;//输出"优逸客(山西)实训基地",this指向main的实例对象fun
```

4）在 call 和 apply 中，this 指的是方法中传入的对象，如果 apply 中没有传入对象，则 this 指向 window，代码如下：

```
function main(val){
console.log(this.value);
}
var Obj={
value:"优逸客(山西)实训基地",
}
main.call(Obj); //输出"优逸客(山西)实训基地",this指向Obj对象
```

4.2.4　对象的分类

1）内置对象：直接使用即可，不需要实例化。

内置顶层对象(global): Math();

2）本地对象：需要实例化后才能使用，如 String();、Boolean();、Number();、Function();、Array();。

3）宿主对象：BOM 和 DOM，详细内容参考第 6 章。

4.3　ES6 中对象的新特性

4.3.1　类的支持

前文已经提到 JavaScript 中没有类，但是在 ES6 中添加了对类的支持，引入了 class 关键字（class 在 JavaScript 中是保留字，在 ES6 新版本中，派上了用场）。

下面通过一个示例来展示类的用法：

```
//类的定义
class Person {
  //ES6中的新型构造器
   constructor(job) {
       this.job = job;
   }
   //实例方法
   sayName() {
```

```
        console.log('我是'+this.job);
    }
}
//类的继承
class Teacher extends Person {
    constructor(job) {
      //直接调用父类构造器进行初始化
       super(job);
    }
    duty() {
       console.log("我的职责是管理学生");
    }
}
//进行测试
var zhangsan=new Person('学生'),
lisi=new Teacher('老师');
zhangsan.sayName();       //输出：我是学生
lisi.sayName();           //输出：我是老师
lisi.duty();              //输出：我的职责是管理学生
```

4.3.2　变量的解构赋值

在 ES6 中，允许按照一定的模式，从数组和对象中提取值，对变量进行赋值，这就称为解构。下面通过一些示例来介绍解构赋值的应用。

1. 数组的解构赋值

示例：

```
//从数组中提取值
let [a,b,c] = [2,5,3];
console.log(a,b,c); //2 5 3
let [num,bar] = ["uek"];
console.log(num,bar); // uek  undefined
let [x,y = "sxuek"] = ["uek"]; //解构赋值允许指定默认值
console.log(x,y); // uek sxuek
```

说明：从数组中提取值时，会按照对应的位置对变量进行赋值。如果解构不成功，则变量的值就等于 undefined。

2. 对象的解构赋值

解构赋值不仅可以用于数组，还可以用于对象。对象的解构赋值和数组有一个重要的不同：数组的元素是按照内容的顺序依次进行对应位置的赋值，而对象的属性是没有顺序的，变量必须与属性同名才能进行正确的赋值。

示例：

```
var {b,a} = {a:"aaa",b:"bbb"};
```

```
console.log(a,b)   // "aaa" "bbb"
  var {c} = {a:"aaa",b:"bbb"};
  console.log(c)    // undefined
  //变量名与属性名不一致
  var {a:c} = {a:"aaa",b:"bbb"};
  console.log(c)    // "aaa"
  console.log(a)    // a is not defined
```

说明：上述示例中，a 是匹配的模式，c 才是变量。真正被赋值的是变量 c，而不是模式 a。

3. 字符串的解构赋值

字符串也可以解构赋值。这是因为此时，字符串被转换成了一个类似数组的对象。
示例：

```
const [a, b, c] = 'uek';
  console.log(a) // "u"
  console.log(b) // "e"
  console.log(c) // "k"
```

4. 函数参数的解构赋值

函数的参数也可以使用解构赋值。
示例：

```
function add([x, y]){
    return x + y;
}
add([10, 2]); // 12
```

说明：上述示例中，add 函数的参数表面上是一个数组，但在传入参数的那一刻，数组参数就被解构成变量 x 和 y。对于函数内部的代码来说，它们能接收到的参数就是 x 和 y。
更多有关 ES6 中函数的相关内容可参考 3.3 节。

4.3.3 扩展运算符（spread）和 rest 参数

1. 扩展运算符

扩展语法：扩展运算符是 3 个点（...），允许在需要多个参数（用于函数回调）或多个元素（用于数组文本）或多个变量（用于解构分配）的位置扩展表达式。
（1）数组中
扩展运算符的作用是将一个数组转为用逗号分隔的参数序列。
示例：

```
console.log(...[1,2,3]);//1 2 3
console.log(1,...[2,3,4],5); //1 2 3 4 5
console.log([1,...[2,3,4],5]);//[1, 2, 3, 4, 5]
```

说明：从上述示例可以看出，扩展运算符可以用来替换数组中的 concat 函数，实现数组合并。

示例：

```
var arr3=arr1.concat(arr2);
//如果使用了扩展运算符，则可以写成以下形式
var arr3=[...arr1,...arr2];
```

（2）对象中

ES6 对对象也做了扩展，方法与数组类似。

示例：

```
let obj1 = {a:1,b:2};
let obj2 = {c:3,b:{e:4,f:5}};
let obj3 = {...obj1,...obj2};
console.log(obj3); //{a:1, b:{e:4,f:5}, c: 3}
obj3.b.e = 100;
console.log(obj3); // {a:1, b:{e:100, f:5 }, c:3}
console.log(obj2); // {c:3, b:{e:100, f:5}}
```

说明：对对象进行扩展运算，实现的是对象的浅复制，并且是复制对象的可枚举的属性。

（3）函数中

如果一个函数的最后一个形参是以"…"为前缀的，则在函数被调用时，该形参会成为一个数组，数组中的元素都是传递给该函数的多出来的实参的值。

示例：

```
function(a,b,...theArgs){}
```

说明：在上述示例中，theArgs 会包含传递给函数的从第 3 个实参开始到最后所有的实参（第 1 个实参映射到 a，第 2 个实参映射到 b）。

2．rest 参数

ES6 中引入了 rest 参数（…变量名）。通常，需要创建一个可变参数的函数，之前都是借助 arguments 对象。现在使用 rest 参数就可以创建可变参数的函数。

3.1.3 节中有关传入参数个数不同，故进行不同操作的示例，这里就不做过多介绍了。

下面是个有关 rest 参数的示例：

```
function add(...values){
    let sum=0;
    for(var val of values){
        sum+=val;
    }
    return sum;
}
console.log(add(1,2,3));//6
```

似乎看上去使用 rest 参数和 arguments 对象的运行结果一样，但是它们之间还是有本质

区别的。

rest 参数和 arguments 对象的区别如下：

1）剩余参数只包含那些没有对应形参的实参。

2）arguments 对象包含了传给函数的所有实参。

3）arguments 对象不是一个真实的数组，而剩余参数是真实的数组实例，即能够在其上直接使用所有的数组方法，如 sort、map、forEach、pop。

4.3.4　属性的简洁表示

ES6 允许在对象之中直接写变量。这时，属性名为变量名，属性值为变量的值。
示例：

```
var age = 28;
var People = {
  name: '张三',
  age,
  say() { console.log('我的名字是', this.name); }
};
```

属性的简洁表示用于函数的返回值非常方便，示例如下：

```
function coord() {
  var x = 4;
  var y = 2;
  return {x, y};
}
coord()  // {x:4, y:2}
```

取值器和赋值器中的用法如下：

```
var cart = {
  num: 4,
  get getNum () {
    return this.num;
  },
  set setNum (value) {
    if (value < this.num) {
      throw new Error('数值太小了！');
    }
    this.num = value;
  }
}
cart.setNum = 5;
console.log(cart.num);  // 5
cart.setNum = 3;             //报错：Uncaught Error: 数值太小了！
console.log(cart.num);
```

4.3.5 属性名表达式

ES6 中，在使用字面量定义对象时，可以把表达式放到方括号中作为属性名。
示例：

```
var name = 'JavaScript';
var a = {
  'Hello' : 'World',
  [name] : 'ES6',
  ['a'+'bc'] : "abcdefg"
}
console.log(a['Hello']);        // "World"
console.log(a[na1me]);          // "ES6"
console.log(a['abc']);          // "abcdefg"
```

4.3.6 方法的 name 属性

方法也是函数，所以方法也有 name 属性，示例如下：

```
var obj = {
  say(){},
  get fun() {},
  set fun(x) {}
};
console.log(obj.say.name)                      // "say"
var descriptor = Object.getOwnPropertyDescriptor(obj, 'fun');
console.log(descriptor.get.name);              // "get fun"
console.log(descriptor.set.name);              // "set fun"
```

第 5 章

原生对象

本章主要内容

- Object 对象
- Math 对象
- 字符串对象
- 数组对象
- 日期对象
- 正则
- Set 数据结构
- Map 数据结构

对象分为内置对象（如 Math）、本地对象（如 String、Array）和宿主对象（BOM 和 DOM），本章将对这些内容进行详细介绍。

5.1　Object 对象

Object 是 JavaScript 中常用的一个数据类型，并且在 JavaScript 中所有的对象都是继承自 Object 对象。在对象一章中只是简单地用 Object 结合 new 构造函数来创建一个对象，并没有过多地使用。但是 Object 对象其实包含了很多有用的属性和方法。因此，本节将从最基本的开始详细介绍 Object 对象常用的方法以及应用。

5.1.1　Object 的常用方法

1. Object.create()

在 ECMAScript 5 中定义了名为 Object.creat()的方法，该方法可以创建一个拥有指定原型和若干个指定属性的对象。其中第一个参数是要继承的原型，如果不是一个子函数，则可以传入一个 null，第二个参数是对象的属性描述符，这个参数是可选的。

Object.create()是一个静态函数，而不是提供给某个对象调用的方法，只需传入所需的原型对象和属性描述即可。

在 JavaScript 中，属性有两种类型，分别是数据属性和访问器属性。

（1）数据属性

数据属性可以理解为平时定义对象时赋予的属性，它可以进行读和写。但是，ES5 中定义了一些特性，这些特性用来描述属性的各种特征，特性是内部值，不能直接访问到。属性的特性会有一些默认值，要修改特性的默认值，必须使用 ES5 定义的新方法（Object.defineProperty 方法）来修改。下面具体介绍每个特性。

1）writable：表示属性值是否可修改，默认为 true。

2）value：表示属性的值，默认为 undefined。

示例：

```
var obj = {
  name: "uek"
};
console.log(obj.name);//name
Object.defineProperty(obj, "name", {
  value: "UEK",
  writable: false
})
console.log(obj.name);//UEK
obj.name = "UNIQUE";
console.log(obj.name);//UEK
```

说明：上述示例中，通过 value 这个特性，可以设定对象的默认值，且当 writable 属性设置为 false 时，对象的属性值是不可以修改的。

3）configurable：该特性表示是否能够通过 delete 操作符删除属性，默认值为 true。

示例：

```
    var obj = {};
    obj.name = "UEK";
    delete obj.name;
    console.log(obj.name);  // undefined
```

说明：在上述示例中，创建一个对象 obj，并且给它添加属性 name，通过 delete 操作符删除 name 属性后，就访问不到 name 属性了。

示例：

```
    var obj = {};
    var newObj = {};
    newObj = Object.create(obj,{
        name:"UEK",
        configurable:false
    })
    delete newObj.name;
    console.log(newObj.name);
```

说明：在上述示例中，创建了一个拥有指定原型 obj 的 newObj 对象，并且设置 configurable 特性为 false，最后发现依然能访问到 name 属性。

4）enumerable：表示是否能用 for in 枚举出属性，默认值为 true。

示例：

```
    var obj = {name:"UEK"};
    for(var i in obj){
      console.log(i);//name
    }
```

说明：在上述示例中，可以通过 for in 语句枚举 obj 对象的属性。

示例：

```
    var obj = {};
    var newObj = {};
    newObj = Object.create(obj,{
        name:"UEK",
        enumerable:false
    })
    for(var i in newObj){
      console.log(i);
    }
```

说明：在上述示例中创建了一个拥有指定原型 obj 的 newObj 对象，并且设置 enumerable 特性为 false，发现通过 for in 语句不能枚举 newObj 对象的属性，但当设置为 true 时则可以。

（2）访问属性

1）get()：表示访问。

2）set()：表示设置。

示例：

```
var obj = {
  a: 100,
  b: function(){
    console.log(100);
  }
}
var newObj = {};
newObj = Object.create(obj,{
    t1: {
      value:'yupeng',
      writable:false
    },
    t2: {
      configurable: false,
      get: function() { return t2; },
      set: function(value) { t2 = value }
    }
})
console.log(newObj.t1);        //yupeng
newObj.t1='yupeng1';
console.log(newObj.t1);        //yupeng
newObj.t2=201;
delete newObj.t2;
console.log(newObj.t2);        //201
for(var i in newObj){
  console.log(i);              // t1 a b
}
```

说明：在上述示例中通过方法 Object.creat()创建了一个拥有指定原型 obj 的对象 newObj，通过设置不同的属性描述符，可以实现不同的操作，得到不同的结果。

2. Object.is()

它用来比较两个值是否严格相等，与严格比较运算符（===）的行为基本一致，不同之处只有两个：一是+0 不等于-0，二是 NaN 等于自身。

示例：

```
console.log(+0 === -0);          //true
console.log(NaN === NaN);        //false
console.log(Object.is(+0, -0));  //false
console.log(Object.is(NaN, NaN)); //true
```

3. Object.assign()

Object.assign 方法用于对象的合并，将原、源对象（source）的所有可枚举属性复制到目标对象（target）上。

Object.assign 方法的第一个参数是目标对象，后面的参数都是源对象。

示例：

```
var target = { a: 1 };
var source1 = { b: 2 };
var source2 = { c: 3 };
Object.assign(target, source1, source2);
console.log(target); // {a:1, b:2, c:3}
```

如果目标对象与源对象具有同名属性，或多个源对象具有同名属性，则后面的属性会覆盖前面的属性。

示例：

```
var target = { a: 1, b: 1 };
var source1 = { b: 2, c: 2 };
var source2 = { c: 3 };
Object.assign(target, source1, source2);
console.log(target)              // {a:1, b:2, c:3}
```

如果只有一个参数，Object.assign 方法会直接返回该参数。

示例：

```
var obj = {a: 1};
Object.assign(obj) === obj    // true
```

如果该参数不是对象，则会先转成对象，然后返回。

示例：

```
typeof Object.assign(2)          // "object"
```

由于 undefined 和 null 无法转成对象，因此如果它们作为参数，就会报错。

示例：

```
Object.assign(undefined)         // 报错
Object.assign(null)              // 报错
```

Object.assign 方法执行的是浅复制，而不是深复制。

示例：

```
var obj1 = {a: {b: 1}};
var obj2 = Object.assign({}, obj1);
obj1.a.b = 2;
console.log(obj2.a.b)            // 2
```

4．Object.getOwnPropertyDescriptors()

此方法用于返回某个对象属性的描述对象。

示例：

```
var obj = { a: 'b' };
```

```
Object.getOwnPropertyDescriptor(obj, 'a');    // a 的描述对象
// Object {
//   value: "b",
//   writable: true,
//   enumerable: true,
//   configurable: true
// }
```

5.1.2 属性的遍历（**Object** 对象方法的使用）

1. 属性的可枚举性

对象的每个属性都有一个描述对象（Descriptor）用来控制该属性的行为。Object.getOwnPropertyDescriptor 方法可以获取该属性的描述对象。

描述对象的 enumerable 属性，称为"可枚举性"，如果该属性为 false，则表示某些操作会忽略当前属性。

1）for...in 循环：只遍历对象自身的和继承的可枚举的属性。

2）Object.keys()：返回对象自身的所有可枚举的属性的键名。

3）JSON.stringify()：只串行化对象自身的可枚举的属性。

4）Object.assign()：只复制对象自身的可枚举的属性。

2. 遍历的方式

ES6 中一共有 5 种方法可以遍历对象的属性。

（1）for...in

for...in 循环遍历对象自身的和继承的可枚举属性（不含 Symbol 属性）。

（2）Object.keys(obj)

Object.keys 返回一个数组，包括对象自身的（不含继承的）所有可枚举属性（不含 Symbol 属性）。

（3）Object.getOwnPropertyNames(obj)

Object.getOwnPropertyNames 返回一个数组，包含对象自身的所有属性（不含 Symbol 属性，但是包括不可枚举属性）。

（4）Object.getOwnPropertySymbols(obj)

Object.getOwnPropertySymbols 返回一个数组，包含对象自身的所有 Symbol 属性。

（5）Reflect.ownKeys(obj)

Reflect.ownKeys 返回一个数组，包含对象自身的所有属性，不管是属性名或 Symbol 或字符串，也不管是否可枚举。

通过以上 5 种方法遍历对象的属性，都遵守同样的属性遍历的次序规则，具体如下：

1）首先遍历所有属性名为数值的属性，按照数字排序。

2）其次遍历所有属性名为字符串的属性，按照生成时间排序。

3）最后遍历所有属性名为 Symbol 值的属性，按照生成时间排序。

5.2　Math 对象

JavaScript 自身有很多内置的对象，Math 就是其中之一，但是相比较其他的内置对象，Math 对象可以用于执行数学任务，如获取一个随机数、画一个圆等。

Math 是 JavaScript 本来就存在的对象，即内置对象，它具有数学常数和函数的属性与方法。Math 对象不像 Date 和 String 是对象的类，因此没有构造函数，也不需要实例化，它所有的属性和方法都是静态的，只需把 Math 作为对象使用即可。

5.2.1　Math 对象的属性

1）Math.PI：圆周率。
2）Math.E：返回欧拉常数 e 的值。
3）Math.LN2：返回 2 的自然数对数。

5.2.2　Math 对象的方法

Math 对象的方法具体见表 5-1。

表　5-1

方法	含义
abs()	取绝对值
round()	取近似值，四舍五入
floor()	取近似值，向下取整
ceil()	取近似值，向上取整
max()	取一组数中的最大值
min()	取一组数中的最小值
random()	取随机数
pow(x,y)	取 x 的 y 次幂
sqrt()	取平方根
trunc()	删除一个数的小数部分
sin()	取正弦值
cos()	取余弦值
tan()	取正切值
asin()	取反正弦值
acos()	取反余弦值
atan()	取反正切值

（1）abs()

abs()用于返回一个数的绝对值。

示例：

```
var a = 3;
var b = -3;
console.log( Math.abs(a) );    // 3
console.log( Math.abs(b) );    // 3
```

（2）round()、floor()、ceil()和 trunc()

1）round()用于对一个数进行四舍五入。

2）floor()用于对一个数进行向下取整。

3）ceil()用于对一个数进行向上取整。

4）trunc()用于返回一个数的整数部分，去除小数。

示例：

```
var a = 1.1;
var b = 1.4;
var c = 1.5;
var d = 1.9;
console.log(Math.round(a), Math.round(b), Math.round(c), Math.round(d));
// 1,1,2,2
console.log(Math.floor(a), Math.floor(b), Math.floor(c), Math.floor(d));
// 1,1,1,1
console.log(Math.ceil(a), Math.ceil(b), Math.ceil(c), Math.ceil(d));
// 2,2,2,2
```

如果参数是一个正数，则 trunc()相当于 floor()；否则 trunc() 相当于 ceil()。

（3）max()和 min()

max()和 min()用于取一组数中的最大值和最小值。

示例：

```
console.log( Math.max(3,1,5,2,3), Math.min(3,1,5,2,3) );  //5, 1
```

（4）random()

random()用于取一个随机数。

示例：

```
console.log( Math.random() );
// 获得一个随机的 0~1 之间的小数，不会等于 0，不会等于 1
//获取 0~10 之间的随机整数
var num = Math.floor(Math.random()*10);
```

（5）pow(x,y)和 sqrt()

pow(x,y）用于取 x 的 y 次幂，sqrt()用于获取一个数的平方根。

示例：

```
console.log( Math.pow(2, 3) );    // 8
console.log( Math.pow(4, 1/2) );    // 2
```

```
console.log( Math.sqrt(9) );          // 3
```

（6）sin()、cos()、tan()、asin()、acos()和 atan()

使用时，需要将角度转化为弧度才能进行计算，在 JavaScript 中，用 Math.PI 表示 π，转换公式为 1deg=Math.PI/180。

示例：

```
//求 sin30 的值
var result = Math.sin( 60*Math.PI/180 ) ;
```

5.3 字符串对象

String 对象也是 JavaScript 内置对象之一。当操作的数据是文本形式的数据时，用字符串对象处理再合适不过了。下面介绍有关字符串对象的创建，以及其具有的属性和方法。

5.3.1 创建 String 对象

创建 String 对象的语法格式如下：

```
new String(s);
```

通过构造函数会返回一个新创建的 String 对象，用来存放字符串 s：

```
String(s);
```

不通过构造函数调用 String()时，它只把 s 转换成原始的字符串，并返回转换后的值。

5.3.2 字符串对象的属性

1）constructor：用于返回构造函数的引用。

2）length：用于计算字符串的长度。

示例：

```
var str = "www.sxuek.com";var str2 = "百度";
alert(str.length);  // 13
alert(str2.length); // 2
```

说明：在上述示例中，通过调用 String 对象的 length 属性，可以很方便地获得该字符串的长度。

5.3.3 字符串对象的方法

字符串对象的方法可以大致分为获取、查找、截取、转换 4 种类型。接下来将一一进行介绍。

获取类型有以下 3 种：

（1）mystr.charAt(index);

charAt 方法用来返回指定索引位置（index）的字符串，若是超出有效范围的索引值，将返回空字符串。

示例：

```
var str = "www.sxuek.com";
alert(str.charAt(4));  // s
```

说明：需要注意 index 下标的有效范围是从 0 开始到 str.length-1。

（2）mystr.charCodeAt(index);

charCodeAt 方法返回指定位置字符的 Unicode 编码。

示例：

```
var str = "www.baidu.com";
alert(str.charCodeAt(1));  // 119
```

（3）String.fromCharCode(code1 [,code2...]);

fromCharCode 是一个静态方法，它存储在内存的静态区中，一直存在，直接使用即可。

fromCharCode 方法接收一个（或多个）指定的 Unicode 值，然后返回一个（或多个）对应的字符串。

示例：

```
alert(String.fromCharCode(119));        // w
alert(String.fromCharCode(119,118));    // wv
```

查找类型有以下 5 种：

（1）mystr.indexOf(str [,startIndex]);

indexOf 方法返回指定字符在字符串中第一次出现的位置。如果字符不存在，则返回-1。

示例：

```
var str3 = "吃葡萄吐葡萄皮，不吃葡萄不吐葡萄皮";
alert(str3.indexOf("葡"));         //1
alert(str3.indexOf("葡萄",2));      //4
```

说明：当指定 startIndex 的值时，会从指定位置开始起查找指定的字符串，否则从字符串的开始位置查找。

（2）mystr.lastIndexOf(str [,startIndex]);

lastIndexOf 方法返回指定字符在字符串中最后一次出现的位置。如果字符串不存在，则返回-1。

示例：

```
var str3 = "吃葡萄吐葡萄皮，不吃葡萄不吐葡萄皮";
alert(str3.lastIndexOf("葡"));       //14
alert(str3.lastIndexOf("葡",8));     //4
```

说明：若指定了 startIndex 的值，则作用与 indexOf 方法一样。

（3）mystr.match(str);

match 方法用于在字符串内检测指定的值，或查找一个或多个正则表达式的匹配，该方法类似于 indexOf 和 lastIndexOf 方法，但是返回指定的值，没有则返回 null，而不是返回字符串的位置。

示例：

```
var str4 = "吃葡萄";
alert(str4.match("葡"));        //葡
alert(str4.match("皮"));        //null
var str5 = "吃1葡3萄4";
alert(str5.match(/\d+/g));      //1,3,4
```

（4）mystr.search(reExp);

search 方法返回与正则表达式查找内容相匹配的第一个字符串的位置，只能用于正则。

示例：

```
var str = "Code123Player34Code456";// 查找两个连续数字第一次出现的位置
alert(str.search(/\d{2}/)); // 4// 该字符串等同于上一个正则表达式
alert(str.search("\\d{2}")); // 4// 查找不到匹配则返回-1
alert(str.search(/James/)); // -1// 查找player（带标志i，不区分字母大小写）
alert(str.search(/player/i)); // 7
```

说明：reExp 包含正则表达式模式和可用标志的正则表达式对象。

（5）mystr.replace(str/regExp,replacement);

replace 方法用于将字符串中的一些字符替换成另外的字符，或替换一个与正则表达式匹配的字符串。返回结果为新字符串，不影响原字符串。

示例：

```
var str4 = "吃1葡3萄4";
alert(str4.replace("吃","吐"));// 吐1葡3萄4
```

截取类型有以下 3 种：

（1）mystr.slice(start [,end]);

slice 方法返回从指定位置开始截取，到指定位置结束（不包括）的字符串；start 下标从 0 开始；如果没有指定结束位置，则从指定位置开始截取，到末尾结束；它可以接收负值，-1 表示字符串的结尾。

示例：

```
var str4 = "吃1葡3萄4";
alert(str4.slice(2,4));      // 葡3
alert(str4.slice(-1));       // 4
alert(str4.slice(-2,-1));    // 萄
```

（2）mystr.substring(start,end);

substring 方法返回从指定位置开始截取，到指定位置结束的字符串（不包括）；如果没

有指定结束位置，则从指定位置开始截取，到末尾结束；它接收到的负值会自动转换为 0。

示例：

```
var str4 = "吃1葡3萄4";
alert(str4.substring(-1));  // 吃1葡3萄4
```

（3）mystr.substr(start [,length]);

substr 方法返回从指定位置开始截取指定长度的字符串，如果没有指定长度，则从指定位置截取，到末尾结束；不支持负数。

示例：

```
var str4 = "吃1葡3萄4";
alert(str4.substr(1,3));     // 1葡3
alert(str4.substr(1));       // 1葡3萄4
```

说明：在上述示例中，当指定 length 字符个数时，会从指定的位置开始输出一定个数的字符。

转换类型有以下 7 种：

（1）mystr.split("以什么分割" [,limit]);

split 方法将一个字符串分割成数组，limit 用来限制返回数组中元素的个数。

示例：

```
var str="12,34,45";
alert(str.split(",",2));  // [12,34]
```

（2）toLowerCase();

toLowerCase 方法用于把字符串中的字母转换为小写，并返回一个字符串。

示例：

```
var str="ABCDEFGHIJKLMN";
alert(str.toLowerCase());
```

（3）toUpperCase();

toUpperCase 方法用于将字符串中的字母转换为大写，并返回一个字符串。

示例：

```
var str="abcdef";
alert(str.toUpperCase());
```

（4）trim();

trim 方法用于删除字符串两边的空格。

示例：

```
var str="  uek  ";
alert(str.trim());
```

（5）charCodeAt();与 codePointAt();

在 JavaScript 内部，字符以 UTF-16 的格式储存，每个字符固定为两个字节。对于那些需要 4 个字节储存的字符（Unicode 码点大于 0xFFFF 的字符），JavaScript 会认为它们是两个字符。

示例：

```
var s = "𠮷";
console.log(s.length)  // 2
console.log(s.charCodeAt(0))    // 55362
console.log(s.charCodeAt(1))    // 57271
console.log(s.codePointAt(0))   // 134071
console.log(s.codePointAt(1))   // 57271
```

说明：上述示例中，汉字"𠮷"不是吉利的"吉"，是"吉"的异体字，码点为 0x20BB7。需要 4 个字节的字符存储。通过方法 charCodeAt()分别返回了前两个字节和后两个字节的值。

ES6 提供了 codePointAt 方法，能够正确处理 4 个字节储存的字符，返回一个字符的码点。

上述示例中，codePointAt 方法正确返回了汉字"𠮷"的码点。

因此，对于 32 位的 UTF-16 字符的码点，通过 codePointAt 方法能够正确返回。对于常规的两个字节存储的字符，codePointAt 方法和 charCodeAt 方法相同。

（6）String.fromCharCode();与 String.fromCodePoint();

ES6 提供了 String.fromCodePoint 方法，它与 ES5 中的 String.fromCharCode 方法一样，用于从码点返回对应的字符。不同之处在于，String.fromCodePoint 方法可以识别 0xFFFF 的字符，弥补了 String.fromCharCode 方法的不足。在作用上，正好与 codePointAt 方法相反。

示例：

```
console.log(String.fromCharCode(0x20BB7));
console.log(String.fromCodePoint(0x20BB7)) ; //"𠮷"
console.log(String.fromCodePoint(0x78,0x1f680,0x79)==='x\uD83D\uDE80y');//true
```

示例输出结果如图 5-1 所示。

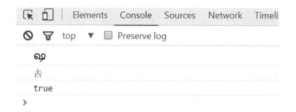

图 5-1

如果 String.fromCodePoint 方法有多个参数，则它们会被合并成一个字符串返回。

（7）repeat();

repeat 方法返回一个新字符串，表示将原字符串重复 n 次。

示例：

```
console.log('uek'.repeat(1))         // "uek"
```

```
console.log('hello'.repeat(2))        // "hellohello"
```

5.4 数组对象

Array 数组对象也是 JavaScript 的内置对象之一，常用于在单个变量中存储多个值，且允许数组中含有不同数据类型的元素，即数组元素可以是对象或其他的数组。

5.4.1 数组对象的属性

1）length：返回或设置数组元素的个数。因为数组的索引总是从 0 开始，所以一个数组的下标范围是从 0 到 length-1。再次注意，JavaScript 数组的 length 属性是可变的。

示例：

```
var arr = new Array(3);          //定义数组的长度
console.log(arr.length);         //获取数组 arr 的长度，返回 3
var arr1 = [3,'uek',40,12];      //定义一个包含数字和字符串的数组
console.log(arr1.length);        //返回数组长度为 4
arr1[4]='山西优逸客';            //使用下标索引为 4 的元素，并赋值
console.log(arr1.length);        //再返回数组长度为 5
```

2）prototype 属性：返回对象类型原型的引用。

示例：

```
//给数组对象添加一个获取最大元素的方法
function Max(){
    var max = this[0];
    for(var i = 0;i < this.length;i++){
        if(max < this[i]){
            max = this[i];
        }
    }
return max;
} //声明一个 Max 函数，用来获取最大值
Array.prototype.max = Max;        //将该方法加入数组原型对象以进行使用
var arr = new Array(3,24,45,123,22);
console.log(arr.max());           //返回 123
var arr1 = new Array(3,100);
console.log(arr1.max());          //返回 100
```

3）constructor 属性：表示创建对象的函数。

示例：

```
var arr = new Array();
if(arr.constructor == Array){
    alert(1);
}
```

5.4.2 数组对象的方法

在数组中有很多预定义的方法，接下来按照分类一一进行介绍。

添加或删除类有以下 5 种：

（1）myarr.push(元素 1,元素 2,...)；

push 方法用来向数组的末尾添加元素，返回值为新数组的长度；一次可以添加多个元素。

示例：

```
var arr1 = [1,2,3,4];
alert(arr1.push("a")); // 5
alert(arr1);           // 1,2,3,4,a
```

说明：通过 push 方法返回的是新数组的长度，当再次访问数组时返回的是添加后的结果，说明 push 方法会影响原数组。

（2）myarr.unshift(元素 1,元素 2,...)；

unshift 方法用来向数组的开头添加元素，返回值为新数组的长度；一次可以添加多个元素。

示例：

```
var arr1 = [1,2,3,4];
alert(arr1.unshift("a","b","c"));// 7
alert(arr1);    // "a","b","c",1,2,3,4
```

说明：在上述示例中，返回一个新的数组，说明 unshift 方法也会影响原数组。

（3）myarr.pop()；

pop 方法用来删除数组中的最后一个元素，返回值为删除的元素。

示例：

```
var arr = ["a",1,"b",2,"c",3];
alert(arr.pop()); // 3
alert(arr);         // "a",1,"b",2,"c"
```

说明：在上述示例中，返回来一个新的数组，说明 pop 方法也会影响原数组。

（4）myarr.shift()；

shift 方法用来删除数组的第一个元素，返回值为删除的元素。

示例：

```
var arr = ["a",1,"b",2,"c",3];
alert(arr.shift());// a
alert(arr);//1,"b",2,"c",3
```

说明：在上述示例中，说明 shift 方法也会影响原数组。

（5）myarr.splice(index,数量,item1,item2...)；

splice 方法用来删除、添加或替换数组中的元素，是个"万能"的方法。

index：表示从哪里开始删除或添加，必须是数值类型的（从 0 开始计算）。

数量：规定了删除的个数，如果为 0，则表示不删除，否则表示添加。

示例：

```
    var arr = ["Tom", "Lily", "Ann", "Mary"];
    //删除
    arr.splice(1,2);        //返回删除的元素 "Lily"和"Ann"
document.write(arr);        //"Tom","Mary"
    //插入
    arr.splice(1,0,"Eng"); //返回空数组
document.write(arr);        //"Eng","Tom","Mary"
    //替换
    arr.splice(2,1,"Lemon","Kiwi"); //返回被删除的元素
    document.write(arr);    //"Eng","Tom","Lemon","Kiwi"
```

说明：当用 splice 方法删除或替换元素时，会返回被删除的元素；当用 splice 方法插入元素时，会返回一个空数组。

数组的转换方法如下：

```
    myarr.join([分隔符]);
```

join 方法用于将数组按照指定的分隔符转换为字符串，如果没有分隔符，则默认为以 "," 来分隔。返回值为组成的字符串。

示例：

```
var arr = [12,100,23,3405];
alert(arr.join("*"));    //12*100*23*3405var arr = [12,100,23,3405];
alert(arr.join("+"));    //12+100+23+3405
```

说明：在上述示例中，使用了不同的分隔符。

数组的截取方法如下：

```
    myarr.slice(参数1，参数2);
```

slice 方法从已有的数组中返回选定的元素，即从指定位置开始截取，到指定位置（不包括）结束。如果没有指定结束位置，则从指定位置开始，到末尾结束。支持负数（从-1 开始），返回值为新数组，不会破坏原数组。

示例：

```
var arr = [1,3,5,2,4,6];
alert(arr.slice(1,3));       //3,5
alert(arr.slice(3));         //2,4,6
alert(arr.slice(-3,-1));     //2,4
alert(arr);                  //1,3,5,2,4,6
```

说明：在上述示例中，当操作后再次返回数组 arr 时，还是原数组，表明 slice 方法不会影响原数组。

数组的连接方法如下：

```
myarr.concat();
```

concat 方法用于连接两个或更多个数组，并返回新数组。该方法不会影响原数组。

示例：

```
var arr = [1,3,5,2,4,6];
var arr1 = ["a","b","c"];
var arr2 = [12,12,12];
alert(arr.concat(arr1,arr2));//  1,3,5,2,4,6,"a","b","c",12,12,12
```

数组的排序方法如下：

```
myarr.sort();
```

sort 方法用于对数组中的元素进行排序。排序顺序可以按照字母顺序或数字顺序，并按升序或降序排列。如果没有参数，则从字符的编码开始按照顺序排列。

如果有参数，则这个参数必须是一个函数（回调函数）。这个回调函数有两个参数，即a、b。

示例：

```
var arr1 = ["a","c","b","ab"];
alert(arr1.sort());  // "a","ab","b","c"
```

说明：在上述示例中，sort 排序默认为升序。当元素为字符串时，会比较每个元素对应的 Unicode 编码大小并进行排序。

示例：

```
var arr2 = [12,123,20,2];
alert(arr2.sort(function(a,b){
  return a - b;
}));   //从小到大排
var arr3 = [12,123,20,2];
alert(arr3.sort(function(a,b){
  return b - a;
}));   //从大到小排
```

说明：在上述示例中，通过回调函数来设置数组排序的规则是升序还是降序。

数组的过滤方法如下：

```
fliter(function(val,key){})
```

filter 方法会创建一个新数组，新数组中的元素为通过检查指定数组中符合条件的所有元素。在回调函数中定义判断条件，返回值为所有判断结果为真的值组成的新数组。

示例：

```
var arr=[1,2,3,4,5];
var newarr=arr.filter(function(val,key){
  return val<3;
})
```

```
alert(newarr) //1,2
```

数组的映射方法如下：

```
map(function(val,key){})
```

map 方法会返回一个新数组，数组中的元素为原始数组元素调用函数处理后的值，即在回调函数中返回新值。

示例：

```
var arr=[1,2,3,4,5];
var newarr=arr.map(function(val,key){
  return val*2;
})
alert(newarr)//2,4,6,8,10
```

说明：在上述示例中，在回调函数中返回了新值，map 方法的返回值为回调函数中返回的新值组成的新数组。

数组的查找有以下两种方法：

（1）indexOf(item)

indexOf 用来返回数组中某个指定的字符串值第一次出现的位置，从指定位置起从前向后搜素。若没有找到，则返回-1。

如果没有指定起始位置，将从字符串的开始位置查找。

indexOf 方法最基本的思想还是先循环整个数组，将每次循环出来的结果与要查找的元素进行匹配，最终返回我们想要的结果。接下来先从 for 循环入手，实现元素的查找。

示例：

```
    var  arr  =  ['Tom','Lily','Ann'];let  index;for(var  i  =  0,len  =  arr.
length;i < len;i++){
    if(arr[i] == 'Lily'){
        index = i;
    }
}console.log(index);//1
```

万变不离其宗，indexOf 方法还是基于 for 循环的思想，只不过使用起来更加方便。下面再用 indexOf 方法实现上个示例。

示例：

```
var arr=['Tom','Lily','Ann'];
 var pos=arr.indexOf('Lily');
 alert(pos);//1
```

说明：在上述示例中，indexOf 方法实现的原理机制和 for 循环机制一样。

（2）lastIndexOf(item)

lastIndexOf 方法返回数组中某个指定的字符串值最后一次出现的位置，和 indexOf 方法正好相反。

示例：

```
var arr = [1,2,3,1,2,3];
var pos = arr.lastIndexOf(1);
alert(pos);//3
var pos1 = arr.lastIndexOf(1,1);
alert(pos1);
```

说明：在上述示例中，通过 lastIndexOf 方法从头到尾地检索，看数组中是否包含 1，如果找到，则返回 1 在数组中最后一次出现的位置。

数组的判断有以下两种方法：

（1）every()

every 方法用来检测数组中的每一项元素是否符合条件，即在回调函数中进行判断，如果有一个元素不满足条件，则整个表达式返回 false，且其他元素将不再进行判断；如果所有元素都满足条件，则返回 true。注意，every 方法不会对空数组进行检测。

既然 every 方法是检测数组中的每一个元素，那么此处还是先用 for 循环来切入，方便大家理解记忆。

示例：

```
// 判断数组中的元素是否都大于 3
var arr=[1,2,3,4,5];
var result = function(){
 for(var i = 0,len = arr.length;i < len; i++){
   if(arr[i] < 3){
     return false;
   }
 }
 return true;
}console.log(result()); //只要有一个元素不满足条件，就返回 false
```

接下来再用 every 方法实现一下：

```
var arr=[1,2,3,4,5];
var result=arr.every(function(item,index){
  return item<3;
})
alert(result);              //false
```

说明：通过以上两个示例可以发现，every 方法的实现原理还是 for 循环。

（2）some(function(item,index){})

some 方法用于检测数组中的每一个元素是否满足指定的条件，即在回调函数中对每个元素依次进行判断，如果有一个元素满足条件，则表达式将返回 true，且其他元素将不再进行判断；如果没有满足条件的元素，则返回 false。注意，some 方法不会对空数组进行检测。

同理，此处读者也可以尝试用 for 循环先实现一下。

用 some 方法实现，示例如下：

```
var arr=[1,2,3,4,5];
var flag=arr.some(function(val,key){
    return val<3;
})
alert(flag);  //true
alert(arr);   //1,2,3,4,5
```

说明：在上述示例中，通过 some 方法可以检测数组中是否有元素小于 3，并不会改变原始数组。

数组的转换有以下两种方法：

（1）Array.from()

Array.from 方法用于将两个类对象转换为真正的数组，即类似数组的对象（array-like object）和可遍历（iterable）的对象。

示例：

```
let arrayLike = {
    '0': 'a',
    '1': 'b',
    '2': 'c',
    length: 3
};
// ES5 的写法
var arr1 = [].slice.call(arrayLike);console.log(arr1) // ['a', 'b', 'c'];
// ES6 的写法
let arr2 = Array.from(arrayLike);console.log(arr2) // ['a', 'b', 'c'];
```

Array.from 方法可以处理 NodeList 对象和 arguments 对象。

示例：

```
// NodeList 对象
let divs = document.querySelectorAll('div');Array.from(divs).forEach
(function (div) {
    console.log(div);
});
// arguments 对象
function fun() {
    console.log(Array.from(arguments));   //[1,2,3,4]
}
fun(1,2,3,4);
```

（2）Array.of()

Array.of 方法用于将一组值转换为数组。

示例：

```
console.log(Array.of(3, 11, 8))    // [3,11,8]
```

```
console.log(Array.of(3))            // [3]
console.log(Array.of(3).length)     // 1
```

这个方法的主要目的是弥补数组构造函数 Array()的不足。

示例：

```
console.log(Array(3, 11, 8))  // [3, 11, 8]
console.log(Array(3).length)  // 3
```

5.4.3 数组对象的构造函数的方法

1）Array.from 方法用于将两类对象转换为真正的数组，即类似数组的对象和可遍历的对象。

示例：

```
//类似数组的对象
    let arrayLike = {
      '0':'u',
      '1':'e',
      '2':'k',
      length:3
    };
    let arr = Array.from(arrayLike); //['u','e','k']
//可遍历的对象
//提前在页面中创建多个 p 标签，在 JavaScript 中获取并操作
let ps = document.querySelectorAll('p');
Array.from(ps).forEach(function (p) {
console.log(p);
});
Array.of()
```

2）Array.of 方法用于将一组值转换为数组。Array.of 方法总是返回参数值组成的数组。如果没有参数，则返回一个空数组。

示例：

```
Array.of(3).length; // 1
Array.of(undefined); // [undefined]
Array.of(1, 2); // [1, 2]
Array.of('u','e','k'); // ["u", "e", "k"]
Array.isArray()
```

3）Array.isArray 方法用于判断某个值是否为数组，返回的值为布尔类型。

示例：

```
Array.isArray([3]); // true
Array.isArray(3); // false
```

```
Array.isArray(null); // false
```

5.5　日期对象

现如今，无论是网页中还是一个游戏中，都会涉及对时间的处理，JavaScript 专门提供了日期对象。

Date 对象是 JavaScript 提供的日期和时间的接口操作，在 JavaScript 中 DATE 使用 UTC（国际协调时间），它能够表示的时间范围是 1970 年 1 月 1 日 00:00:00 前后的各一亿天，之前为负，之后为正，取值范围为 285616 年。

日期也是 JavaScript 的一个内置对象，若想对日期进行获取和操作，就必须实例化对象。

5.5.1　定义日期对象

使用关键字 new 来定义一个 Date 对象，语法格式如下：

```
var dateobj=new Date();
    var date1 = new Date();
    document.write(date1);//Sat Jun 17 2017 18:19:17 GMT+0800(中国标准时间)
    var date2 = new Date("15:15:15 6/17/2017");
    document.write(date2);////Sat Jun 17 2017 15:15:15 GMT+0800(中国标准时间)
```

说明：日期对象会自动获取当前的日期和时间作为初始值，包括年、月、日、时、分、秒、星期、时区。

当传入参数时，即得到时间参数。可传入的参数格式如下：

"时:分:秒 月/日/年"或"月/日/年 时:分:秒"或字符串。

年,月,日,时,分,秒，不能加""。

不传参会得到当前时间的信息。

Date 对象可以作为普通函数直接调用，返回一个代表当前时间的字符串。

示例：

```
console.log(Date());//Sat Jun 17 2017 18:19:17 GMT+0800 (中国标准时间)
```

5.5.2　获取日期信息的方法

一般在项目中会获取一下时间相关的信息，表 5-2 所示是常用的获取日期信息的方法。

表　5-2

方　　法	含　　义
getDate()	从 Date 对象返回一个月中的某一天 (1～31)
getDay()	从 Date 对象返回一周中的某一天 (0～6)

（续）

方　　法	含　　义
getMonth()	从 Date 对象返回月份 (0~11)
getFullYear()	从 Date 对象以 4 位数字返回年份
getHours()	返回 Date 对象的小时 (0~23)
getMinutes()	返回 Date 对象的分钟 (0~59)
getSeconds()	返回 Date 对象的秒数 (0~59)
getMilliseconds()	返回 Date 对象的毫秒(0~999)
getTime()	返回从 1970 年 1 月 1 日至今的毫秒数
getTimezoneOffset()	返回本地时间与格林尼治标准时间 (GMT) 的分钟差

5.5.3　设置日期的方法

设置日期的方法见表 5-3。

表　5-3

方法	含义
setDate()	设置 Date 对象中月的某一天 (1~31)
setMonth()	设置 Date 对象中的月份 (0~11)
setFullYear()	设置 Date 对象中的年份（4 位数字）
setHours()	设置 Date 对象中的小时 (0~23)
setMinutes()	设置 Date 对象中的分钟 (0~59)
setSeconds()	设置 Date 对象中的秒钟 (0~59)
setMilliseconds()	设置 Date 对象中的毫秒 (0~999)
setTime()	以毫秒设置 Date 对象
setUTCDate()	根据世界时间设置 Date 对象中月份的一天 (1~31)
setUTCMonth()	根据世界时间设置 Date 对象中的月份 (0~11)
setUTCFullYear()	根据世界时间设置 Date 对象中的年份（4 位数字）
setUTCHours()	根据世界时间设置 Date 对象中的小时 (0~23)
setUTCMinutes()	根据世界时间设置 Date 对象中的分钟 (0~59)
setUTCSeconds()	根据世界时间设置 Date 对象中的秒钟 (0~59)
setUTCMilliseconds()	根据世界时间设置 Date 对象中的毫秒 (0~999)

　　表 5-2 和表 5-3 列出了常用的操作日期的方法，通过 Date 对象可以很方便地对日期进行操作，下面通过示例深入理解日期对象的用法。

　　在下面的示例中，通过 setFullYear 方法设置一个日期对象为指定的日期。

　　示例：

```
var myDate = new Date();
myDate.setFullYear(2015,01,01);
console.log(myDate);//Sun Feb 01 2015 09:14:22 GMT+0800 (中国标准时间)
```

日期是可以进行比较的，下面获取当天的日期，与之前设置的日期进行比较。
示例：

```
var today = new Date();
if (myDate < today){
  alert("今天已经过了 2015 年 1 月 1 日");
}else{
  alert("今天还未过 2015 年 1 月 1 日");
}
```

下面对于日期对象的获取方法来展示一个示例：

```
var box = new Date();
alert(box.getFullYear()+'-'+(box.getMonth()+1)+-'+box.getDate()+''+
box.getHours()+':'+box.getMinutes()+':'+box.getSeconds()); //2017-2-12 9:29:26
```

对于日期对象的应用，在后续章节中将通过一些示例来更好地阐述。

5.6　正则

本节将重点介绍正则表达式，简单地说，正则表达式就是一个文本模式的匹配工具，在 JavaScript 中，正则表达式一般被用来匹配字符串中的字符组合。但是为什么非得用正则表达式呢？下面通过一个示例来了解正则表达式在实际项目中的应用。
示例：

```
//用户注册时，用户密码一般是 5～20 位的数字，且不能以 0 开头
//当不使用正则时，一般都会按如下方法去判断用户密码是否合法
var pass = "sxuek2017";
if(pass.length >= 5 && pass.length <= 20 && && !isNaN(pass) &&
pass.charCodeAt(0)!=48){
    alert("用户密码合法!");
}else{
    alert("用户密码不合法!");
}
//使用正则表达式时
var reg = /^[1-9][0-9_]{4,19}$/;if(reg.test(pass)){
  alert("该用户名合法");
}else{
  alert("该用户名不合法");
}
```

从上述示例中可知，如果不使用正则表达式，判断会比较麻烦，使用正则表达式则简单很多。正则表达式虽然用起来比较简单，但是它的规则很多。

5.6.1　正则表达式的概念

正则表达式是一个描述字符模式的对象。简单地说，是一个用来描述或者匹配一系列符

合某个语法规则的字符串的语言。在很多文本编辑器或其他工具里，正则表达式通常被用来检索、替换或拆分那些符合某个模式的文本内容。许多程序设计语言都支持利用正则表达式进行字符串操作。

5.6.2 应用场合

在实际项目开发中有很多场合都需要使用正则表达式，那么哪些场合下会用到正则呢？

1）数据验证。

2）文本替换。

3）内容检索。

4）过滤内容。执行字符串函数无法完成的特殊的匹配、拆分、替换功能等。

5.6.3 创建正则表达式

在 JavaScript 中，正则表达式是通过对象的方式来创建的，它有自己的方法。

1. 通过构造函数创建

通过构造函数创建表达式又称为显示的创建，即通过构造函数 RegExp()来实现。语法格式如下：

```
var reg = new RegExp("正则表达式","模式修饰符")
```

构造函数 RegExp()有两个参数要传，第一个参数为正则表达式，第二个参数是一个可选项，即模式修饰符。各个修饰符的含义如下：

1）g 表示全局匹配，即匹配字符串中出现的所有模式。

2）i 表示忽略字母大小写，即在匹配字符串时不区分字母大小写。

3）m 表示进行多行匹配。

如下示例中都是有效的正则表达式。

```
var reg = /uek/i;
var reg1 = /^sxuek/;
var reg2 = /0[0-9][a-zA-Z]/;
```

通常将正则表达式字符串放在/RegExp/中间，//称为定界符。

匹配边界有以下两种情况：

（1）字符边界

1）^ 匹配字符串的开始。

2）$ 匹配字符串的结束，忽略换行符。

（2）单词边界限制

1）\b 匹配单词的边界。

2）\B 匹配除单词边界以外的部分。

2. 通过字面量方式创建

通过字面量方式创建又称为隐式创建，即将文字量的正则表达式赋值给一个变量。语法格式如下：

```
var RegExp = /正则表达式/模式修饰符；
```

其中，正则表达式为指定的匹配模式，模式修饰符是可选项。

5.6.4　正则表达式的模式

1. 原子

原子是正则表达式中最小的元素，包括英文、标点符号等。每个原子都有自己特殊的含义，具体如下：

\d——匹配任意一个数字。

\D——与除了数字以外的任何一个字符匹配。

\w——与任意一个英文字母，数字或下画线匹配。

\W——除了字母，数字、下画线外，与任何一个字符匹配。

\s——与任意一个空白字符匹配。

\n——换行字符。

\f——换页字符。

\r——回车字符。

\t——制表符。

\v——垂直制表符。

\S——与除了空白符以外任意一个字符匹配。

2. 原子表

方括号可用于查找某个范围内的字符，具体如下：

[ ]——只匹配其中的一个原子。

[^]——匹配除了当前原子表中定义的原子外的字符。

[0-9]——匹配 0～9 中的任意一个数字。

[a-z]——匹配小写 a～z 中的任意一个字母。

[A-Z]——匹配大写 A～Z 中的任意一个字母。

3. 元字符

在正则表达式中有一些特殊字符，代表着特殊意义，叫作元字符。

. 代表除换行符以外的任何一个字符。

| 代表或的意思，匹配其中一项就代表匹配。

4. 原子分组

匹配多个字符时用()分组，分组代表一个原子集合或一个大原子，并压入堆栈（内存）用于调用。组号是从左到右计数的，调用时如果是字面量形式，则用\1；如果是构造函数方式，则用\1，这种方式称为反向引用。

示例：

```
var reg = new RegExp("(hdw)123\\1","i");
alert(reg.test("hdw123hdw"));
```

5. 取消反向引用

使用形如(?:pattern)的正则就可以避免保存括号内的匹配结果，反向引用也将失效。

6. 量词

可以使用一些元字符，重复表示一些元子或元字符，具体如下：

*——重复零次或更多次。

+——重复一次或更多次。

?——重复零次或一次。

{n}——重复 n 次。

{n,}——重复 n 次或更多次。

{n,m}——重复 n 到 m 次。

7. 贪婪和吝啬

正则匹配是贪婪的，但并不意味着禁用，具体如下：

*?——重复任意次，但尽可能少重复。

+?——重复 1 次或更多次，但尽可能少重复。

??——重复 0 次或 1 次，但尽可能少重复。

{n,m}?——重复 n 到 m 次，但尽可能少重复。

{n,}?——重复 n 次以上，但尽可能少重复。

模式匹配的顺序（从高到低）见表 5-4。

表 5-4

顺序	元字符	说明
1	()	模式单元
2	?、*、+、{}	重复匹配
3	^、$	边界限制
4	竖线	模式选择

5.6.5　正则方法

正则表达式对象 RegExp 提供了两个可用的方法：test()和 exec()。

1. RegExp.test()

方法 test()用来测试字符串中是否包含了匹配该正则表达式的子串，如果包含，则返回 true，否则返回 false。

示例：

```
var str = "sxuek";
var regexp = /uek/i;
if(regexp.test(str)){
  alert("找到了指定字符串");
}else{
  alert("没找到指定字符串");
}
```

说明：在上述示例中，使用正则表达式/uek/i 来检测 str 字符串中是否包含匹配的子串，且匹配时不区分字母大小写。最终得到的结果是 true，所以会返回并显示"找到了指定字符串"。

2. RegExp.exec()

方法 exec()功能非常强大，是一个通用的方法，用来在字符串中匹配正则，并将结果保存在一个数组中即成功返回，失败返回 null。

返回的数组包含特殊属性：

1）input 表示被查找字符串。

2）index 表示子字符串位置。

如果正则表达式没有设置 g，那么 exec 方法不会对正则表达式有任何的影响。如果设置了 g，那么 exec 执行后会更新正则表达式的 lastIndex 属性，表示本次匹配后所匹配的字符串的下一个字符的索引，下一次再用这个正则表达式匹配字符串时就会从上次的 lastIndex 属性开始匹配。

示例：

```
var reg = /\w/;
var str = "abcdefg";
var result = reg.exec(str);
for (var i in result) {
  document.write(i + ":" + result[i] + "<br/>");
}
```

说明：方法 exec()返回的数组对象还有一个扩展的属性，且这个属性在普通的数组中是没有的，这个属性是 index，它返回的是匹配字符串的开始位置，除此之外，还有其他的扩展属性，示例如下：

```
var reg = /de/gi;
var str = "abc de fg de ";
var result = reg.exec(str);
if(result){
  var len = result.length;      //返回数组元素个数
  var input = result.input;      //返回被搜素的字符串
  var index = result.index;      //返回匹配字符串的起始位置
  var lastIndex = result.lastIndex;//返回匹配字符串后面第一个字符的位置
  document.write("字符串长度为"+len+"; "+"被搜索的字符串为"+input+"; "+"起始
位置为"+index);
```

```
    }else{
       alert('没有找到匹配字符串');
    }
```

说明：在上述示例中，通过方法 exec()返回的数组对象扩展的属性可以获取更多详细的信息，最终返回结果为："字符串长度为 1；被搜索的字符串为 abc de fg de ；起始位置为 4"。

5.6.6　字符串中用到正则的函数

在 JavaScript 中，正则表达式通常用于以下字符串方法：search()、replace()和 split()，在字符串对象一节中也有提到过。

（1）search(regexp)

regexp 为正则表达式，返回索引位置，不支持全局索引（即 g 修饰符无效），找到即停止搜索。

示例：

```
var str = "search Regexp";
var result = str.search(/Regexp/i);
console.log(result);
```

说明：使用正则表达式搜索字符串 Regexp，且不区分字母大小写。最终返回搜索字符串的起始位置 7。

（2）replace（正则或字符串,替换内容）

支持全局 g 修饰符，如果模式不是全局，则当匹配到一个以后将不会继续匹配，反之则会继续往下匹配。

示例：

```
var str = "search Regexp";
var result = str.replace(/Regexp/i,"UEK");
console.log(result);
```

说明：在上述示例中，使用正则表达式且不区分字母大小写，将字符串中的 Regexp 替换为 UEK，最终返回的结果就是替换后的字符串"search UEK"。

（3）split　方法

split　方法用于拆分字符串，参数可以为字符串或正则表达式。

示例：

```
//检测用户名是否由中文组成
var userName = "优逸客(山西)实训基地";
var reg=/^[\u4E00-\u9FA5]{2,4}$/;    /*定义验证表达式*/
reg.test(userName);       /*进行验证*/
//检测用户密码是否由5～20位的数字、字母、下画线组成，且必须以数字开头
 var pass = "2393_sd23";
 var reg1 = /^[1-9][0-9_a-zA-Z]{4,19}$/;
 reg1.test(pass);
```

```
//检测用户电话号码的格式
var tel = "14823485433";
var reg2 = /^((0\d{2,3}-\d{7,8})|(1[3584]\d{9}))$/;
reg2.test(tel);
//检测用户输入的邮件地址是否合法
var email = "1283759333@123.com";
var reg3 = /^([a-zA-Z0-9_-])+@([a-zA-Z0-9_-])+(\.[a-zA-Z0-9_-])+/;
reg3.test(email);
```

5.7 Set 数据结构

5.7.1 Set 基本用法

Set 数据结构类似于数组，但是它的成员都是唯一的。

示例：

```
var s = new Set();
[2, 3, 3, 5, 4, 5].map(x => {
  s.add(x);
  console.log(s);
});
// Set {2}
// Set {2, 3}
// Set {2, 3}
// Set {2, 3, 5}
// Set {2, 3, 5, 4}
// Set {2, 3, 5, 4}
```

在函数 Set()中可以传入一个数组类型的参数。

示例：

```
var set = new Set([3,5,1,1,4]);
  console.log([...set]);    // [3,5,1,4]
  console.log(set.size);    // 4
```

在 Set 中判断是否重复，使用的是 "Same-value equality"，类似于 "==="，但是有例外，其中 NaN 不等于 NaN。

示例：

```
var set = new Set();
  set.add(NaN);
  set.add(NaN);
  set.add("1");
  set.add(1);
  console.log(set) // Set {NaN, "1", 1}
```

5.7.2　Set 属性和方法

1. 属性

1）Set.prototype.constructor：构造函数，默认是 Set 函数。

2）Set.prototype.size：返回 Set 实例的成员总数。

2. 方法

1）add(value)：添加某个值，返回 Set 结构本身。

2）delete(value)：删除某个值，返回一个布尔值，表示删除是否成功。

3）has(value)：返回一个布尔值，表示该值是否为 Set 的成员。

4）clear()：清除所有成员，没有返回值。

示例：

```
var set = new Set();
  set.add(1).add(2).add(2);
  console.log(set.size)           // 2
  console.log(set.has(1))         // true
  console.log(set.has(2))         // true
  console.log(set.has(3))         // false
  console.log(set.delete(2));     // true
  console.log(set.delete(3));     // false
  console.log(set)                // set {1}
  set.clear()
  console.log(set)                // set {}
```

5.7.3　Set 遍历方法

Set 的遍历顺序就是插入顺序。

1）keys()：返回键名的遍历器。

2）values()：返回键值的遍历器。

由于 Set 结构没有键名，只有键值（或者说键名和键值是同一个值），因此 keys 方法和 values 方法完全一致。

3）entries()：返回键值对的遍历器。

4）forEach()：使用回调函数遍历每个成员。

示例：

```
var set = new Set([1, 2, 3]);
  console.log(set.keys());            // SetIterator {1, 2, 3}
  console.log(set.values());          // SetIterator {1, 2, 3}
  console.log(set.entries());         // SetIterator {[1,1],[2,2],[3,3]}
  set.forEach((value, key) => console.log(value) )   // 1 2 3
```

5.7.4　WeakSet

WeakSet 的成员只能是对象，不能是其他类型的值。

WeakSet 中的对象都是弱引用，垃圾回收机制不考虑 WeakSet 对该对象的引用，也就是说，如果其他对象都不再引用该对象，那么垃圾回收机制会自动回收该对象所占用的内存，不考虑该对象是否还存在于 WeakSet 中。这意味着，无法引用 WeakSet 的成员，因此WeakSet 是不可遍历的。

5.8　Map 数据结构

JavaScript 对象本质上是键值对的集合。之前，只能用字符串当作键。

Map 数据结构类似于对象，也是键值对的集合，但是"键"的范围不限于字符串，各种类型的值（包括对象）都可以当作键。

Object 结构提供了"字符串—值"的对应，Map 结构提供了"值—值"的对应，是一种更完善的 Hash 结构实现。

所以需要"键值对"的数据结构时，Map 比 Object 更合适。

5.8.1　Map 基本用法

1）Map 作为一个构造函数，可以接受一个数组当作参数。

2）Map 结构中，字符串"true"和布尔值 true 是两个不同的键值。

示例：

```
var map = new Map([
  [true, 'one'],
  ['true', 'two']
]);
  console.log(map.get(true))       // 'one'
  console.log(map.get('true'))     // 'two'
```

只有对同一个对象的引用，Map 结构才将其视为同一个键。所以下例中，set 和 get 中的[1]不是同一个键。

虽然 NaN 不严格相等于自身，但 Map 将其视为同一个键。

示例：

```
var map = new Map();
map.set([1], 111);
map.set(NaN, 222);
console.log(map.get([1])); // undefined
console.log(map.get(NaN)); // 222
```

5.8.2 Map 属性和方法

1. 属性

size 属性用于返回 Map 结构的成员个数。

示例：

```
var map = new Map([
    [true, 'one'],
    ['true', 'two']
]);
map.set([1], 111);
console.log(map.size);  // 3
```

2. 方法

1）方法 set()返回的是 Map 本身，因此也可以采用链式写法。

示例：

```
var  map = new Map()
  .set(1, 'a')
  .set(2, 'b');
map.set(3, 'c')
console.log(map) // Map {1 => "a", 2 => "b", 3 => "c"}
```

2）方法 get()读取对应的键值，如果找不到传入的键值，则返回 undefined。

示例：

```
var  map = new Map()
  .set(1, 'a')
  .set(2, 'b')
  .set(3, 'c');
console.log( map.get(1) )    //'a'
console.log( map.get(2) )    //'b'
console.log( map.get(3) )    //'c'
```

3）方法 has()返回一个布尔值，表示该键值是否在 Map 结构中。

示例：

```
var  map = new Map()
  .set(1, 'a')
  .set(2, 'b')
  .set(3, 'c');
console.log( map.has(2) )    // true
console.log( map.has(4) )    // false
```

4）方法 delete()用于删除某个键，删除成功，则返回 true；如果删除失败，则返回 false。

示例：

```
var map = new Map()
  .set(1, 'a')
  .set(2, 'b')
  .set(3, 'c');
console.log( map.has(2) );    //true
console.log( map.delete(2) );//true
console.log( map.has(2) );    //false
console.log( map.delete(4) );//false
```

5）方法 clear()用于清除所有成员，没有返回值。

示例：

```
var map = new Map()
  .set(1, 'a')
  .set(2, 'b')
  .set(3, 'c');
console.log( map );          // Map {1 => "a", 2 => "b", 3 => "c"}
console.log( map.clear() );  // undefined
```

5.8.3　Map 遍历方法

1）keys()：返回键名的遍历器。

2）values()：返回键值的遍历器。

3）entries()：返回所有成员的遍历器。

示例：

```
var map = new Map([
  ['name', 'bob'],
  ['age',  18],
]);
for (let key of map.keys()) {
  console.log(key);
  // name
  // age
}
for (let value of map.values()) {
  console.log(value);
  // bob
  // 18
}
for (let kv of map.entries()) {
  console.log(kv[0], kv[1]);
  // name bob
  // age 18
}
```

```
    for (let [key, value] of map.entries()) {
      console.log(key, value);
      // name bob
      // age 18
    }
    for (let [key, value] of map) {
      console.log(key, value);
      // name bob
      // age 18
    }
```

5.8.4 Map 与数组对象的转换

（1）Map 转换为数组

示例：

```
    var myMap = new Map().set(false, 0).set({aa: 1}, [2,3]);
    var arr = [...myMap];
    console.log( arr)
    // [ [ false, 0 ], [ { aa: 1 }, [ 2, 3 ] ] ]
```

（2）数组转换为 Map

示例：

```
    var yMap = new Map([ [ false, 0 ], [ { aa: 1 }, [ 2, 3 ] ] ]);
    console.log(yMap);
    // Map {false => 0, Object {aa: 1} => [2, 3]}
```

（3）Map 转换为对象

如果所有 Map 的键都是字符串，则它可以转换为对象。

示例：

```
    function strMapToObj(strMap) {
      let obj = Object.create(null);
      for (let [k,v] of strMap) {
        obj[k] = v;
      }
      return obj;
    }
    var myMap = new Map().set('yes', true).set('no', false);
    strMapToObj(myMap)
    // { yes: true, no: false }
```

（4）对象转换为 Map

示例：

```
    function objToStrMap(obj) {
```

```
    let strMap = new Map();
    for (let k of Object.keys(obj)) {
      strMap.set(k, obj[k]);
    }
    return strMap;
}
objToStrMap({yes: true, no: false})
```

5.8.5 WeakMap

WeakMap 结构与 Map 结构基本类似，唯一的区别是它只接受对象作为键名（null 除外），不接受其他类型的值作为键名。

键名所指向的对象，不进入垃圾回收机制。

示例：

```
var map = new WeakMap()
map.set(1, 2);// Uncaught TypeError: Invalid value used as weak map key
map.set(Symbol(),2);// Uncaught TypeError: Invalid value used as weak map key
```

第6章

常见网页效果制作

本章主要内容

- **BOM 介绍**
- **DOM 介绍**
- **综合练习——面向对象的打字游戏**

在前面的章节中谈到了 JavaScript 的基础语法，只用这些基础语法做不了实质性的例子，要想更熟练地掌握这些语法，做大量的实例是很有必要的，如常见的选项卡、轮播图、楼层跳转效果等。对这些例子理解透彻之后，再去做复杂的例子也都是同样道理的运用，无非就是代码更多而已，编程水平就是在这样的一个个的例子中提升的，用过程化的方式写过东西之后，用面向对象的方式写程序也是必须掌握的技能。本章将介绍 BOM 和 DOM，最后会做一个综合性的案例来了解这些应用程序接口在实例中的运用方式。

6.1 BOM 介绍

BOM（Browser Object Model）指的是浏览器对象模型，它定义了 JavaScript 能够对于浏览器所做的一系列操作的接口，它由一系列与浏览器相关的对象构成，主要有以下 6 个：

1）window 对象。

2）document 对象。

3）history 对象。

4）location 对象。

5）screen 对象。

6）navigator 对象。

6.1.1　window 对象

window 对象是 JavaScript 的全局对象，其他 BOM 对象都是 window 对象的属性。在 JavaScript 中，我们定义的全局变量都会被看作 window 对象的属性，定义的每一个全局函数都被看作 window 对象的方法。以下是一些常用的 window 对象的属性和方法。

（1）window.innerWidth/window.innerHeight

获取当前浏览器显示窗口的宽高尺寸，在旧版本的 IE 浏览器上会出现不支持的情况，可以采用替换方案 document.documentElement.clientWidth/document.documentElement.clientHeight。需要注意的是，窗口的宽高值会受控制台打开/关闭的影响，读者在调试时需要注意。

（2）window.top

window.top 指的是当前窗口的顶层窗口，只有在通过 iframe 打开的网页或通过 window.open 打开的网页中才有意义，指的是当前的主窗口，这个属性虽然不常用，但在声明变量时要注意避免使用名为 top 的变量。

（3）window.setInterval();

非常重要！该方法接收两个参数，第一个为回调函数，第二个为一个毫秒数，调用方法后会在指定的时间间隔后重复地执行回调函数，我们在网页中看到的很多自动执行的效果采用的都是 setInterval，如轮播图自动播放的效果、跑马灯效果等。如下示例是一个简单演示，在控制台中每隔 1s 输出一个数字。

示例：

```
//首先声明一个变量，并且直接赋值为1
var num=1;
//调用 setInterval 方法，设置每隔 1s 执行一次回调函数
setInterval(function(){
// 让变量 num 自加 1，相当于 num=num+1;
    num++;
//输出这个 num ，读者可以打开浏览器的控制台，看一下输出结果
```

```
        console.log(num);
    },1000);
```

（4）window.clearInterval();

用于清除 setInterval 定时器，接收的参数为 setInterval 返回的 id，要想重新开启定时器只能继续设置 setInterval 方法。例如，让上一个示例的输出数字效果持续到 10 的时候停下来，可以这样写：

```
// 同样，先声明一个值为 1 的变量
var num=1;
//跟上面的示例一样，只不过这次将 setInterval 函数调用之后的返回值保存到一个变量 t 中
var t=setInterval(function(){
// 让 num 自加，原理同上
  num++;
  console.log(num);
//在这里判断一下 num 是否等于 10，注意这个判断一定要加到回调函数中
  if(num==10){
//调用 clearInterval 方法来清除时间函数
    clearInterval(t);
//清除完成后，当前这次程序还是会继续执行的，只是不会执行下一次调用了
 console.log("清除完成");
  }
},1000)
```

（5）window.setTimeout();

类似于 setInterval()，同样接收一个回调函数和时间值作为参数，不同的是，setTimeout() 的回调函数只会在指定时间间隔之后执行一次，常用于设置网页的延迟效果。也可以通过递归调用实现 setInterval 的效果。

示例：

```
//依然先声明一个 num 变量
var num=1;
//这次在调用函数时没有使用匿名函数的方式传递，使用的是函数名，效果是一样的
setTimeout(increase,1000)
//定义 increase 函数
function increase(){
//让 num 自加
  num++;
//在控制台输出
  console.log(num);
//再次调用 setTimeout,这样函数就能不断地执行下去
setTimeout(increase,1000);
}
```

（6）window.clearTimeout();

用于清除 setTimeout 定时器，用法同 clearInterval 方法。

6.1.2　document 对象

document 对象代表在浏览器及服务器中加载的任意 Web 页面，也作为 Web 页面内容的入口。其也为文档提供了全局性的函数，如获取页面的 URL、在文档中创建新的 element 的函数。document 对象比较特殊，它既属于 BOM，又属于 DOM。

（1）document.title

获取或者设置当前文档窗口的标题，也就是显示在标签栏上的网页名称。

（2）document.body

获取 body 元素对象，当然也可以通过一些其他方法去获取，但是 document 对象提供了这样一个快捷的方式，可以直接找到 body，下面的代码演示了如何通过 JS 来操作页面的颜色，需要注意的是，这行代码一定要放在 body 元素加载之后执行，因为代码是从上往下加载的，如果放到 body 前面，就获取不到当前的 body 元素，也就没有任何效果了，这和 CSS 是不一样的，在 CSS 中就在任何位置都可以，因为网页中的 CSS 样式会在属性有修改之后自动重绘。

```
document.body.style.background="#ccc";
```

这行代码在运行之后会将 body 的背景颜色变成灰色。

（3）document.documentElement

会返回文档对象（document）的根元素，可以用于获取当前窗口的宽高和滚动高度等。读者可以自行查看如下代码的运行结果。

```
console.log(document.documentElement.clientWidth);  //输出浏览器窗口的宽度
console.log(document.documentElement.clientHeight); //输出浏览器窗口的高度
console.log(document.documentElement.scrollTop);    //请在火狐浏览器中测试
```

（4）document.querySelector();

接收一个 CSS 选择器，通过该选择器获取对象，如果选择到的是集合，则返回集合中的第一个元素，获取不到则返回 null。此方法是进行元素获取最常用的方法之一。

（5）document.querySelectorAll();

接收一个 CSS 选择器，通过该选择器获取对象集合，如果获取到的是单个元素，则返回一个集合，获取不到则得到 null。

示例：

```
var div1=document.querySelector("div");         //通过标签名选择器获取
var div2=document.querySelector("div.one");     //通过交叉选择器获取
var div3=document.querySelector("[name=foo]");  //通过属性选择器获取
var divs=document.querySelectorAll(".bar");     //获取所有类名为 bar 的元素集合
```

此外通过 document 获取元素还有一些方法，例如：

```
document.getElementsByClassName()    //通过类名获取元素集合
document.getElementById()            //通过 id 获取元素
document.getElementsByTagName()      //通过标签名获取元素集合
Document.getElementsByName()         //通过 name 属性获取元素集合
```

这些方法也可以获取元素，不过通过 querySelector()和 querySelectorAll()获取元素更方便，所以在后续的示例中可能使用后两者更多一些。

6.1.3 history 对象

history 接口允许操作浏览器曾经在标签页或者框架里访问的历史记录，这与浏览器保存的历史记录不是一回事，history 对象只在进行一次网页的打开操作到关闭操作中间存在。下面是它的一些属性和方法。

（1）history.length

返回一个整数，该整数表示会话历史中元素的数目，包括当前加载的页。

（2）history.back()

加载 history 列表中的前一个 URL，在制作移动端网页或者 App 时，有时看不到浏览器的返回按钮，需要自己定义一个返回功能，history.back()就是用来实现这样的功能的。

示例：

```
<div onclick="history.back()">后退</div>
```

（3）history.forward()

加载 history 列表中的下一个 URL。当然，前提是有下一个 URL。

（4）history.go()

接收一个整数，1 表示后一个 URL，-1 表示前一个 URL，0 表示刷新。也就是说，history.back()和 history.forward()实现的功能都可以用 history.go()来实现。

（5）history.pushState()

将当前 URL 和 history.state 加入到 history 中，并用新的 state 和 URL 替换当前的。不会造成页面刷新，有时通过 AJAX（参看后续章节）更新数据时想要将当前的历史记录保存下来，就可以通过 history.pushState()接收 3 个参数，第 1 个为与历史记录相关的对象，第 2 个为 title，给状态添加一个标题，第 3 个为新历史记录的地址。

示例：

```
history.pushState({},"","demo.html");
```

6.1.4 location 对象

lcoation 对象保存的是有关当前 URL 的详细信息，包括协议、主机名、端口号、路径、查询字符串、锚地址等，这些信息都可以单独获取到，也可以进行设置，但一般不需要操作这些属性。下面介绍 location 对象常用的属性和方法。

（1）location.href

设置或者返回完整的 URL，可用于给普通元素设置单击跳转功能。例如，想单击一个按钮跳转到某个网页，但是既不想用 a 链接，也不想借助 form 表单，那么该怎么办呢？使用 location.href 就是一种快捷的方式，代码如下：

```
<input type="button" onclick="location.href='http://www.sxuek.com'">
```

（2）location.reload()

重新加载来自当前 URL 的资源，相当于刷新页面，有时可以用来解决页面缓存清除不了的问题。

（3）location.assign()

加载给定 URL 的内容资源，也就是跳转页面，只不过这里是调用方法。

（4）location.replace()

用给定的 URL 替换当前的资源。与方法 assign()不同的是，用 replace()替换的新页面不会被保存在会话的历史记录中，这意味着用户将不能用后退按钮回到该页面。

6.1.5　screen 对象

screen 对象即当前屏幕对象，这个对象使用较少，可简单了解。

（1）screen.width

返回当前屏幕的宽度。

（2）screen.height

返回当前屏幕的高度。

6.1.6　navigator 对象

navigator 对象记录的是当前用户代理，也就是浏览器的一系列详细信息，包括浏览器名称、版本号等。

（1）navigator.userAgent

属性是一个只读的字符串，声明了浏览器用于 HTTP 请求的用户代理头的值。可用于判断当前所用的浏览器。

示列：

```
console.log(navigator.userAgent);
//"Mozilla/5.0 (Macintosh; Intel Mac OS X 10_12_2) AppleWebKit/537.36
(KHTML, like Gecko) Chrome/58.0.3029.110 Safari/537.36"
```

（2）navigator.vendor

返回当前所使用浏览器的浏览器供应商的名称。

示列：

```
console.log(navigator.vendor);
//"Google Inc."
```

6.2　DOM 介绍

DOM（Document Object Model，文档对象模型）是 HTML 和 XML 文档的编程接口。它给文档提供了一个结构化的表述并且定义了一种程序可以对结构树进行访问的方式，通过

JS 可以改变文档的结构、样式和内容，通俗地说就是一系列有关页面效果制作的 API。下面介绍如何操作页面中的元素。

对于网页效果的制作，大体上说可以归纳为 3 块，第 1 块是获取元素，类似于在 CSS 中要控制某个元素的样式需要通过选择器获取一样，要操作某个元素的行为也需要先进行获取。关于获取的方式在上一节中已经介绍过了。第 2 块就是对于元素进行事件的添加，事件的添加从语法上来说就是给对象添加了一个方法，特殊的是这个方法是 DOM 中已经定义好的，不需要我们去调用，而是由一些用户的操作或浏览器的行为来触发调用，事件的添加也分为单独添加和给一个集合中的元素添加，这一部分后文会有详细介绍。第三部分就是对于属性的操作，包括内容、样式等。当然这些操作也可以不放在事件中而直接修改，不过笔者认为这样是没有意义的，JS 是事件驱动的，不在事件中操作的行为可以直接在文档中修改，也就没有必要在 JS 脚本中完成了。

下面看一个非常简单的操作，关于单击按钮修改样式的。

示例：

```html
<!doctype html>
<html lang="en">
<head>
    <meta charset="UTF-8">
    <title>Document</title>
    <style>
/*先来制作一个美观大方的小按钮*/
        .btn {
            width: 150px;
            height: 60px;
            background: radial-gradient(#fff 0, red 100%);
            border-radius: 30px;
            position: absolute;
            left: 50%;
            top: 50%;
            transform: translate(-75px, -30px);
            text-align: center;
            line-height: 60px;
            color: #333;
            cursor: pointer;
            font-size: 18px;
            -webkit-user-select: none;
            -moz-user-select: none;
            -ms-user-select: none;
            user-select: none;
        }
    </style>
</head>
<body>
<div class="btn">
```

```
            开始
    </div>
    </body>
    <script>
    //第 1 步是获取元素，这里用到的是 querySelector 方法
        var divEle=document.querySelector(".btn");
    //声明一个变量 flag，这个变量是用来判断当前是要切换为暂停样式还是要切换为继续样式的
        var flag=true;
    //第 2 步是添加事件，这里用到了 onclick，表示单击事件，鼠标单击就会触发
        divEle.onclick=function () {
    //第 3 步是修改属性
    // 首先判断 flag 的状态，如果 flag 为真，就是要把按钮修改为暂停状态，如果为假就修改
为继续状态，并且我们会在每次单击之后修改 flag 的状态
            if(flag) {
    //这一部分操作元素对象的 innerHTML 属性和 style 属性来达到修改样式和内容的效果，属
性会在后续章节中详解
                divEle.innerHTML="暂停";
                divEle.style.backgroundImage="radial-gradient(#fff 0,blue 100%)";
            }else{
                divEle.innerHTML="开始";
                divEle.style.backgroundImage="";
            }
            flag=!flag;
        };
    </script>
    </html>
```

在这个示例中用到了 onclick 单击事件，用到了 innerHTML 修改内容，用到了 style 修改样式，这些 API 的详细用法和说明会在后文中详细介绍。

6.2.1　对内容进行操作

网页的本质就是用来呈现内容，所以本节先介绍对于内容的操作。在 DOM 中有 3 个属性可以用来操作文本内容，分别是 innerHTML、innerText 和 textContent。

（1）ele.innerHTML

可以用来获取、修改指定元素内的所有标签和内容，也可以用来创建元素、识别内部的 html 标签。

示例：

```
    <div></div>
    <script>
     var div=document.querySelector("div");
    //直接将 div 元素的内容赋值为一个 html 标签，在页面中就可以看到这个标签的效果
      div.innerHTML="<h1>优逸客</h1>";
    </script>
```

（2）ele.textContent

可以获取或者设置一个结点及其内部结点的文本内容，在旧版本 IE 浏览器中可以通过 innerText 获取。

示例：

```
<div>
    <h1>优逸客</h1>
</div>
//JS 代码一定要放置到元素之后执行
<script>
  var div=document.querySelector("div");
//获取到的内容只有文本信息，没有标签
  console.log(div.textContent);//优逸客
</script>
```

6.2.2　对样式进行操作

对样式的操作可以分为两类，第一类直接操作元素的属性，第二类操作元素的 CSS 样式，但都可以达到操作元素的效果，下面来看一下这些属性。

（1）ele.className

className 可以用来获取或者设置指定元素的类名，可以用来快速修改元素的样式，也就是说，可以先在 CSS 中把样式定义好，然后直接给元素添加，这种用法一般在创建一个元素添加样式时使用，缺点是不能计算一些值，只能添加固定的属性。如果直接添加会把元素原有的类名覆盖掉，所以要想操作类名，笔者更推荐使用 classList 属性。

示例：

```
div.className="foo";
```

（2）ele.id

id 属性可以用来获取或者设置指定元素的 id 属性，用法与 className 相同。

（3）ele.style

style 属性可以用来获取或者设置指定元素的行内样式集合，可以一个一个添加，也可以通过 cssText 一次性添加多个属性。因为操作的是行内样式，所以通过这种方式添加的样式优先级最高。在检查是否起作用时可以打开浏览器的查看元素，查看 Elements（谷歌浏览器）/HTML（火狐浏览器）。

示例：

```
var div=document.querySelector("div");
console.log(div.style);
 //CSSStyleDeclaration {alignContent: "",alignItems: "",alignSelf: "",
alignmentBaseline: "", all: ""…}  //此对象包含的是该元素所有的行内 CSS 样式，默认值是
空字符串
    //设置的值可以通过在浏览器中查看元素直接看到，找错误时也要记住这一点
```

```
div.style.width="100px";
div.style.cssText="height:100px;background:red;"
```

（4）window.getComputedStyle(obj,null)

该方法可以得出所有在应用有效的样式和分解任何可能会包含值的基础计算后的元素的 CSS 属性值。通过行内样式设置的 CSS 样式可以通过 style 属性直接获取，但是如果设置在 CSS 样式表中就获取不到了，通过方法 getComputedStyle()可以获取到元素计算之后的所有属性值，不管是如何设置的或没有设置都可以获取到。在旧版本的 IE 浏览器中可通过 div.currentStyle 获取，得到的结果为字符串形式。如果想要转化为整数进行计算，可以使用 parseInt 函数进行转化。

示例：

```
var div=document.querySelector("div");
//因为 getComputedStyle 是 window 对象的方法，所以在调用时可以不用加 window
console.log(getComputedStyle(div,null).width); //"100px"
```

6.2.3 对属性的操作

标签本身就具有属性，如 id、class、value，这些属性一般都可以直接操作（会直接抽象为对象的属性），但是有时在标签中开发人员也会使用一些自己定义的属性，对于操作自己定义的属性，可以使用以下两种方法。

（1）ele.setAttribute()

接收两个参数，即属性名和属性值，给元素添加一个属性，这个属性可以是元素本身就有的，也可以是自己定义的。

（2）ele.getAttribute();

接收一个参数，即元素的属性名，返回通过该属性名得到的属性值。

6.2.4 对类名的操作

元素对象身上有一个属性 classList，这个属性的值是一个对象，通过这个对象可以对元素的属性进行快速的添加、删除、切换等操作。

1）ele.classList.add()：给元素添加一个类名。

2）ele.classList.remove()：给元素移除一个类名。

3）ele.classList.toggle()：如果元素有这个类名则移除，如果没有则添加，经常用于进行元素状态的切换。

下面是一个单击切换显示隐藏状态的示例：

```
<!doctype html>
<html lang="en">
<head>
  <meta charset="UTF-8">
```

```
    <title>Document</title>
    <style>
/*这里是元素默认的样式*/
    div{
        width:100px;height:100px;
        background:red;
        display: none;
    }
/*show 是需要元素显示时的样式*/
    .show{
        display: block;
    }
    </style>
</head>
<body>
    <input type="button" id="btn" value="切换">
    <div></div>
</body>
<script>
//先把需要操作的元素按钮和 div 获取到
    var btn=document.querySelector("#btn");
    var div=document.querySelector("div");
//接下来给按钮添加一个单击事件
    btn.onclick=function(){
//对 div 元素进行类名的切换操作，如果没有 show 这个类名则添加，如果有则移除，从而达
到 div 的显示隐藏效果。
        div.classList.toggle("show");
    }
</script>
</html>
```

6.2.5 事件

事件就是 JavaScript 侦测到的用户的操作或页面的一些行为，是 JavaScript 的一大要点和特点，整个 JavaScript 都是基于事件的，从语法角度来看，事件就是对象身上的一个方法，只不过这个方法不需要去特殊调用。事件对应的函数称为事件处理函数，触发事件的对象称为事件源。下面先来了解一些常见的事件。

1）onclick：鼠标单击事件，网页中最常见的交互效果，除了跳转之外，如还有单击下拉收起、显示隐藏等效果。

2）onmouseover：鼠标移入事件，鼠标指针进入某一个元素内部触发的事件，如鼠标指针放置到轮播图上让轮播图静止，就需要使用 onmouseover 事件。

3）onmouseout：鼠标移出事件，鼠标指针离开某个元素内部触发的事件，通常和 onmouseover 事件结合使用。

4）onfocus：获得焦点事件，单击表单会触发的事件，如当单击输入框输入文字时，想让输入框变颜色就可以使用 onfocus 事件。

5）onblur：失去焦点事件，和 onfocus 事件结合，当表单元素失去焦点时会触发的事件。

6）onload：加载完成事件，可以添加给 window 对象或图片对象。获取元素必须在内容加载完成之后，而内容是从上往下加载的，所以如果想要在内容加载之前写 JS 代码，就需要把所有操作放到 window.onload 事件中。

示例：

```
window.onload=function(){
 // ...其他 JS 代码
}
```

事件从语法角度考虑就是对象的方法，所以重复添加就会将上一次添加的事件覆盖掉，如果想要给一个对象添加多个事件处理程序，怎么办呢？在 JS 中是这样实现的：

```
//首先获取 div 元素对象
var div=document.querySelector("div");
//调用对象的 addEventListener 方法，从名字上看，它的意思就是添加事件监听
div.addEventListener("click",function(){
//...事件内容 1
});
div.addEventListener("click",fn);
function fn(){
//...事件内容 2
}
```

如果是移除，则采用的是 removeEventListener。注意，移除时，事件处理程序必须有一个函数名，不然无法移除。

示例：

```
div.removeEventListener("click",fn);
```

在旧版本 IE 浏览器中需要采用如下写法（注意，事件名字要加"on"）：

```
var div=document.querySelector("div");
div.attachEvent("onclick",function(){
//...事件内容 1
});
div.attachEvent("onclick",fn);
function fn(){
//...事件内容 2
}
```

移除采用的是 detachEvent：

```
div.detachEvent("onclick",fn);
```

需要注意，在 IE 浏览器中事件的触发顺序与添加顺序是相反的，在现代浏览器中是正常的。

给单个元素添加事件是很简单的，但是如果要给多个元素添加呢？在操作页面时可以发现，在大部分情况下，我们操作的都是一个集合中的元素。那么要操作一个集合呢？首先肯定还是会想到使用循环，代码如下：

```
<!doctype html>
<html lang="en">
<head>
    <meta charset="UTF-8">
    <title>Document</title>
    <style>
/*布局没什么特殊的，就是一排放置5个div*/
        div{
            width:100px;
            height:100px;
            background:red;
            float:left;
            margin:20px;
        }
    </style>
</head>
<body>
<div>1</div>
<div>2</div>
<div>3</div>
<div>4</div>
<div>5</div>
</body>
<script>
//获取所有的div元素，得到的结果是5个div的集合
    var divs=document.querySelectorAll("div");
//利用for循环遍历每一个div,这里与对于数组的遍历是一样的
    for(var i=0;i<divs.length;i++){
//在循环的过程中给每一个div注册一个单击事件，然后运行代码，进行测试
        divs[i].onclick=function(){
            alert(i);
        }
    }
</script>
</html>
```

在这个示例中可以发现，不论单击哪一个 div 弹出的都是 5，因为在事件真正被触发时，内存中的 i 值已经变成了 5，这在操作对应元素时会有很大问题，这里给大家提供几种解决方法。

方法1：使用闭包来保存每次循环时的 i 值，代码如下。

```
<script>
    var divs=document.querySelectorAll("div");
    for(var i=0;i<divs.length;i++){
```
//还是在循环的工程中给每一个 div 添加事件，只不过事件处理程序是通过一个函数自调用返回的。与上面的示例的区别在于，这样调用，每一个 i 在自调用的函数中都是一个独立的局部变量，不会受其他函数调用的影响，并且因为函数内部还在应用 i 值，所以也不会在调用结束之后从内存中释放，这样单击的时候就能访问到对应的值了
```
        divs[i].onclick=(function(i){
            return function(){
                alert(i)
            };
        })(i)
    }
</script>
```

方法2：将 i 值保存为对象的属性，代码如下。

```
<script>
    var divs=document.querySelectorAll("div");
    for(var i=0;i<divs.length;i++){
```
//在循环的过程中，将当前的 i 值作为一个属性保存到每一个对应的 div 中，在单击事件中使用的 this 指的就是触发这个事件的 div，而它的身上就保存了我们需要的 i 值
```
        divs[i].index=i;
        divs[i].onclick=function(){
            alert(this.index)
        }
    }
</script>
```

方法3：使用 ES6 中的 let 来声明 i 值，代码如下。

```
<script>
    var divs=document.querySelectorAll("div");
    for(let i=0;i<divs.length;i++){
```
//原因与方法1类似，只不过这里直接使用 let 的方式声明变量 i，因为在 ES6 中 for 循环的 "{}" 是被识别为一个块级作用域的，所以不同的 i 值之间也不会互相干扰，触发哪个对象的事件，就从哪个对象添加事件的作用域中解析 i 值
```
        divs[i].onclick=function(){
            alert(i)
        }
    }
</script>
```

方法 4：使用 forEach 方法进行遍历，需要注意兼容性问题，旧版本浏览器可能不支持，代码如下。

```
<script>
    var divs=document.querySelectorAll("div");
```

```
        divs.forEach(function(ele,index){
    //元素对象集合的 forEach 用法和数组对象相同，第一个形参代表遍历的对象，第二个参数代
表索引值，所以可以直接访问
            ele.onclick=function(){
                alert(index);
            }
        })
    </script>
```

以上几种方法各有各的好处，在后面的示例中本书会使用最后一种方法来做遍历，读者在测试的时候要注意。

6.2.6　综合运用——制作网页轮播图效果

轮播图是网页中最常见的效果之一，几乎每个网站，不管是电商网站还是企业网站，都能看到轮播图的身影，使用轮播图可以在有限的空间内展示更多的东西，让网页在兼顾了美观大方的同时又可以尽量多地展示内容。下面介绍具体流程。

1．HTML 布局部分

布局代码如下：

```
<div class="box">
    <ul class="banner">
        <li  class="active"><a  href="#"><img  src="images/banner1.jpg"
alt=""> </a></li>
        <li><a href="#"><img src="images/banner2.jpg" alt=""></a></li>
        <li><a href="#"><img src="images/banner3.jpg" alt=""></a></li>
        <li><a href="#"><img src="images/banner4.jpg" alt=""></a></li>
        <li><a href="#"><img src="images/banner5.jpg" alt=""></a></li>
    </ul>
    <ul class="btnbox">
        <li class="active"></li>
        <li></li>
        <li></li>
        <li></li>
        <li></li>
    </ul>
    <div class="prev">&lt;</div>
    <div class="next">&gt;</div>
</div>
```

box 是整个轮播图的容器，存放所有的内容，因为内容有重叠在一起的部分，所以需要给它设置相对定位，给里面的容器设置绝对定位。banner 是用来放置轮播图片的容器，因为图片有很多，也是叠加在一起的，所以它也需要设置定位，一般 banner 容器和 box 的大小一样大。里面就是 5 张图片的容器，因为一般图片都具有链接效果，所以还要再嵌套一个 a 标签。Btnbox 用于放置 5 个小按钮，也就是单击控制轮播的元素的。prev 和 next 元素就是向

左和向右的箭头。active 类定义一些当前显示的样式。通过 JS 操作类名的添加和删除就可以控制样式的修改。

2．CSS 部分

CSS 样式代码如下：

```css
body, ul {
    margin: 0;
    padding: 0;
    list-style: none;
}
.box {
    width: 800px;
    height: 400px;
    margin: auto;
    position: relative;
}
.banner {
    width: 800px;
    height: 400px;
    position: relative;
}
.banner li {
    width: 800px;
    height: 400px;
    position: absolute;
    left: 0;
    top: 0;
    opacity: 0;
    z-index: 1;
    transition: all 1s;
}
.banner li.active {
    opacity: 1;
    z-index: 2;
}
.banner a {
    display: block;
    width: 800px;
    height: 400px;
}
.banner img {
    width: 800px;
    height: 400px;
}
.btnbox {
    width: 150px;
```

```css
        height: 20px;
        position: absolute;
        left: 50%;
        margin-left: -75px;
        bottom: 50px;
        z-index: 999;
        /*display: flex;*/
        /*justify-content:space-around;*/
    }
    .btnbox li {
        width: 20px;
        height: 20px;
        background: #fff;
        border-radius: 50%;
        float: left;
        margin: 0 5px;
        cursor: pointer;
    }
    .btnbox li.active {
        background: red;
    }
    .prev, .next {
        width: 50px;
        height: 100px;
        background: rgba(255, 255, 255, 0.5);
        color: #fff;
        font-size: 20px;
        text-align: center;
        line-height: 100px;
        cursor: pointer;
        position: absolute;
        top: 50%;
        margin-top: -50px;
        z-index: 9999;
    }
    .prev {
        left: 0;
    }
    .next {
        right: 0;
    }
```

3. JS 部分

JS 代码如下：

```
    //获取需要操作的元素集合 imgs 是所有的轮播图片，btns 是所有的小圆圈，box 是整个轮播
```

图的容器，nowbtn 是当前有特殊样式的圆，nowimg 是当前正在显示的图片，st 用于保存 setTimeout

```
var imgs = document.querySelectorAll(".banner li");
var btns = document.querySelectorAll(".btnbox li");
var box = document.querySelector(".box");
var nowbtn = btns[0];
var nowimg = imgs[0];
var st;
```

//遍历每一个按钮，给按钮添加鼠标指针经过事件，让对应的图片容器和当前按钮发生变化。为了考虑兼容性，这里使用了 Array.from，把元素集合先转化为一个数组，然后再进行遍历操作。当然，如果要考虑更低版本 IE 浏览器的兼容，可以使用 for 循环代替 forEach，当然代码会有一些不同，在前文中有过原理的演示

```
Array.from(btns).forEach(function (btn, index) {
btn.onmouseover = function () {
```

//设置 setTimeout 的原因是为了防止用户操作过快，设置一定的延迟，在延迟时间没到之前再次触发这个效果，上一次的操作就会被清除

```
    clearTimeout(st);
    st = setTimeout(function () {
```

//把变量 num 赋值为当前正在被操作的按钮的索引值，这样当鼠标指针离开继续自动轮播时，可以从结束的位置继续进行轮播

```
        num = index;.
```

//把上一次的按钮的特殊样式去掉，同时给当前正在操作的按钮添加特殊样式

```
        nowbtn.classList.remove("active");
        this.classList.add("active");
```

//把 nowbtn 这个变量赋值为当前正在操作的按钮，方便下一次继续清除

```
        nowbtn = this;
```

//对于图片的操作和对按钮的操作是一样的原理。

```
        nowimg.classList.remove("active");
        imgs[index].classList.add("active");
        nowimg = imgs[index];
    }.bind(this), 300);
    }
});
```

上面一部分完成的是选项卡效果，也就是需要用户操作，鼠标指针移动到哪个按钮上就显示对应的内容。自动轮播就是把这个过程变成自动执行的，这里就需要借助 setInterval，所以很多代码都是一致的。在 setTimeout 的回调函数中使用了 bind 来修改函数中 this 的指向，这是在 ES5 中新增的一种函数调用方式。

```
//声明一个 num 变量，赋值为 0，在讲 setInterval 的用法时做过这样的示例，这里是有一定联系的
var num = 0;
//开启一个 setInterval 函数的执行。接下来就是见证奇迹的时刻！
var t = setInterval(move, 3000);
function move() {
//让 num 自加，然后做边界判断，它的最小值和最大值都需要限制。为什么还要限制最小值呢？请往下看
    num++;
```

```
        if (num == imgs.length) {
            num = 0;
        }
        if (num == -1) {
            num = imgs.length - 1;
        }
    }
    nowbtn.classList.remove("active");
    btns[num].classList.add("active");
    nowbtn = btns[num];
    nowimg.classList.remove("active");
    imgs[num].classList.add("active");
    nowimg = imgs[num];
}
```

//这里就是控制鼠标指针进入停止轮播、鼠标指针离开继续轮播的部分。注意，再次开启的轮播一定还要赋值到变量 t 上，这样下一次才能把它清除掉

```
box.onmouseover = function () {
    clearInterval(t);
};
box.onmouseout = function () {
    t = setInterval(move, 3000)
};
```

//这里是两侧按钮单击的效果，只需要操作 num 之后执行上面定义的函数即可

```
var prev = document.querySelector(".prev");
var next = document.querySelector(".next");
```

//这里的 flag 是用来限制用户单击过快的，每单击一次会把 flag 设置为 false，在过渡效果结束后才会变为 true

```
var flag = true;
next.onclick = function () {
    if (flag) {
        flag = false;
        move();
    }
};
```

//当单击上一个按钮时需要展示上一张，这里处理的办法是先让 num-=2，再执行函数，在函数中会自加，所以最终的效果就相当于自减了

```
prev.onclick = function () {
    if (flag) {
        flag = false;
        num -= 2;
        move();
    }
};
```

//这一步是配合上一步操作的，在过渡效果结束之后把 flag 的状态设置为 true

```
Array.from(imgs).forEach(function (img) {
    img.addEventListener("transitionend", function () {
        flag = true;
```

```
    })
  });
```

运行效果如图 6-1 所示。

图 6-1

6.2.7　获取位置和尺寸

很多时候开发人员不会给元素设定尺寸，都会通过设置 auto 属性来让元素的尺寸自动变化，那么如何获得元素的尺寸和位置呢？当没有给元素设定尺寸和位置时，元素也会有自己默认的尺寸和位置，可以通过如下属性来获取。

（1）offsetWidth/offsetHeight

获取元素实际的宽度和高度，包括边框和补白（padding），代码如下：

```
<style>
div{
    width:100px;padding:10px;border:1px solid red;
}
</style>
<div></div>
var div=document.querySelector("div");
console.log(div.offsetWidth)// 122
```

（2）offsetLeft offsetTop

如果前辈元素没有定位属性，则获取到的是元素相对于文档顶部和文档左边缘的值。

1）CSS 部分代码如下：

```
.box{
```

```
width:200px;height:200px;
border:1px solid red;
}
.inner{
width:100px;height:100px;
border:1px solid blue;
}
```

2）HTML 部分代码如下：

```
<div class="box">
    <div class="inner"></div>
</div>
```

3）JS 部分代码如下：

```
var inner=document.querySelector(".inner");
console.log(inner.offsetLeft) //9
```

如果前辈元素有定位属性，则获取到的是元素相对于有定位属性前辈元素的顶部和左边缘的值（不包括父元素的边框）。

1）CSS 部分代码如下：

```
.box{
width:200px;height:200px;
border:1px solid red;
position:relative;
}
.inner{
width:100px;height:100px;
border:1px solid blue;
}
```

2）HTML 部分代码如下：

```
<div class="box">
  <div class="inner"></div>
</div>
```

3）JS 部分代码如下：

```
var inner=document.querySelector(".inner");
console.log(inner.offsetLeft) //0
```

6.2.8　获取具有滚动条元素的滚动位置

具有滚动条的元素在滚动时，其内部元素将超出该元素顶部或左边的距离。实现有关于页面滚动条的效果时，如楼层跳转、按需加载等，会用到 scrollLeft 和 scrollTop 属性。更多时候是去获取当前可视窗口的 scrollTop。

获取当前视口对象的方法有以下 3 种：

1）在火狐浏览器中：var obj=document.documentElement。

2）在谷歌浏览器中：var obj=document.body。

3）兼容性的获取：var obj=document.documentElement.scrollTop==0?document.body:document.documentElement。

6.2.9　案例展示——楼层跳转效果制作

楼层跳转效果常用在电商网页中，当需要展示的内容比较多时，需要在网页中进行快速的跳转，如果不使用 JS，通过锚链接也可以实现这样的效果，但是交互体验非常不好。在 JS 中，可以借助一些动画函数来实现这样的效果，如 animate.js。本例中使用的就是 animate.js。

1）HTML 部分，代码如下：

```html
<div class="top"></div>
<div class="floor">floor1</div>
<div class="floor">floor2</div>
<div class="floor">floor3</div>
<div class="floor">floor4</div>
<div class="floor">floor5</div>
<div class="leftbar">
  <div class="floorbtn">1</div>
  <div class="floorbtn">2</div>
  <div class="floorbtn">3</div>
  <div class="floorbtn">4</div>
  <div class="floorbtn">5</div>
</div>
```

top 是指上面的部分，一般在电商网页中，页面要滚动到一定的高度才会出现楼层效果，所以这里用一个 top 代替，floor 就是 5 个楼层，leftbar 是固定定位在左边的容器，里面是 5 个按钮，可以单击操作它们。

```css
.top{
  width:1200px;height:800px;
  background:#ccc;
  margin:0 auto;
}
.floor{
  width:800px;height:500px;
  margin:30px auto;
  border:1px solid red;
  text-align: center;
  line-height:500px;
```

```
    font-size:30px;
}
.leftbar{
    width:0;height:0;
    position: fixed;
    left:50%;bottom:100px;
    margin-left:-450px;
    overflow: hidden;
    transition:all 0.5s;
}
.floorbtn{
    width:28px;height:28px;
    border:1px solid red;
    text-align: center;
    line-height:28px;
    cursor:pointer;
}
```

2）JavaScript 部分，代码如下：

```
//获取需要操作的元素对象 letbar 就是左边固定定位的容器，floorbtns 就是每一个可以
被单击的小框，floors 就是对应的每个楼层
    var leftbar=document.querySelector(".leftbar");
    var floorbtns=document.querySelectorAll(".floorbtn");
    var floors=document.querySelectorAll(".floor");
//检测页面滚动的事件，在不需要出现左侧边栏时把它隐藏起来
    window.onscroll=function(){
// 获取当前的 scrollTop 值
    var st=document.body.scrollTop;
// 做关于显示隐藏的判断，直接操作宽高属性，因为CSS中添加了过渡属性，所以会直接有动画效果
    if(st>800){
        leftbar.style.width="30px";
        leftbar.style.height="150px";
    }else{
        leftbar.style.width="0";
        leftbar.style.height="0";
    }
};
// 遍历每一个小框，当单击某一个框时，获取对应楼层的 offsetTop 值并把它赋给当前的 scrollTop
    floorbtns.forEach(function(btn,index){
        btn.onclick=function(){
            var ot=floors[index].offsetTop;
            animate(document.body,{scrollTop:ot})
        }
    })
```

再加上其他内容之后，效果展示如图 6-2 所示。

图 6-2

这里就是单击滚动页面的效果，引入了 animate.js，写法和 jquery 中的 animate 方法类似。animate.js 的网址为 https://github.com/wangqiccc/animate.js。

6.2.10　结点的属性和方法

DOM 中的每个成分都是一个结点，整个文档是一个文档结点，每个 HTML 标签都是一个元素结点，包含在 HTML 标签内部的文本是文本结点，每个标签属性都是属性结点，注释属于注释结点。下面介绍结点常用的属性。

1．parentNode

获得父结点的引用，用于快速找到某个元素的父元素。

2．nodeType、nodeName 和 nodeValue

表示结点的类型、名称和结点的值，具体对应关系见表 6-1。

表　6-1

	nodeType	nodeName	nodeValue
元素结点	1	标签名	null
属性结点	2	属性名	属性值
文本结点	3	#text	文本
注释结点	8	#comment	注释的文字
文档结点	9	#document	null

3．createElement();

通过 JS 在 DOM 中创建一个元素的方法。此方法只可用于 document 对象。创建的元素不会直接在页面中显示，需要执行插入操作。

4．appendChild();

语法格式是父对象.appendChild（追加的对象），将某个对象追加到父对象的子元素的最后。

5．insertBefore();

语法格式是父对象.insertBefore（要插入的对象，之前的对象），将某个对象插入到另一个对象之前。被插入的结点可以是新创建的，也可以是页面中本来就存在的。样式的添加可以在内容插入之前，也可以在内容插入之后，不过最好是在插入之前，因为这样可以减少浏览器渲染的次数。

示例：

```
var div=document.createElement("div");
div.style.cssText="width:100px;height:100px;background:red";
document.body.appendChild(div);
```

6. removeChild()

作用是删除结点，语法格式是父对象.removeChild（删除的对象），将某个对象从父对象中删除。

6.2.11　事件对象

事件对象是用来记录一些事件发生时的相关信息的对象，通过事件对象，开发人员可以获取很多事件发生时的细节信息，如鼠标单击的位置、滚轮的方向、事件的名称等。

事件对象的获取方式如下：

```
div.onclick=function(e){
    console.log(e)
}
div.addEventListener("click",function(e){
    console.log(e)
},false)
```

在 IE 浏览器中获取事件对象的方式如下：

```
div.onclick=function(){
console.log(window.event);
}
```

兼容性的获取方式如下：

```
div.onclick=function(e){
var e=e||window.event;
}
```

常用的事件对象属性及含义见表 6-2。

表　6-2

属　　性	含　　义
clientX	当鼠标事件发生时，鼠标指针相对于浏览器 X 轴的位置
clientY	当鼠标事件发生时，鼠标指针相对于浏览器 Y 轴的位置
offsetX	当鼠标事件发生时，鼠标指针相对于事件源 X 轴的位置
offsetY	当鼠标事件发生时，鼠标指针相对于事件源 Y 轴的位置
pageX	当鼠标事件发生时，鼠标指针相对于浏览器 X 轴的位置，包含页面横向滚动距离
pageY	当鼠标事件发生时，鼠标指针相对于浏览器 Y 轴的位置，包含页面纵向滚动距离

键盘事件相关属性及含义见表 6-3。

表　6-3

属　　性	含　　义
keyCode	获取当前所按键的键盘码
ctrlKey	判断当前 Ctrl 键是否处于按下的状态
shiftKey	判断当前 Shift 键是否处于按下的状态
altKey	判断当前 Alt 键是否处于按下的状态

其他常用属性及含义见表 6-4。

表　6-4

属　　性	含　　义
preventDefault()	阻止浏览器默认行为
stopPropagation()	阻止事件流的传播
currentTarget	指向被绑定事件的元素
target	指向事件触发的对象，当事件处于冒泡或捕获阶段调用时，指向最先触发事件的事件源
type	返回当前所触发事件的事件名称

下面看一个关于在页面中制作放大镜效果的案例，在这个案例中就用到了事件对象的 offsetX 和 offsetY 属性。

1）CSS 部分代码如下：

```css
.box {
    width: 260px;
    height: 260px;
    position: relative;
}
.box .item {
    width: 260px;
    height: 260px;
}
.box .item img {
    width: 260px;
    height: 260px;
}
.box .show {
    width: 260px;
    height: 260px;
    border: 1px solid #ccc;
    position: absolute;
    left: 270px;
    top: 0;
    overflow: hidden;
    display: none;
```

```
    }
    .show img {
        width: 780px;
        height: 780px;
    }
    .mask {
        width: 87px;
        height: 87px;
        background: rgba(0, 0, 0, 0.5);
        position: absolute;
        left: 0;
        top: 0;
        opacity: 0;
    }
    .copy {
        width: 260px;
        height: 260px;
        position: absolute;
        left: 0;
        top: 0;
    }
```

2）HTML 部分代码如下：

```
<div class="box">
    <div class="item">
        <div class="mask"></div>
        <img src="1.jpg" alt="">
    </div>
    <div class="copy"></div>
    <div class="show">
        <img src="1.jpg" alt="">
    </div>
</div>
```

3）JS 部分代码如下：

```
    //首先获取需要操作的元素：box 是最大的容器，mask 是小图上的遮罩，show 是大图的容
器，showimg 是大图片
    var box = document.querySelector(".box");
    var mask = document.querySelector(".mask");
    var show = document.querySelector(".show");
    var showimg= document.querySelector(".show img");
    //先计算一个比例值，即遮罩大小除以容器大小的值，这个值跟小图与大图的比例是相同的
    const bili=box.offsetWidth/mask.offsetWidth;
    //这一部分是鼠标指针移入/移出容器，让大图和遮罩显示隐藏的部分
    box.onmouseover = function () {
        mask.style.opacity=1;
```

```
            show.style.display = "block";
        };
        box.onmouseout = function () {
            mask.style.opacity=0;
            show.style.display = "none";
    };
```

//鼠标指针在 box 上移动时，遮罩和大图都要跟着动，所以给 box 添加了一个 onmousemove 事件

```
    box.onmousemove = function (e) {
        var [ox,oy]=[e.offsetX, e.offsetY];
```

// mx 和 my 指的是当前遮罩应该在的位置，要保证鼠标指针在遮罩中心，所以要减去遮罩自身宽高的一半

```
        var [mx,my]=[ox - mask.offsetWidth/2, oy - mask.offsetHeight/2];
```

//这一部分是有关边界判断的，让遮罩的范围不要到盒子的外面

```
        if (mx < 0) {
            mx = 0;
        }
        if (mx > box.offsetWidth - mask.offsetWidth) {
            mx = box.offsetWidth - mask.offsetWidth
        }
        if (my < 0) {
            my = 0;
        }
        if (my > box.offsetHeight - mask.offsetHeight) {
            my = box.offsetHeight - mask.offsetHeight;
        }
```

//给遮罩和大图的属性赋值，让它们移动

```
        mask.style.left = mx + "px";
        mask.style.top = my + "px";
        showimg.style.marginLeft=-bili*mx+"px";
        showimg.style.marginTop=-bili*my+"px";
    };
```

总体的思路就是在鼠标指针移动时，不断获取当前距离容器左上角的距离，通过计算，将位置赋值给遮罩的 left 和 top 以及大图的 marginLeft 和 marginTop，效果如图 6-3 所示。

图 6-3

6.2.12 事件流

当页面元素触发事件时，该元素的容器以及整个页面都会按照特定的顺序响应该元素的触发事件。事件传播的顺序叫作事件流程，即事件流。事件流分为两种，即冒泡型事件流和捕获型事件流。

1. 冒泡型事件流

由明确的事件源到最不确定的事件源依次向上触发。在任何一个事件中都会触发冒泡型事件流。

示例：

```
<style>
  .big{
    width:300px;height:100px;
    background:red;
  }
  .small{
    width:100px;height:100px;
    background:blue;
  }
</style>
 <body>
    <div class='big'>
        <div class="small"></div>
    </div>
 </body>
<script>
//获取两个div
var big=document.querySelector(".big");
var small=document.querySelector(".small");
//给body添加一个单击事件
document.body.onclick=function(){
  alert("body")
}
//给big添加一个单击事件
big.onclick=function(){
  alert("big");
}
//给small也添加一个单击事件
small.onclick=function(){
  alert("small");
}
</script>
```

当单击到 small 时，会依次弹出 small、big、body，这就是事件流，从最小的元素到最大的元素依次传递，不过这里大家要知道，就算没有给父元素注册事件，事件流的传播还是会发生的。

2. 捕获型事件流

由不确定的事件源到明确的事件源依次向下触发，需要特殊的添加方式才会触发，只能在现代浏览器中查看。在触发完捕获型的事件流后还是会触发冒泡型的事件流。

示例：

```
var big=document.querySelector(".big");
var small=document.querySelector(".small");
document.body.addEventLisener("click",function(){
  alert("body")
},true)
big.addEventLisener("click",function(){
  alert("big")
},true)
small.addEventLisener("click",function(){
  alert("small")
},true)
```

当单击到 small 时，依次弹出 body、big、small，可以看到触发顺序与冒泡型事件流是相反的。

3. 事件流的运用——事件委派

把要添加给元素的事件添加到该元素的父元素上，利用冒泡型事件流原理和 e.target，从而完成对该元素的操作，这种形式叫作事件委派。

应用场合如下：

1）当需要给大量元素添加同一事件处理程序时，可提高代码运行的效率。

2）在页面加载完成后新创建的元素，如通过 AJAX 异步加载生成 dom 对象。

示例：

```
<div class="box">
    <div class="item"></div>
    <div class="item"></div>
    <div class="item"></div>
    <div class="item"></div>
    <div class="item"></div>
</div>
var box=document.querySelector(".box");
box.onclick=function(e){
  var target=e.target;
  if(target.className=="item"){
    target.style.background="red";
  }
}
```

这样，不论子元素有多少个，添加事件的方式都不用变。

6.2.13　案例展示——移动端可拖曳轮播图展示

移动端轮播图是移动端常见的效果之一，一般开发人员会通过一些插件，如 swiper.js 来实现，不过这里我们自己实现一下这个效果。在本案例中会用到移动端的事件 ontouchstart、ontouchmove、ontouchend，分别表示的是触摸开始、触摸移动和触摸结束事件。

1）在页面中添加一段 JS 代码，用于自动计算当前 HTML 的字体大小，方便使用 rem 单位。代码如下：

```
(function () {
    // 设计稿的宽度  750
    // 字体大小 100px
    const designWidth = 750;
    const fontSize = 100;
    //屏幕尺寸大小发生改变
    function resize() {
        var realWidth = document.documentElement.clientWidth;
        var size = realWidth / designWidth * fontSize;
        var html = document.querySelector("html");
        html.style.fontSize = size + "px";
    }
    resize();
    window.onresize = resize;
    window.addEventListener("orientationchange", resize);
})();
```

HTML 布局部分和在 PC 端做轮播图效果没有太大区别，都是在一个小容器中放置一个非常大的容器，通过调整大容器的位置来实现不同图片的展示效果。代码如下：

```
<div class="box">
    <ul class="inner">
        <li><a href="#"><img src="images/banner1.jpg" alt=""></a></li>
        <li><a href="#"><img src="images/banner2.jpg" alt=""></a></li>
        <li><a href="#"><img src="images/banner3.jpg" alt=""></a></li>
        <li><a href="#"><img src="images/banner4.jpg" alt=""></a></li>
        <li><a href="#"><img src="images/banner5.jpg" alt=""></a></li>
    </ul>
</div>
```

2）CSS 样式部分代码如下：

```
body, ul {
    padding: 0;
    margin: 0;
    list-style: none;
```

```
    }
    .box {
        width: 7.5rem;
        height: 3rem;
        background: #ccc;
        overflow: hidden;
    }
    .inner {
        width: 37.5rem;
        height: 3rem;
    }
    .inner li {
        width: 7.5rem;
        height: 3rem;
        float: left;
    }
    .inner li a {
        display: block;
        height: 3rem;
    }
    .inner li img {
        width: 7.5rem;
        height: 3rem;
    }
```

3）JS 部分代码如下：

```
var inner=document.querySelector(".inner");          //获取需要操作的元素
var box=document.querySelector(".box");
var lis=document.querySelectorAll(".inner li");
var sx=0;                    //定义开始时的触摸位置
var mx=0;                    //定义每次拖曳移动的值
var dir="";                  //定义拖曳方向变量
var l=box.offsetWidth;       //获取外部容器的宽度
var i=0;                     //定义当前是第几屏
var moveX=0;                 //定义当前横向位移
var startTime;               //定义时间变量
inner.addEventListener("touchstart",function(e){     //添加触摸开始事件
    startTime=e.timeStamp;           //获取当前的时间值
    inner.style.transition="none";   //先去掉内部容器的过渡属性，方便拖曳
    sx=e.changedTouches[0].clientX;  //获取手指按下的位置
});
inner.addEventListener("touchmove",function(e){      //添加触摸移动事件
    var cx=e.changedTouches[0].clientX;              //获取当前触摸的位置
    mx=cx-sx;                        //计算位移值
    dir=mx<0?"left":"right";         //判断方向
```

```
        inner.style.transform=`translateX(${moveX+mx}px)`;      //进行位移
    });
    inner.addEventListener("touchend",function(e){        //添加触摸结束事件
        var now=e.timeStamp;                //获取当前时间
        var cha=now-startTime;              //计算时间差
        if(Math.abs(mx)>l/3||cha<300){ //如果拖曳超过屏幕的 1/3 或时间差小于 300
秒, 则进入下一屏
            if(dir=="left"){                //如果拖曳方向向左, 则向右位移
                i++;
                if(i>lis.length-1){         //如果超出, 则恢复
                    i--;
                }
            }else if(dir=="right"){         //如果拖曳方向向右, 则向左位移
                i--;
                if(i<0){                    //如果超出, 则恢复
                    i++;
                }
            }
        }
        moveX=-i*l;                         //计算位移距离
        inner.style.transition="all 1s";                    //添加过渡属性
        inner.style.transform=`translateX(${moveX}px)`;     //进行位移
    })
```

6.3 综合练习——面向对象的打字游戏

打字游戏在网页中通过 JS 实现, 使用的方式是面向对象, 也就是通过构造一个游戏对象来实现整个游戏。在下面的例子中用到了很多上一节中谈到的 API。此外, 本例还用到了很多 ES6 中的语法, 读者在运行时需要注意, 最好在谷歌浏览器中运行。

1) HTML 部分代码如下:

```
<div class="scene">
    <div class="main"></div>
    <div class="control">
        <div class="box">
            <div class="name">得分</div>
            <div class="scor">0</div>
        </div>
        <div class="box">
            <div class="name">关卡</div>
            <div class="state">1</div>
        </div>
        <div class="box">
            <div class="name">生命</div>
```

```
            <div class="life">5</div>
        </div>
        <div class="btn start">开始</div>
        <div class="btn pause">暂停</div>
    </div>
</div>
```

整个布局还是比较简单的，main 就是显示字母的功能区，control 则是控件所在的区域。

2）CSS 部分代码如下：

```
html, body {
    height: 100%;
    margin: 0;
    overflow: hidden;
}
* {
    user-select: none;
}
.scene {
    width: 1000px;
    height: 100%;
    margin: 0 auto;
}
.main {
    width: 800px;
    height: 100%;
    float: left;
    background: #a4ffee;
    position: relative;
}
.control {
    width: 200px;
    height: 100%;
    float: left;
    background: #99f;
    display: flex;
    justify-content: center;
    flex-wrap: wrap;
    align-content: space-around;
}
.box {
    width: 80%;
    height: 50px;
    background: #fff;
```

```css
        border-radius: 10px;
        cursor: default;
        color: #333;
        font-size: 16px;
    }
    .box:hover {
        box-shadow: 0 0 7px #fff;
    }
    .box .name {
        height: 20px;
        text-align: center;
        line-height: 20px;
    }
    .scor, .state, .life {
        width: 100%;
        height: 30px;
        background: #0ff;
        margin: 0 auto;
        text-align: center;
        line-height: 30px;
        border-radius: 5px;
        color: #555;
    }
    .letter {
        width: 80px;
        height: 80px;
        position: absolute;
        background-size: 100% 100%;
    }
    .btn {
        width: 80%;
        height: 30px;
        border-radius: 5px;
        background: #00ffff;
        color: #555;
        text-align: center;
        line-height: 30px;
        font-size: 16px;
        cursor: pointer;
    }
    .btn:hover {
        box-shadow: 0 0 7px #fff;
        transform: scale(1.1, 1.1);
    }
```

3）JavaScript 部分代码如下：

```
class Game {
    constructor(main, scor, state, life) {
        this.main = main;              //放置字母的游戏主场景
        this.num = 3;                  //字母出现的个数
        this.obj = {};                 //保存字母信息的对象
        this.scorele = scor;           //放置得分的容器
        this.scor = 0;                 //当前得分
        this.stateele = state;         //放置当前关卡的容器
        this.state = 1;                //当前关卡
        this.speed = 5;                //当前字母的移动速度
        this.lifeele = life;           //放置当前生命值的容器
        this.life = 5;                 //当前生命值
        this.height = window.innerHeight; //获取屏幕的高度
        this.startControl = true;      //设置开关
        this.st = null;                //保存当前定时器id
    }
}
```

上述部分定义了 Game 类，定义了一些属性，接收了一些元素对象参数。

```
start() {
    for (var i = 0; i < this.num; i++) {
        this._createLetter();
    }
    this._move();
    this._keydown();
    this.startControl = false;
}
```

上述代码是用于控制游戏开始的方法，在本方法中会循环调用创建字母的方法 createLetter，调用让字母移动的方法 move，给键盘注册事件的方法 keydown，以及控制开始按钮可否被单击的布尔值。

```
_createLetter() {
    var div = document.createElement("div");
    div.className = "letter";
    do {
//获取随机字母的方式：先随机得到一个 65～90 之间的数，再根据字符串函数的方法得到对应
的字母，通过执行 while 得到不重复的字母，因为如果是已经得到的字母，则对象中就会有对应属性存
在，判断条件为真，数字和字母就会重新获取
        var rn = Math.floor(Math.random() * 26 + 65);
        var le = String.fromCharCode(rn);
    } while (this.obj[le]);
//根据得到的字母，给 div 添加对应的图片
```

```
            div.style.backgroundImage = "url(images/" + le + ".png)";
```
//类似于上面的原理，需要让每一个在页面中的字母不重叠，所以也加了一个判断，只不过这个判断需要借助一个方法完成

```
        do {
            var rl = Math.random() * 720;
        } while (this._check(rl)); //通过执行 while 得到不重复的位置
        var rt = -Math.random() * 100;
        div.style.left = rl + "px";
        div.style.top = rt + "px";
```
//这个对象就是最关键的东西，创建的每个字母以及它的位置和元素对象都保存在这个对象中，方便后面的操作

```
        this.obj[le] = {left: rl, top: rt, el: div};
        this.main.appendChild(div);
    }
```
//这里是判断位置的方法，接收到当前的 left 值之后，和每一个已经存在的 left 值做对比，如果在重叠的范围，则返回真

```
    _check(left) {
        for (var i in this.obj) {
            if(left>this.obj[i].left-80 && left<this.obj[i].left+80){
                return true;
            }
        }
    }
    _move() {
```
//开启一个 setInterval 让字母开始移动，移动的方式就是遍历对象中的每一个字母，获取它原先的位置，加上速度值之后再重新赋值

```
        this.st = setInterval(function () {
            for (var i in this.obj) {
                var t = this.obj[i].top;
                t += this.speed;
                this.obj[i].top = t;
                this.obj[i].el.style.top = t + "px";、
```
//当 top 值超过屏幕高度时怎么办呢

```
                if (t > this.height) {
```
//让生命值减少、从页面中删掉字母、从对象中移除当前这个字母并创建一个新的字母

```
                    this.life--;
                    this.lifeele.innerHTML = this.life;
                    this.main.removeChild(this.obj[i].el);
                    delete this.obj[i];
                    this._createLetter();
```
//当生命值减少到 0 怎么办呢

```
                    if (this.life == 0) {
```
//调用游戏结束的方法

```
                        this._gameover();
                        return;
```

```
                }
            }
        }
    }.bind(this), 50)
}
_keydown() {
//注册单击事件
    document.onkeydown = function (e) {
//获取当前按下的键盘码，然后通过键盘码得到对应的字母，与当前屏幕中的字母进行对比
        var keycode = e.keyCode;
        var le = String.fromCharCode(keycode);
//假如按对了怎么办呢
        if (this.obj[le]) {
//从页面中移除字母，从对象中去掉对应的属性，让得分增加，最后再创建一个新的字母
            this.main.removeChild(this.obj[le].el);
            delete this.obj[le];
            this.scor++;
            this.scorele.innerHTML = this.scor;
//如果得分为10的倍数则进入下一关，调用过关的方法
            if (this.scor % 10 == 0) {
                this._upstate();
            }
            this._createLetter();
        }
    }.bind(this)
}
//这是过关的方法，会多创建或者加快字母下落的速度。这里做了一个小判断，如果是前4关
则增加字母的个数，否则加快字母下落的速度
_upstate() {
    this.state++;
    this.stateele.innerHTML = this.state;
    if (this.state <= 4) {
        this._createLetter()
    } else {
        this.speed++;
    }
}
//这是游戏结束的方法，会将一切设置恢复到默认状态
_gameover() {
    alert(`当前得分为${this.scor}`);
    this.main.innerHTML = "";
    this.obj = {};
    this.speed = 5;
    this.scor = 0;
    this.scorele.innerHTML = 0;
```

```
            this.life = 5;
            this.lifeele.innerHTML = 5;
            this.state = 1;
            this.stateele.innerHTML = 1;
            this.startControl = true;
            clearInterval(this.st);
        }
    //这里是操作游戏暂停/继续的方法，暂停之后要清除时间函数，同时将键盘事件也暂时去掉
        pause() {
            clearInterval(this.st);
            document.onkeydown = null;
        }
    //恢复时重新执行设置时间函数和键盘事件的方法
        play() {
            this._move();
            this._keydown();
        }
    //获取要操作的元素
    var main = document.querySelector(".main");
    var start = document.querySelector(".start");
    var scor = document.querySelector(".scor");
    var state = document.querySelector(".state");
    var life = document.querySelector(".life");
    var pause = document.querySelector(".pause");
    var game = new Game(main, scor, state, life, lists);
    start.onclick = function () {
        if (game.startControl) {
            game.start();
        }
    };
    var flag = true;
    //开始按钮和结束按钮的单击效果
    pause.onclick = function () {
        if (flag) {
            pause.innerHTML = "继续";
            game.pause();
        } else {
            pause.innerHTML = "暂停";
            game.play();
        }
        flag = !flag;
    }
```

然后稍稍做一些美化，加入一些设计元素，最终效果如图 6-4 所示。

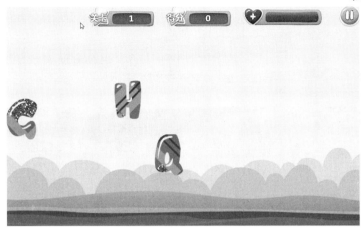

图 6-4

　　因篇幅有限，无法展示更多的效果，不过读者在写完这些例子、记住常用的 API 之后，再去自行了解一些其他的例子也会变得更加容易。学好一门语言没有诀窍，就是多写多想，久而久之就会发现写代码是多么有意思的一件事情。

第 7 章

AJAX 详解

本章主要内容

- **AJAX 原理介绍**
- **AJAX 函数封装**
- **AJAX 运用**

AJAX 是当前网站前后台动态数据交互的一种主要方式，它方便快捷、操作简单，能方便地实现页面的无跳转刷新。在用户对页面的体验要求越来越高的前提下，网页数据刷新的需求也变得越来越多，而 AJAX 也成为全栈/前端工程师不可或缺的一项技能。本章将对 AJAX 的运行原理和基本用法做介绍，会带领读者封装一个自己的 AJAX 函数库，并且结合互联网上的接口，完成一个利用 AJAX 获取数据的案例。

7.1 AJAX 原理介绍

AJAX 全称为 "Asynchronous JavaScript And XML"（异步 JavaScript 和 XML），是一种创建交互式网页应用的网页开发技术。

7.1.1 AJAX 的特点

1）使用 XHTML+CSS 来标准化呈现。
2）使用 XMLHttpRequest 对象与 Web 服务器进行异步数据通信。
3）使用 JavaScript 操作 DOM 进行动态显示及交互。
4）使用 JavaScript 绑定和处理所有数据。

7.1.2 与传统的 Web 应用比较

传统的 Web 应用交互由用户触发一个 HTTP 请求到服务器，服务器对其进行处理后再返回一个新的 HTML 页面到客户端，每当服务器处理客户端提交的请求时，客户都只能空闲等待，并且哪怕只是一次很小的交互或只需从服务器端得到很简单的一个数据，都要返回一个完整的 HTML 页面，而用户每次都要浪费时间和带宽去重新读取整个页面。这个做法浪费了许多带宽，由于每次应用的交互都需要向服务器发送请求，因此应用的响应时间就依赖于服务器的响应时间，这导致了用户界面的响应比本地应用慢得多。与此不同，AJAX 应用可以仅向服务器发送并取回必需的数据，它使用一些基于 XML 的 Web Service 接口，并在客户端采用 JavaScript 处理来自服务器的响应。因为在服务器和浏览器之间交换的数据大量减少，结果我们就能看到响应更快的应用。同时，很多的处理工作可以在发出请求的客户端机器上完成，所以 Web 服务器的处理时间也减少了。

7.1.3 AJAX 的工作原理

AJAX 的工作原理相当于在用户和服务器之间加了一个中间层（AJAX 引擎），使用户操作与服务器响应异步化。并不是所有的用户请求都提交给服务器，像一些数据验证和数据处理等都交给 AJAX 引擎自己来做，只有确定需要从服务器读取新数据时再由 AJAX 引擎代为向服务器提交请求。

AJAX 的核心由 JavaScript、XMLHttpRequest 对象、DOM 组成，通过 XMLHttpRequest 对象来向服务器发送异步请求，从服务器获得数据，然后用 JavaScript 来操作 DOM 而更新页面。

7.1.4 XMLHttpRequest 对象

1. new XMLHttpRequest()用于实例化 AJAX 对象

示例：

```
var xhr=new XMLHttpRequest();
```

2. open()用于配置请求

1）request-type：发送请求的类型，典型的值是 GET 或 POST。

2）url：要连接的 URL。

3）asynch：如果希望使用异步连接则为 true，否则为 false。该参数是可选的，默认为 true。

4）username：如果需要身份验证，则可以在此指定用户名。该可选参数没有默认值。

5）password：如果需要身份验证，则可以在此指定口令。该可选参数没有默认值。示例如下：

```
xhr.open("get","demo.php?aa=1&bb=2",true)
```

3. send()用于发送请求

如果请求是以 GET 方式配置的，则用 URL 发送数据要容易得多。如果需要发送安全信息或 XML，则可能要考虑使用 send()发送内容。如果不需要通过 send() 传递数据，则只要传递 null 作为该方法的参数即可，将传递的数据放在 URL 地址后面进行传递。

如果请求是以 POST 方式配置的，则需要先设置请求头信息，然后将需要发送的数据放到 send()的参数中进行发送。

示例：

```
xhr.setRequestHeader("Content-Type","application/x-www-form-urlencoded");
xhr.send(data);
```

4. onreadystatechange 事件

onreadystatechange 事件是当 XMLHttpRequest 的 readyState 属性每次发生改变时触发的事件。

readyState 的值及含义见表 7-1。

表 7-1

值	含　义
0	（未初始化）还没有调用方法 send()
1	（载入）已调用方法 send()，正在发送请求
2	（载入完成）方法 send()执行完成，已经接收到全部的响应内容
3	（交互）正在解析响应内容
4	（完成）响应内容解析完成，可以在客户端调用了

5. status

当 readyState 的值为 4 时，说明和服务器的交互是成功的，但是如何判断页面返回的数据是成功的呢？需要再来检测一下状态码，它保存在 XMLHttpRequest 的 status 属性中。

status 的值及含义见表 7-2。

表 7-2

值	含　义
200	一切正常
304	客户端有缓冲的文档并发出了一个条件性的请求。服务器告诉客户，原来缓冲的文档还可以继续使用
404	无法找到指定位置的资源
5xx	服务器错误

6. 接收响应

response 响应实体的类型由 responseType 来指定，可以是 ArrayBuffer、Blob、Document、JavaScript 对象（即 "json"）或字符串。如果请求未完成或失败，则该值为 null。

1）responesType：设置该值能够改变响应类型，即告诉服务器期望的响应格式。

2）responseText：此次请求的响应为文本，或当请求未成功或还未发送时为 null。

3）responseXML：本次请求的响应是一个 Document 对象。

7. upload

upload 是 AJAX 中新增的一个属性，它是一个对象，拥有一系列能够监测当前上传进度的事件，ajax 对象本身也有这些事件。

8. 其他事件

ajax 对象和 upload 对象拥有相同的事件，见表 7-3。

表 7-3

事　件	含　义
onabort	当发生中止事件时触发的事件
onerror	当发生加载错误时触发的事件
onload	当加载结束后触发的事件，不论成功与否
onloadend	加载结束后触发的事件
onloadstart	当加载开始时触发的事件
onprogress	在加载过程中不断触发的事件
ontimeout	加载超时后执行的事件

示例：

```
xhr.upload.onprogress=function(e){
  //获取当前上传进度，传递到progress中显示
  progress.value=parseInt(e.loaded/e.total*100)
}
```

7.1.5　GET 和 POST 的区别

GET 是把参数数据队列加到提交表单的 ACTION 属性所指的 URL 中，值和表单内各个字段一一对应，在 URL 中可以看到。POST 是通过 HTTP POST 机制，将表单内各个字段与

其内容放置在 HTML HEADER 内，一起传送到 ACTION 属性所指的 URL 地址，用户看不到这个过程。

GET 传送的数据量较小，不能大于 2KB。POST 传送的数据量较大，一般被默认为不受限制。从安全性上来说，GET 安全性非常低，POST 安全性较高。

在 Form 提交时，如果不指定 Method，则默认为 GET 请求，Form 中提交的数据将会附加在 URL 之后，以问号（?）与 URL 分开。字母、数字、字符原样发送，但空格转换为加号（+），其他符号转换为%××，其中××为该符号以十六进制表示的 ASCII（或 ISO Latin-1）值。GET 请求将提交的数据放置在 HTTP 请求协议头中，而 POST 提交的数据则放在实体数据中；GET 方式提交的数据最多只能有 1024 字节，而 POST 则没有此限制。

7.1.6　同步和异步的区别

同步：提交请求→等待服务器处理→处理完毕返回，此期间客户端浏览器不能做任何事。

异步：请求通过事件触发→服务器处理（这时浏览器仍然可以做其他事情）→处理完毕。

在本节中我们对 AJAX 的使用方法有了基本的了解，在下一节中将会把这些操作封装为一个函数，方便调用。

7.2　AJAX 函数封装

写页面时要用到大量的 AJAX，如果每次使用时都要写一个完整的过程，那么工作效率就太低了，所以需要将 AJAX 操作封装起来，本节就实现了这样一个函数，它的用法和 jQuery 中的 AJAX 很类似。

```
function ajax(obj){
  var type=obj.type||"get";   //接收发送的方式，默认为 GET 方式
  var url=obj.url;            //接收发送的地址，这里就不需要添加默认值了
  var data=obj.data||"";     //接收要发送的数据
  var asynch=obj.asynch==undefined?true:obj.asynch;//设置是否为异步发送方式
  var dataType=obj.dataType||"text";   //设置接收数据的方式
  var callback=obj.success;           //接收成功之后要执行的回调函数
}
```

这一部分是用来接收传入的参数的，包括提交的方式、提交的地址、提交的数据、是否异步、接收数据的类型以及成功之后的回调函数。有些参数定义了默认值，可以不传。

```
// 假如接收到的 data 值是一个对象，则进入这个判断
 if(typeof data=="object"){
// 创建一个空字符串，将对象中的数据以需要的方式连接到字符串的后面
   var str="";
   for(var i in data){
      str+=i+"="+data[i]+"&";
```

```
    }
    data=str.slice(0,-1);
  }
```

这一部分是对传入的数据进行处理，直接传递查询字符串会有诸多不便，所以通过 json 格式往函数中传。

```
var xhr=new XMLHttpRequest();
```

实例化 ajax 对象，如果要考虑使用 IE 6 的话可以这样写：

```
var xhr=window.XMLHttpRequest?new
 XMLHttpRequest():new ActiveXObject("Microsoft.XMLHTTP");

   if(type=="get"){
      if(data==""){
         xhr.open(type,url,asynch)
      }else{
         xhr.open(type,url+"?"+data,asynch)
      }
      xhr.send()
   }else{
      xhr.open(type,url,asynch);
      xhr.setRequestHeader("Content-Type","application/x-www-form-
urlencoded");
      xhr.send(data);
   }
```

根据传入类型的不同选择不同的方式发送请求及配置数据。如果是 GET 类型，则将数据连接到地址的后面，如果是 POST 类型，则将数据放置在 send() 的参数中发送。

```
xhr.responseType=dataType;
xhr.onload=function(){
    callback(xhr.response);
  }
```

最后，指定好接收数据的类型，检测响应的完成，这里用到了新版本 AJAX 的用法。还有一种办法是利用 onreadystatechange 事件。

```
xhr.onreadystatechange=function(){
   if(xhr.readyState==4){
      if(xhr.status==200){
         var r;
         if(dataType=='text'){
           r=xhr.responseText;
         }else if(r=='json'){
           r=JSON.parse(xhr.responseText);
         }else if(dataType=='xml'){
           r=xhr.responseXML;
```

```
        }
        callback(r);
    }
  }
}
```

封装好之后，使用时就只需要调用函数、配置参数即可，这样可以大大提高工作效率。在一些常用的 JavaScript 库，如 jQuery 中，也会有关于 AJAX 的使用方法，里面的功能会比本书封装的要更完善一些，读者可以参考后续关于 jQuery 的章节。

7.3 AJAX 运用

在 7.2 节中我们封装了 AJAX 函数，在本节中，将通过使用和风天气 API 来完成天气信息的获取和更新，所有数据的交互都通过 AJAX 来完成。天气 API 的具体使用说明读者可以自行查阅。免费版提供了 3 天的天气信息和每天的推荐。API 地址为 http://www.heweather.com/。

1）HTML 部分，在表格中将 tbody 的内容置为空，其中的内容会在 AJAX 将数据获取回来之后，加载到页面中。代码如下：

```html
<h1><span class="cityname"></span>天气预报 </h1>
<table id="whether">
    <thead>
    <tr>
        <th></th>
        <th>日期</th>
        <th>天气</th>
        <th>温度</th>
        <th>风向/风力</th>
    </tr>
    </thead>
    <tbody>
    </tbody>
    <tfoot>
    </tfoot>
</table>
<table id="suggestion">
    <caption><span class="cityname"></span>今日生活指数</caption>
    <tr id="air">
        <td>空气质量</td>
        <td></td>
        <td>建议</td>
        <td></td>
    </tr>
    <tr id="comf">
        <td>舒适度指数</td>
        <td></td>
```

```
            <td>建议</td>
            <td></td>
        </tr>
        <tr id="cw">
            <td>洗车指数</td>
            <td></td>
            <td>建议</td>
            <td></td>
        </tr>
        <tr id="drsg">
            <td>穿衣指数</td>
            <td></td>
            <td>建议</td>
            <td></td>
        </tr>
        <tr id="flu">
            <td>流感指数</td>
            <td></td>
            <td>建议</td>
            <td></td>
        </tr>
        <tr id="sport">
            <td>运动指数</td>
            <td></td>
            <td>建议</td>
            <td></td>
        </tr>
        <tr id="trav">
            <td>旅游指数</td>
            <td></td>
            <td>建议</td>
            <td></td>
        </tr>
        <tr id="uv">
            <td>紫外线指数</td>
            <td></td>
            <td>建议</td>
            <td></td>
        </tr>
    </table>
```

布局主要分为一个用来展示天气信息的表格，一个用来展示生活提示的表格。

2）CSS 部分代码如下：

```
* {
    font-family: '微软雅黑';
}
```

```css
table {
    width: 600px;
    height: auto;
    border: 1px solid #ccc;
    border-collapse: collapse;
    table-layout: fixed;
    margin: 0 auto;
    text-align: center;
}
h1 {
    margin: 0 auto;
    text-align: center;
}
td {
    color: #666;
    font-size: 12px;
}
th {
    background: #6f6;
    color: #efefef;
    font-size: 14px;
}
tbody tr:nth-child(even) {
    background: #eee;
}
#suggestion {
    margin-top: 30px;
}
#suggestion caption {
    height: 30px;
}
#suggestion tr {
    border-bottom: 1px solid #ccc;
}
#suggestion td:nth-child(2) {
    color: red;
}
#suggestion td:nth-child(4) {
    color: blue;
}
```

3）JS 部分代码如下：

```javascript
var cityname=document.querySelector(".cityname");
var tbody = document.querySelector("#whether tbody");
function update(city) {
```

//先将城市的名称放置到对应的容器中，这部分信息当然也可以通过 AJAX 去获取，在本案例中是直接设置的

```
cityname.html = city;
    ajax({
        url: "https://free-api.heweather.com/v5/weather",
        data: {city: city, key: "a1648482f6af4765ac2ef57d7aabde8d"},
        dataType: "json",
        success: function (r) {                //程序未结束
```

4）配置 AJAX 需要的参数，包括发送的地址和要发送的数据，发送的数据包括当前要查询的城市名称和自己在网站上生成的密钥。接收数据的类型设置为 json，因为在我们自己定义的函数里默认是以文本的形式接收的。

```
var arr = ["今天", "明天", "后天"];
tbody.innerHTML = "";//先将原先的内容清空
//遍历接收到的数据，这种数据一般都是通过json格式返回的，很方便遍历接收
r.HeWeather5[0].daily_forecast.forEach(function(value,index){
//创建一个新的 tr 标签，用来放置具体的天气信息内容。内容都对应地添加好之后，放置到
tbody 中
    var tr = document.createElement("tr");
    tr.innerHTML="<td>"+arr[index]+"</td><td>"+value.date+
"</td><td>"+value.cond.txt_d+"</td><td>"+value.tmp.min+"℃~" + value.tmp.max +
"℃" + "</td><td>" + value.wind.dir + "/" + value.wind.sc + "</td>";
    tbody.appendChild(tr);
});
```

5）在接收到数据之后遍历，创建一个 tr 标签，将天气对象包含的各个信息放置到对应的 td 中，再将其插入到 tbody 中。

```
var value = r.HeWeather5[0].suggestion
for (i in value) {
    var tr = document.querySelector("#" + i);
    var tds = tr.querySelectorAll("td");
    tds[1].innerHTML = value[i].brf;
    tds[3].innerHTML = value[i].txt;
}
    }
})
}
update("太原");
```

6）遍历接收到的推荐信息，将其放到对应的容器中，这里采用了一个小技巧，就是将 tr 的 id 命名为对象的每一个属性，这样就可以在遍历数据的过程中动态地获取要操作的元素。

效果如图 7-1 所示。

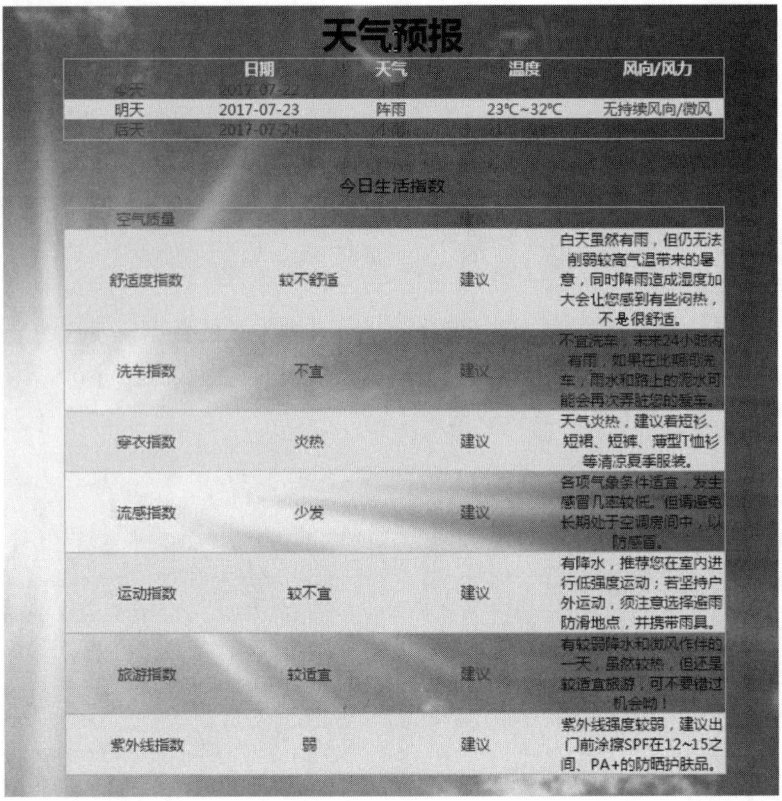

图 7-1

本案例就写到这里，读者在编写完成之后，可以打开谷歌浏览器的控制台，如图 7-2 所示，选择 Network，刷新页面后可以看到浏览器发送了类型为 xhr 的请求，这就是 AJAX 请求，可以单击查看请求的详细信息。当然，要想真正掌握 AJAX，了解后台是必需的。在后面的章节中依然会使用 AJAX 来完成一些操作。

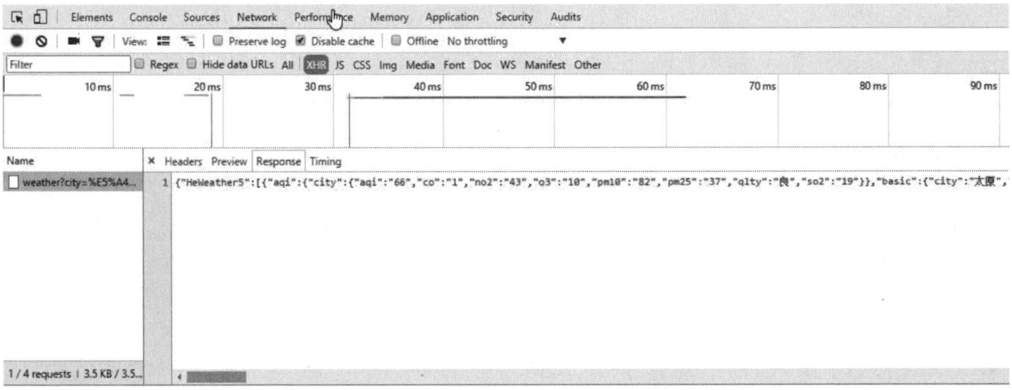

图 7-2

第 8 章

客户端存储及应用

本章主要内容

- **Cookie 简介**
- **localStorage 和 sessionStorage 简介**
- **使用 localStorage**

Cookie 从 JavaScript 出现之初就一直存在，所以在 Web 上存储数据并不是个新概念。不过 Web 存储是数据存储的一种更为强大的方式，可以提供更好的安全性、速度和易用性，具体的数量则取决于 Web 浏览器，但通常都在 5～10MB 之间，这对于一个 HTML 应用程序而言已经足够大了。另一个好处是此数据并不会在每次出现服务器请求时都被加载。唯一的限制是不能在浏览器之间分享 Web 存储，如果在 Safari 中存储了数据，那么该数据在 Firefox 中是无法访问的。内置到 HTML 5 中的 Web 存储对象有两种类型：sessionStorage 和 localStorage，sessionStorage 对象负责存储一个会话的数据，如果用户关闭了页面或浏览器，则会销毁数据。localStorage 对象负责存储没有期限的数据，当 Web 页面或浏览器关闭时，仍会保持数据的存储，当然这还取决于为此用户的浏览器设置的存储量。本章会详细介绍它们的用法。

8.1　Cookie 简介

Cookie 意为"小甜点",是由 W3C 组织提出的、最早由 Netscape 社区发展的一种机制。目前 Cookie 已经成为标准,所有的主流浏览器均支持 Cookie。

Cookie 是存储于访问者的计算机中的一个字符串。每当同一台计算机通过浏览器请求某个页面时,就会发送这个 Cookie。可以使用 JavaScript 来创建和取回 Cookie 的值。Cookie 就是在用户计算机中存储数据,当用户访问了某个网站(或网页)时,就可以通过 Cookie 给访问者计算机存储一些简单的数据。

8.1.1　Cookie 的作用

1)记录保存用户的登录信息,这样用户在下次登录时就不用再次输入账号和密码了。
2)保存一些简单的页面设置,如页面的背景、文字属性等。
3)利用 Cookie 跟踪统计用户访问该网站的习惯,如什么时间访问、访问了哪些页面、在每个网页的停留时间等。

8.1.2　Cookie 的基本概念

不同的浏览器存放 Cookie 的位置不一样,不能通用。Cookie 的存储是以域名形式进行区分的,不同的域名存储位置不一样,它们之间不能相互访问,包括同一个域名下不同的端口也是不能共用的,Cookie 的数据存储的结构是键/值对的形式,Cookie 有生命周期,大致可以分为两种状态:临时性质的 Cookie 和设置失效时间的 Cookie。大多数浏览器允许 Cookie 为 4096 个字节,包括名(name)、值(value)和等号,或者 20 个键/值对。Cookie 可以通过谷歌浏览器的控制台查看,如图 8-1 所示。

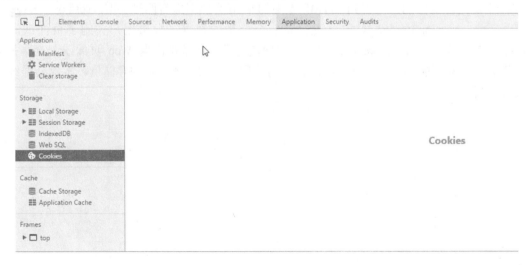

图 8-1

8.1.3　Cookie 的用法

访问 Cookie 的语法格式如下：

```
document.cookie
```

设置 Cookie 的语法格式如下：

```
document.cookie="key=val"
```

Cookie 的生命周期就是有效期和失效期，即 Cookie 的存在时间。在默认情况下，Cookie 会在浏览器关闭时自动清除，但是可以通过 expires 来设置 Cookie 的有效期。
示例：

```
var date=new Date();
date.setTime(date.getTime()+1000);
document.cookie="key=val; expires="+date.toGMTString();
```

8.1.4　Cookie 的封装函数

1）添加 Cookie 的函数，示例代码如下：

```
function setCookie(key,value,time){
if(time){
    var date=new Date();              //获取当前的日期对象
    date.setTime(date.getTime()+time);//将时间设置为当前时间的毫秒数再加上传
入的参数
    document.cookie=key+"="+value+"; expires="+date.toGMTString();//设
置 Cookie
    }else{
    document.cookie=key+"="+value; //如果没有传入时间则直接设置
    }
}
```

2）获取 Cookie 的函数，示例代码如下：

```
function getCookie(name){
  var cookie=document.cookie;           //获取到所有的 Cookie
  var arr=cookie.split("; ");           //根据分号将 Cookie 字符串分割为数组
  var val;
  arr.forEach(function(v){              //遍历数组
    var newarr=v.split("=");            //以等号再将字符串进行分割
    if(newarr[0]==name){                //判断当前数组的第一个值是否和 name 参数相等
        val=newarr[1];                  //将值设置给变量 val
    }
  });
  return val;
}
```

3）删除 Cookie 的函数，删除本质上就是将过期时间设置得提前一些，浏览器就会自动将 Cookie 删除掉。示例代码如下：

```
function delCookie(name){
    var date=new Date();                        //获取当前时间
    date.setTime(date.getTime()-1000);          //将当前时间提前1s设置给日期对象
    document.cookie=name+"="+";expires="+date.toGMTString();//设置Cookie
}
```

8.1.5 利用 Cookie 保存文字阅读器的状态

1）HTML 部分代码如下：

```
<div class="container">
    <div class="control">
        <label for="">
            文字大小
            <select name="fontSize" id="">
                <option>12px</option>
                <option>14px</option>
                <option>16px</option>
                <option>18px</option>
            </select>
        </label>
        <label>
            字体
            <select name="fontFamily">
                <option>宋体</option>
                <option>微软雅黑</option>
                <option>黑体</option>
            </select>
        </label>
        <label>
            文字颜色
            <input type="color" name="color">
        </label>
    </div>
    <div class="content">
```

优逸客科技有限公司成立于 2013 年，总部位于山西太原，由国内顶尖的互联网技术专家共同发起成立，致力于培养国家和社会紧缺的高级 UI 设计专业人才/复合型 Web 前端开发人才。

目前公司成功构建了以实训为主的业务模式，在实训实施各个环节制订高标准，并通过严格的把控来保证实训质量，是国内互联网前端开发实训行业的"拓荒者"，是企业级产品 UI 设计的"方案提供商"，是中国 UI 职业教育的知名品牌。

实训课程由北京、上海等一线城市的顶尖设计师与 IT 行业专家历时一年调研，结合企业对人才的实际需求研发而成，在此基础上配以完善的职业规划体系、规范的人才培养流程和标准、良好的专业人才就业服务，让每一位优逸客的学员都有一份满意的工作。

经过三年发展，公司已先后在北京、山西、陕西等地建立了互联网人才实训基地，已培养出 6000 余名互联网高端技术人才。在未来，我们将继续秉承"专注、极致、口碑"的文化理念，逐渐成长为中国专业的大学生职业技能实训机构。

```
        </div>
    </div>
```

2）CSS 部分代码如下：

```
.container {
    width: 800px;
    height: 400px;
    border: 1px solid #ccc;
    margin: 0 auto;
}
.control {
    width: 800px;
    height: 30px;
    background: #0ff;
    display: flex;
    justify-content: space-around;
    align-items: center;
}
.content {
    width: 740px;
    height: 310px;
    padding: 30px;
    font-size: 12px;
    font-family: "宋体";
    color: #000;
    line-height: 1.5rem;
}
```

3）JS 部分代码如下：

```
var fontSize = document.querySelector("[name=fontSize]");
var fontFamily = document.querySelector("[name=fontFamily]");
var color = document.querySelector("[name=color]");
var content = document.querySelector(".content");
//给每一个表单控件添加一个 onchange 事件，每一个的操作都是一样的，先获取表单的值，
给内容设置对应的样式，然后调用前面封装的函数，将对应的内容保存到 Cookie 中
fontSize.onchange = function () {
    var fs = this.value;
    content.style.fontSize = fs;
    setCookie("font-size",fs)
};
fontFamily.onchange = function () {
    var ff = this.value;
    content.style.fontFamily = ff;
```

```
        setCookie("font-family",ff);
    };
    color.onchange = function () {
        var c = this.value;
        content.style.color = c;
        setCookie("color",c);
    };
    //在打开页面时，如果当前 Cookie 中有对应的值，则直接获取，并且将内容变成对应的样式
    if(getCookie("font-size")){
        fontSize.value=getCookie("font-size");
        fontSize.onchange();
    }
    if(getCookie("font-family")){
        fontFamily.value=getCookie("font-family");
        fontFamily.onchange();
    }
    if(getCookie("color")){
        color.value=getCookie("color");
        color.onchange();
    }
```

　　JS 代码比较简单，就是一些事件的添加和属性的赋值，打开网页会发现，它会自动读取上一次的设置，修改之后这些设置也可以保留下来。刷新网页并不会影响显示效果，如图 8-2 所示。

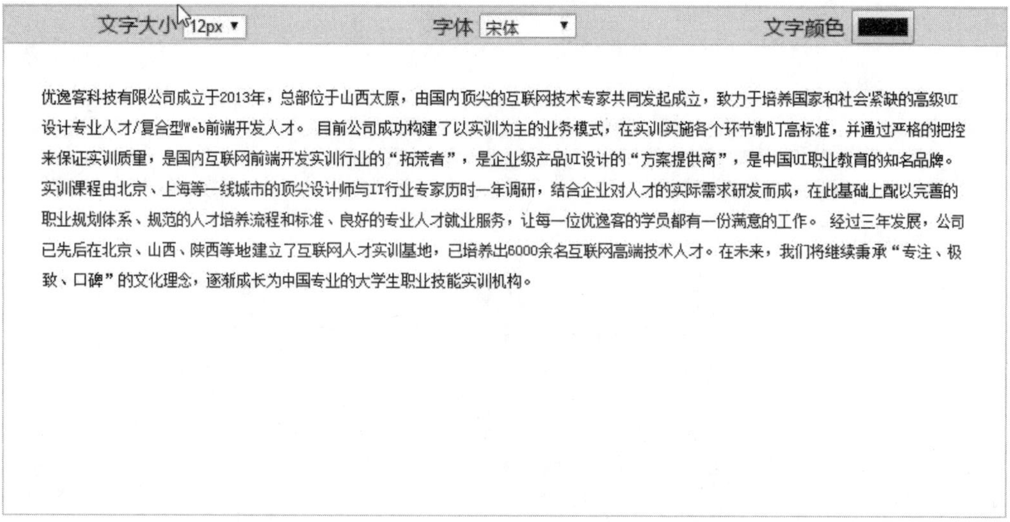

图 8-2

8.2　localStorage 和 sessionStorage 简介

　　关于 localStorage 和 sessionStorage 的用法，《HTML 5 实战宝典》一书中已有详细的介绍

和案例,本节将简单回顾一下具体的 API。在 PHP 中我们会了解在后台如何持久性地保存数据,如 session,这些在本书后续章节中都可以看到。

1)检测浏览器是否支持,代码如下:

```
if(window.localStorage){
alert("浏览器支持 localStorage")
}else{
alert("浏览器不支持 localStorage")
}
```

2)添加数据。添加数据是通过键/值对的方式添加的,方式非常简单。

添加方式 1:

```
localStorage.name="zhangsan";
```

添加方式 2:

```
localStorage["age"]="17";
```

添加方式 3:

```
localStorage.setItem("sex","man") ;
```

3)获取数据。获取方式与设置方式对应,也有 3 种方式。

获取方式 1:

```
var val1=localStorage.name;
```

获取方式 2:

```
var val2=localStorage["age"];
```

获取方式 3:

```
var val3=localStorage.getItem("sex");
```

4)删除数据,代码如下:

```
localStorage.removeItem("name");
```

清除所有数据:

```
localStorage.clear();
```

5)操作 json 数据。localStorage 存储的数据只能是字符串,即使存储时保存的是其他类型,获取到的还是一个字符串。假如想在 localStroage 中存储一个 json 格式的数据,不经过处理直接存储肯定是不行的,但可以使用 json 格式数据的转换方法 JSON.stringify()和JSON.parse(),便可以在 json 格式和字符串格式之间互相转换:

```
var message={name:"zhangsan",age:17,sex:"man"};
localStorage.setItem("message",JSON.stringify(message));
var newmessage=JSON.parse(localStorage.getItem("message"));
```

8.3 使用 localStorage

本节将使用 localStorage 来完成一个 todolist 应用，可以实现代办事项的添加、状态的切换、删除已完成的事件等。

1）HTML 布局部分代码如下：

```html
<div class="title">TODO LIST</div>
<div class="inputarea">
    <input type="text" id="text">
    <input type="button" id="submit" value="提交">
</div>
<div class="show">
    <div class="contenttitle">未完成</div>
    <div class="contenttitle">已完成</div>
    <ul class="plan">
    </ul>
    <ul class="done">
    </ul>
</div>
```

2）CSS 部分代码如下：

```css
* {
    box-sizing: border-box;
}
html, body {
    margin: 0;
    height: 100%;
    font-family: "微软雅黑";
}
body {
    display: flex;
    flex-direction: column;
}
ul {
    list-style: none;
    padding: 0;
    margin: 0;
}
.title {
    width: 100%;
    height: 100px;
    background: #0ff;
    line-height: 100px;
    font-size: 20px;
```

```
        font-weight: bold;
        padding-left: 30px;
}
.inputarea {
        width: 100%;
        height: 50px;
}
#text {
        width: 300px;
        height: 50px;
        float: left;
}
#submit {
        width: 150px;
        height: 50px;
        float: left;
        background: #33ff33;
        border: none;
        cursor: pointer;
}
.show {
        width: 100%;
        flex-grow: 1;
        background: #eee;
}
.plan {
        width: 50%;
        overflow: auto;
        background: #369;
        float: left;
}
.done {
        width: 50%;
        overflow: auto;
        background: #963;
        float: right;
}
ul li {
        border-bottom: 1px dashed #ccc;
}
ul li:after {
        content: "";
        display: block;
        clear: both;
}
ul li input {
```

```
        float: left;
        margin: 0;
        padding: 0;
        width: 30px;
        height: 30px;
    }
    ul li span {
        float: left;
        width: 400px;
        height: auto;
        line-height: 30px;
        color: #fff;
        padding-left: 30px;
    }
    ul li time {
        width: 200px;
        height: 30px;
        float: right;
        background: #f33;
        text-align: center;
        line-height: 30px;
        color: #fff;
    }
    .contenttitle {
        width: 50%;
        float: left;
        text-align: center;
        font-size: 16px;
        font-weight: bold;
        color: red;
        line-height: 30px;
    }
```

3）JS 部分代码如下：

```
var text = document.querySelector("#text");
var submit = document.querySelector("#submit");
var plan = document.querySelector(".plan");
var done = document.querySelector(".done");
```

4）获取需要操作的元素：

```
function getData() {
    return localStorage.todo ? JSON.parse(localStorage.todo) : [];
}
```

5）从 localStorage 中获取数据的函数，这里使用了一个三元表达式，得到数据后，需要通过 JSON 的转化方法将字符串转化为一个数组，代码如下：

```
function saveData(data) {
    localStorage.todo = JSON.stringify(data);
}
```

6）向 localStorage 中保存数据的函数，代码如下：

```
function reWrite() {
    var data = getData();
    var str1 = "", str2 = "";
    //遍历接收到的 data，在遍历的过程中，首先会判断当前值的状态是已完成还是未完成，会根
    据完成状态的不同将内容添加到不同的字符串中。在遍历完成之后，会添加到不同的容器里
    data.forEach(function (v, i) {
        if (!v.done) {
            str1+=`<li id=${i}><input type="checkbox" onfocus="changestate(this)">
<span contenteditable="true" onblur="changecontent(this)">${v.content}</span>
<time>${time(v.time)}</time></li>`;
        } else {
            str2+=`<li id=${i}><input type="checkbox" onfocus="del(this)" ><span>
${v.content}</span><time>${time(v.time)}</time></li>`;
        }
    });
    plan.innerHTML = str1;
    done.innerHTML = str2;
}
reWrite();
```

7）重绘页面的函数，每次数据更新都会重绘一次页面。重绘的过程就是先将容器的内容清空，然后获取现在最新的数据，再根据数组绘制页面，这样不论有什么操作，只需要操作数据，最终调用重绘函数即可。这样可以把程序变得更加有条理。

```
submit.onclick = function () {
    //判断内容为空就直接返回，就是什么事情都不做。不为空才往后运行
    if (text.value == "") {
        return
    }
    //拿到值之后，将值和当前的时间信息放置到 data 数组中
    var val = text.value;
    text.value = "";
    var data = getData();
    var date = new Date();
    var time = date.getTime();
    data.push({content: val, time, done: false});
    saveData(data);
    reWrite();
};
```

8）单击提交按钮触发的事件，代码如下：

```
function time(t) {
    var date = new Date();
    date.setTime(t);
    var year = date.getFullYear();
    var month = setZero(date.getMonth() + 1);
    var day = setZero(date.getDate());
    var hour = setZero(date.getHours());
    var minutes = setZero(date.getMinutes());
    var seconds = setZero(date.getSeconds());
    return year+"/"+month+"/"+day+""+hour+":"+minutes+":"+seconds;
}
function setZero(num) {
    if (num < 10) {
        return "0" + num;
    } else {
        return num;
    }
}
```

9）处理时间显示的函数，代码如下：

```
function changestate(ele) {
    var id = ele.parentNode.id;
    var data = getData();
    data[id].done = true;
    saveData(data);
    reWrite();
}
```

10）完成状态更改时触发的函数，代码如下：

```
function del(ele) {
    var id = ele.parentNode.id;
    var data = getData();
    data.splice(id, 1);
    saveData(data);
    reWrite();
}
```

11）删除内容时触发的函数，代码如下：

```
function changecontent(ele) {
    var id = ele.parentNode.id;
    var val = ele.innerHTML;
    var data = getData();
    data[id].content = val;
    saveData(data);
```

```
        reWrite();
    }
```

12）修改内容时触发的函数，代码略。

加入一些设计元素，最终效果如图 8-3 所示。

图 8-3

第 9 章

jQuery 原理及用法

本章主要内容

- **jQuery 概述**
- **jQuery 核心思想**
- **jQuery 隐式循环**
- **jQuery 链式调用**
- **jQuery 跨平台**
- **jQuery 选择器**
- **jQuery 筛选**
- **jQuery 属性**
- **jQuery CSS**
- **jQuery 文档处理**
- **jQuery 事件**
- **jQuery 事件对象**
- **jQuery 效果**
- **jQuery AJAX**
- **jQuery 工具**
- **综合案例制作——轮播图**
- **综合案例制作——扑克牌**

在前面的章节中详细地介绍了全栈项目中页面交互层中的 JavaScript 语法，以及 BOM、DOM 的主要内容，通过 JS 脚本更改网页中元素的样式、内容、位置。JS 可以在网页中增加交互效果，实现用户交互。但是在实际的开发过程中发现，使用 JS 出现了这样或那样的问题，其中最为突出的是 JS 的兼容性问题和 JS 的复杂元素操作，因为对于 BOM 和 DOM，不同的浏览器厂商的支持性不同，导致了不论是在 PC 端还是移动端，原生 JS 的书写都遇到了困难。在这样的背景下，一种以原生 JS 为基础的 JS 库 jQuery 应运而生，在此后的很长时间乃至到目前为止，jQuery 依然是市场上最活跃的 JS 库之一。

9.1 jQuery 概述

jQuery 的核心理念是 "write less do more"，也就是写得少而做得多。jQuery 提供了足够简洁的使用方式让开发人员做各种事情。本章将介绍 jQuery 的核心原理和使用方式，其中包含了 jQuery 对元素的操作、动画的添加、属性的操作，以及和后台交互 AJAX 的使用，让读者能够快速、简洁地实现前台页面的交互效果，提高工作效率。

jQuery 是一个功能丰富的 JS 库，它提供了大约 300 个方法，帮助处理 JS 中事件的添加，包括事件委派，以及文档元素的操作，包含文档元素的增加、删除、复制等操作。对于元素的动画，jQuery 封装了很多方法让开发人员能够快速地实现动画，能够简洁地发送 AJAX 等。除此之外，jQuery 还是跨平台的，可以在各个平台使用。更强大的是，jQuery 还给开发者们提供了扩展方式，让开发者们可以添加自己的方法。所以 jQuery 发布后，迅速被众多的开发者使用。

jQuery 的核心理念是 "write less do more"，那么 jQuery 是如何实现这个理念的呢？最直观的是它提供了几百个方法，开发人员只需要学习这些函数如何使用即可。但事情往往不是那么简单，打开 jQuery 官网时，你会发现那些方法真是太多了，本书不会给读者介绍关于 jQuery 的那几百个方法要怎么去使用，因为官网已经说得很清楚了。本章的目的是给大家介绍一条学习 jQuery 的快捷、有效的途径，并以通俗易懂的方式解释 jQuery 的思想。当然，jQuery 里面涉及的一些重点的 API 会给读者做一个解析，从而让大家能够更好地学习 jQuery。如果读者想获取详细的 API 文档，请移步官网。

在这个多端的时代，各种框架和编程思想层出不穷，如以 MVVM 思想为主的 Angular 以及以组件化、自动化思想为主的 React，但是我们仍然要花一定的篇幅去介绍 jQuery，不仅仅是因为 jQuery 到现在仍然是最稳定、最活跃的框架之一，更因为它其中包含的编程思想是读者必须要了解和掌握的。

9.2 jQuery 核心思想

jQuery 的核心思想或者说是特点包含 3 个方面的内容。

（1）隐式循环

在 jQuery 中有非常多的循环，获取元素时需要循环获取，操作元素时，如给元素设置事件，那么肯定需要循环地设置，不可能是一个一个地设置，这些还比较简单，嵌套循环时，代码逻辑就会变得复杂，代码难以阅读。所以在 jQuery 内部有专门用来处理循环的核心代码，具体的体现将在后续章节中详细解释。

（2）链式调用

通过 JS 操作元素样式时，可能写的代码是这样的：

```
var div=document.getElementById('box');
div.innerHTML='山西优逸客科技有限公司';
div.style.cssText='width:200px;height:200px;background:red';
div.setAttribute('data','uek');
```

如果是这样的方式来写代码，那么永远需要用对象去调用属性，然后设置样式、设置内容，非常麻烦，所以需要使用链式调用，代码就会变成这样：

```
$("div").attr("name","uek").html("优逸客").css({width:'200px',heght:'200px',
background:'red'})
```

很明显，这样操作会使整个结构变得非常清晰，也比较容易阅读。具体的体现将在后续章节中详细介绍。

（3）跨平台性

跨平台性指的是 jQuery 中处理了非常多的有关兼容性的问题。概述中已经介绍了兼容性问题产生的原因，兼容性问题给 JS 的发展带来了很多麻烦，jQuery 处理了非常多的问题。

要实现以上 3 个特点，首先需要了解的是 jQuery 其实就是一个对象，这个对象有非常多的属性和方法，然后通过将 DOM 元素打包成为一系列的 jQuery 对象，最后能够使用 jQuery 对象的一系列方法。请看如下代码：

```javascript
// 首先需要一个jQuery对象，在JS中可以用构造函数的方式创建对象
function myjQuery(){

}
// 使用时，只需要new来创建对象
var obj=new myjQuery();
/**********************************************************/
// 需要将DOM对象打包
function myjQuery(selector){
// 参数是选择器，这里先以类名为例
   var objs=document.getElementsByClassName('selector');
   this.length=objs.length;
   for (var i = 0; i < this.length; i++) {
     this[i]=objs[i];
   };
// 这样，每个DOM对象都成为jQuery的属性
}
var box=new myjQuery(类名);
/**********************************************************/
// 对上述代码继续优化，每次都需要new，比较麻烦
function $(selector){
  return new myjQuery(selector);
}
// 如此，使用时变成如下方式
var divs=$(类名)
/**********************************************************/
// 使用代码时，全部使用$()，下面给jQuery添加方法
// 添加在myjQuery的prototype属性上
myjQuery.prototype={

}
```

写到这里之后，剩余的就是给 jQuery 添加方法和属性。后续章节的代码就会在此块代码的基础上进行。

jQuery 的下载地址：http://jquery.com/download/。jQuery 参考文档的下载地址：http://jquery.cuishifeng.cn/。

9.3 jQuery 隐式循环

jQuery 的隐式循环主要体现在以下几个方面：

1）jQuery 属性。

2）jQuery CSS。

3）jQuery 文档处理。

4）jQuery 中的事件。

5）jQuery 中的效果。

使用原生 JS 去操作元素的方式：

```
<div class="box">1</div>
<div class="box">2</div>
<div class="box">3</div>
// JS 代码实现元素添加内容
var box=document.querySelectorAll('.box');
for(var i=0;i<box.length;i++){
  box[i].innerHTML='优逸客';
}
// jQuery 实现元素添加内容
$(".box").html('优逸客');
```

通过以上对比可以发现，我们的写法如此简单。在外部丝毫看不到循环的痕迹，但是内部肯定用到了循环。那么循环是如何实现的呢？请看如下代码：

```
myjQuery.prototype={
  // 添加内容 html
  html:function(val){
    // 通过循环实现
    for(var i=0;i<this.length;i++){
      this[i].innerHTML=val;
    }
  },
  // 添加内容 text
  text:function(val){
    // 通过循环实现
    for(var i=0;i<this.length;i++){
      this[i].innerText=val;
    }
  },
}
```

```
// 上述代码是可以实现的，没有问题。但是却在做重复的事情，即一直需要循环
// 为什么不封装一个方法专门用于循环呢
myjQuery.prototype={
    // 接收一个回调函数
    each:function(callback){
        // 每个 DOM 元素都需要执行这个方法
        for(var i=0;i<this.length;i++){
            // 将每一个 DOM 对象传进去，并且将下标也传进去,同时改变 this 的指向,指向每一个 DOM 对象
            callback.call(this[i],this[i],i);
        }
    },
    // 有了这个方法，下面重写 html
    html:function(attr){
        this.each(function(value,index){
            value.innerHTML=attr;
        })
    },
    text:function(attr){
        this.each(function(value,index){
            value.innerText=attr;
        })
    },
}
// 使用时
$("div").html('优逸客');
```

其实写到这里可以发现，在外部使用时，我们发现不了循环，但是能为每一个元素加上新的内容，这就是隐式循环。请读者一定要认真地阅读这篇内容。

下面再介绍一个示例：

```
myjQuery.prototype={
    // 以对象格式传递
    //{width:'200px',height:'200px'}
    // 函数 css()
    css:function(obj){
        this.each(function(value,index){
            for(let attr in obj){
                this.style[attr]=obj[attr];
            }
        })
    },
    //文档处理
    append:function(obj){
        this.each(function(value,index){
            value.appendChild(obj)
        })
```

```
      },
      // 事件处理
      click:function(callback){
         this.each(function(value,index){
           value.addEventListener('click',callback,false);
         })
      }
      // 动画
      hide:function(time){
        this.each(function(value,index){
           $(value).animate({height:0},time,function(){
             this.style.display='none';
           })
        })
      }
    };
```

    本节主要介绍了关于 jQuery 的隐式循环，希望读者能熟悉整个循环的过程。在这里只是给大家做了几个示范，与 jQuery 源码是不同的，目的是让大家能通俗地理解整个隐式循环的意思。

9.4　jQuery 链式调用

    本节将介绍如何实现链式调用，需要说明的是，本节内容需要建立在上一节的基础上。我们想要的链式操作是这样的：

```
$('div').html("优逸客").css('width',"200px");
```

下面将代码稍做修改：

```
myjQuery.prototype={
  // 添加内容 html
  html:function(val){
    // 通过循环实现
    for(var i=0;i<this.length;i++){
      this[i].innerHTML=val;
    }
    //需要在最后做一些处理
    return this;
  },
  // 添加内容 text
  text:function(val){
    // 通过循环实现
    for(var i=0;i<this.length;i++){
      this[i].innerText=val;
    }
```

```
            return this;
        },
        css:function(obj){
            this.each(function(value,index){
                for(let attr in obj){
                    this.style[attr]=obj[attr];
                }
            })
            return this;
        },
    //文档处理
        append:function(obj){
            this.each(function(value,index){
                value.appendChild(obj)
            })
            return this
        },
    // 事件处理
        click:function(callback){
            this.each(function(value,index){
                value.addEventListener('click',callback,false);
            })
            return this;
        }
    // 动画
        hide:function(time){
            this.each(function(value,index){
                $(value).animate({height:0},time,function(){
                    this.style.display='none';
                })
            })
            return this;
        }
    }
```

正如大家看到的，在每个方法的后面都添加了返回 this，这样就相当于每次调用返回的是当前的 jQuery 对象，即可实现链式调用。但要注意的是，在 jQuery 中，如果需要获取值，那么返回的就是要获取的那个值，就不能继续链式调用了。了解了隐式循环和链式调用后，学习最后一个特点——跨平台。

9.5 jQuery 跨平台

本节介绍 jQuery 是如何处理兼容性问题的，主要体现在以下两个方面：

1）jQuery 选择器。

2）jQuery 事件对象。

在 JS 中经常遇到这样的问题：

```
var box=document.querySelector('div');
var width=getComputedStyle(box,null).width;
// 上述方法在 IE 浏览器中无法实现
// 所以在 IE 浏览器中使用如下方法
var width=box.currentStyle.height;
```

在 jQuery 中有非常多这样的情况，我们会做类似于以下的更改：

```
myjQuery.prototype={
  // 宽度
   width:function(){
     if(window.getComputedStyle){
       return getComputedStyle(this[0],null).width;
     }else{
       return this[0].currentStyle.height;
     }
   },
 };
```

在选择器中，对于$函数的处理是这样的：

```
//获取元素类名和获取函数的处理
myjQuery.prototype={
  getClass:function (classname, ranger) {
    // 首先做初始化，如果传入了一个参数，那么就选择那个元素的子元素
    ranger = ranger === undefined ? document : ranger;
    /*ranger= ranger||document;
    ranger= ranger?ranger:document;*/
    // 如果支持了类名获取，那么就使用原生类名获取，如果不支持，那么就使用标签名字
    if (document.getElementsByClassName) {
      return ranger.getElementsByClassName(classname);
    } else {
      // 先获取所有的标签
      var all = ranger.getElementsByTagName("*");
      var newarr = [];
      // 从中筛选出类名是指定类名的元素，存到数组里
      for (var i = 0; i < all.length; i++) {
        // all[i].className 是否包含 classname
        var flag = this.checkClass(all[i].className, classname);
        if (flag) {
          newarr.push(all[i]);
        }
      }
      return newarr;
    }
  },
  // 检测是否包含类名
```

```
checkClass:function (str, values) {
    var arr = str.split(' ');
    for (var i = 0; i < arr.length; i++) {
      if (arr[i] == values) {
        return true;
      }
    }
    return false;
  }
}
```

除此之外还有事件对象。对于阻止浏览器默认行为和默认动作介绍如下：

```
// 假如事件对象是 e
// 处理默认的动作
function preventDefault(){
  if(e.preventDefault){
    e.preventDefault();
  }else{
    e.returnValue=false;
  }
}
// 处理事件流
function stopPropagation(){
  if(e.stopPropagation){
    e.stopPropagation();
  }else{
    e.cancelBubble=true;
  }
}
```

在 jQuery 中处理的关于兼容性的问题还有很多，示例只是让大家了解过程。正是因为做了很多事情，才让开发人员能够在各个平台上使用 jQuery。

之后的章节中将按照实际开发过程，从获取一个元素开始，然后操作元素，给大家介绍重点的方法，希望读者能详细阅读。

9.6 jQuery 选择器

函数$()是 jQuery 的核心入口，是所有 API 使用的入口，但是这个函数的参数是可以传选择器的，因为做任何操作时都需要先选择元素，所以先介绍选择器。在 CSS 3 中提供了许多后代选择器、同辈选择器，幸运的是，jQuery 完全支持了这些选择器，还支持了许多 CSS 3 中没有的选择器。更具体的内容请访问官网。

注意，选择到的元素的形式笔者认为是 jQuery 集合。选择器是直接获取元素的，这点和筛选不同，筛选是为了在已经存在的集合中选择想要的元素。

下面列出所有的选择器。

```
// 基础选择器，选择所有类的名字是 box 的元素
$('.box')
// 选择后代元素,选择类名是 box 的元素的所有 div 的子元素
$('.box div')
// 选择第一个元素和最后一个元素
$('.box:first')
// 属性选择器
$('div[class]')
// 同辈选择器
$('div:nth-last-child')
```

9.7   jQuery 筛选

　　本部分内容是筛选，在上节中已经给读者阐述了选择器和筛选的区别，选择器是直接去元素中选择元素，而筛选是已经存在了一个集合，然后在已经存在的这个集合中挑选需要的元素。同样，筛选的 API 也非常多，但基本用法都是一样的。注意，筛选的结果是一个 jQuery 对象，而不是 DOM 对象，即筛选出来的元素是可以继续链式调用的。筛选之后，如果需要继续回到前面的那个集合中，可以使用 end()，这个方法使用的频率比较高。

　　示例：

```
// 选出第 n 个元素
$('div').eq(5).css("width",200).end().addClass('selectAll');
// 选出这个集合里面的第一个元素
$('div').first().animate({left:200},500)
```

9.7.1   过滤

　　过滤是从已经存在的集合中选择某一个或某几个元素。
　　示例：

```
// 从中选出指定后代的元素
$('div').has('p').html('优逸客 ')
// 从指定集合中截取某一个部分
$('div').slice(1,3);
```

9.7.2   查找

　　在某一个集合或元素的基础上去查找，找到的元素同样是 jQuery 对象，或 jQuery 集合。
　　示例：

```
// 找出匹配元素中所有的子元素
$('div').children().html('优逸客')
// next: 找到匹配元素的下一个兄弟元素
$('div').next().html('优逸客')
```

```
// 找到匹配元素的同辈元素
$('div').siblings().html('优逸客');
```

9.7.3　串联

串联是在已经存在的集合的基础上，添加另外的元素或集合。

示例：

```
// 添加另外的元素
$('div').add('.box').html('优逸客')
// 回到上一次破坏性操作之前。从一个集合中选出一部分元素或查找其他元素，破坏了原来的
集合则为破坏性操作
$('div').eq(2).end().html('优逸客')
```

9.8　jQuery 属性

了解了 jQuery 的选择器和筛选的方法后，即可随意地获取元素，获取元素之后先来看 jQuery
对于属性和内容的操作。这部分的方法主要是提供了对元素属性、类名以及内容的操作。

9.8.1　属性

这部分是对元素属性的操作，包含了一些标准的属性和自定义属性。

（1）attr(name/pro/key,val/fn)和 removeAttr(name)

前者方法的作用是给 jQuery 对象添加一个属性，这个方法在实际应用中是非常有用
的。后者方法用于移除前者方法添加的属性。

示例：

```
// 设置单个
$('div').attr("class",'box');
// 设置多个
$('div').attr({
  class:'box',
  id:'box'
});
// 设置回调函数
$('div').attr({
  class:function(){
    return "box";
  },
  id:'box'
});
```

（2）prop(name/properties/key,value/fn)和 removeProp

前者方法的作用和上述的方法 attr()类似，区别是前者一般用于任意属性的增加和删

除，而后者一般操作的是标准的部分属性。这里的标准属性指的是如 img 标签，那么 img 的标准属性包含了 src、alt、title 等，非标准的属性如 data-uek、data-sxuek 等。

9.8.2 CSS 类

这部分的方法让开发人员能快速地添加和删除类，具体是 addClass(class/fn)、removerClass([class/fn])、toggleClass(class/fn[,sw])。

这几个方法非常类似，都是对 class 的操作。那么在原生里面，操作元素样式时，可以直接来操作元素的类名。这几个方法在实际开发过程中使用频率都是非常高的。

示例：

```
// 添加类名
$('div').addClass('sx uek');
// 移除类名
$('div').removerClass("uek")
// 添加或移除类名，如果有这个类名则删除，没有则添加
$('div').toggleClass("uek");
```

9.8.3 HTML 代码/文本/值

本部分的方法主要是对元素内容进行操作，具体有 html([val/fn])、text([val/fn])、val([val/fn/arr])。

1）html()：主要是对于元素内容的设置或获取，可以识别 html 标签。

2）text()：主要是对于元素内容的设置或获取，但是只能识别文本。

3）val()：主要是对表单元素内容的值进行设置或获取。

示例：

```
// 方法 html() 和 text()
$('div').html();
$('div').html(function(index,value){
// 这里的 index 是当前操作元素的索引，value 是当前元素的 html 内容
});
$('div').text();
$('div').text(function(index,value){
  // 这里的 index 是当前操作元素的索引，value 是当前元素的 text 内容
});
// 对表单元素的值进行获取或设置
$("input").val();
$('input').val('优逸客 ');
```

9.9 jQuery CSS

在原生的 JS 中，若要设置或获取元素的样式、位置、大小，可用的方法比较少，

jQuery 则提供了很方便的方式。本部分的方法主要是对元素样式进行操作。

9.9.1 样式

方法 css()可以获取或设置匹配元素的 CSS 样式。这个方法是 jQuery 中使用频率最高的方法，因为这个方法是操作 JS 元素样式的主要方法。

示例：

```
// 获取样式，注意获取到的值是否带有单位
// 这种方式只能获取第一个元素的样式
$('div').css('width');
// 添加样式
$('div').css("width",'200');
$('div').css({width:200,height:200});
$('div').css(width:function(){return
  // 返回的值决定了 width 的大小
})
```

9.9.2 位置

本部分的方法主要是对于元素位置的获取。

（1）offset([coordinates])和 position()

这两个方法主要是对于元素位置的获取，但只能获取不能赋值。

offset()获取的是对于页面左上角的位置，返回值为一个对象，这个对象包含了两个属性，left 和 top 分别代表对于 body 左上角的左边和上边的距离。position()获取的是相对于父元素左上角左边和上边的距离。这个与原生 JS 的 offsetLeft 和 offsetTop 是一样的。当父元素有定位属性时，计算的距离是相对于这个父元素的，如果直接父元素没有定位属性，那么就找间接父元素的，依次向上查找，最终如果还是没有，则相对于 body 进行计算。

示例：

```
// 页面左上角位置
$("div").offset()
// 相对于父元素，看父元素是否有定位
$('div').position()
```

（2）scrollTop()和 scrollLeft()

这两个方法主要是对于具有滚动条的元素，获取垂直方向和水平方向的滚动高度。在实际运用中，主要用于获取页面滚动条的高度。

示例：

```
// 侦测滚动事件
$(document).scroll(function(){
  $(document).scrollTop()
```

```
})
$(window).scroll(function(){
  $(window).scrollTop()
})
$(document.body).scroll(function(){
  $(document.body).scrollTop()
})
```

9.9.3　尺寸

在原生 JS 中，获取元素的尺寸只有两种方式，不能"随心所欲"地获取想要的尺寸。但是 jQuery 提供了多种方法以获取想要的尺寸，具体有 height()、width()、innerWidth()、innerHeight()、outerHeight()、outerWidth()。

这几个函数的主要作用是获取尺寸，而这里的获取方式比较全面，就是涉及盒子模型的各个部分的宽度都是可以获取到的。width()和 height()获取设置的宽高；innerWidth()和 innerHeight()获取加上 padding 的宽高；outerHeight()和 outerWidth()获取加上 border 的宽高；outerHeight(true)和 outerWidth(true)获取加上 margin 的宽高。

示例：

```
<style media="screen">
 div{
   width:200px;
   height:200px;
   border:1px solid #000;
   padding:0;
   margin:20px;
 }
</style>
<div class=""></div>
// 设置的宽高
$('div').width();
// 加上border 的宽度
$('div').innerWidth()
// 加上padding 的宽度
$('div').outerWidth()
// 加上margin 的宽度
$('div').outerWidth(true);
```

9.10　jQuery 文档处理

本节介绍如何控制元素的结点位置。这节主要和 JS 的原生语言挂钩的就是结点的知识。在 JS 中，结点的操作主要有创建、复制、删除和添加。同样地，作为以简洁操作为目的的 jQuery，也对这些操作封装了 API。

注意，如果操作的是已经存在的元素，那么就会影响这个元素原来所在的结点位置。

9.10.1 内部插入

本部分的方法主要是对于元素的追加，包含了内部之前插入和内部之后插入。

（1）append 和 appendTo

这两个方法是将一个元素追加到另外一个元素内部的最后，但两者的操作是相反的。

示例：

```
// 创建一个元素并添加到 p 元素之后
$('<div>').appendTo($('p'));
// 在一个元素内部最后添加一个元素
$("p").append($("<div>"));
```

（2）prepend 和 prependTo

这两个方法是将一个元素追加到另外一个元素内部的最前面，但两者的操作是相反的。

示例：

```
// 创建一个元素并添加到 p 元素之后
$('<div>').prependTo($('p'));
// 在一个元素内部最后添加一个元素
$("p").prepend($("<div>"));
```

9.10.2 外部插入

本部分的方法主要是对于元素的追加，包含了外部之前插入和外部之后插入。

（1）after 和 insertAfter

这两个方法是在一个元素后面追加另外一个元素，但两者的操作是相反的。

示例：

```
// 创建一个元素并添加到 p 元素之后
$('<div>').insertAfter($('p'));
// 在 p 元素之后追加一个元素
$("p").after($("<div>"));
```

（2）insertBefore 和 before

这两个方法是在一个元素前面追加另外一个元素，但两者的操作是相反的。

示例：

```
// 创建一个元素并添加到 p 元素之前
$('<div>').insertBefore($('p'));
// 在 p 元素之后追加一个元素
$("p").before($("<div>"));
```

9.10.3　包裹

本部分的方法在原生 JS 中是没有的，主要作用是包裹元素，可以用现有的元素包裹，也可以用新创建的元素包裹。

Wrap 和 unwrap 方法可以快速地实现包裹或取消包裹，也就是创建一个父元素或取消一个父元素。wrap 方法的作用是包裹匹配到的每个元素，unwrap 方法是取消前一次的操作，或删除本身的父元素。

示例：

```
// 将每一个匹配到的元素用分别新创建的 div 包裹起来
$("a").wrap($('<div>'));
// 取消包裹
$('a').unwrap();
```

wrapAll 方法和 wrap 方法很相似，其作用是将选择的所有元素用一个元素包裹起来。

示例：

```
// 将匹配到的所有元素用一个新创建的元素包裹起来
$('div').wrapAll($("<div>"));
```

9.10.4　替换

本部分方法的作用和 JS 的原生方法 replaceChild()非常类似。

repalceWith 和 repalceAll 方法的功能是一样的，都是替换，但是调用方式相反。

示例：

```
// 用新创建的 p 标签将每一个匹配到的 div 替换
$("<p>").replaceAll($('div'));
$("div").replaceWith($('<p>'))
```

9.10.5　删除

本部分的方法和 JS 原生的方法 removeChild()非常类似，但 jQuery 又添加了自己的操作方式。

（1）empty()

这个方法的作用是移除匹配元素的所有子元素。

示例：

```
// 移除所有的后代元素
$('div').empty();
```

（2）remove()

这个方法的作用是从文档中删除匹配的元素。但是除了当前的这个元素，绑定的数据、事件都会被删除。

示例：

```
$('div').click(function(){
  alert(1);
})
var obj=$('#div').remove();
obj.appendTo(document.body)
// 当在此处添加时，前面绑定的事件已经没有了
```

（3）detach()

这个方法的作用是从文档中删除匹配的元素，和 remove 不同的是，它能够保存这个元素上的事件和数据。

示例：

```
$('div').click(function(){
  alert(1);
})
var obj=$('#div').detach();
obj.appendTo(document.body)
// 再次添加时可以发现，和 remove 不同的是单击事件还在
```

9.10.6 复制

复制的方法是 clone()。

JS 原生克隆方法的作用仅仅是能够实现是否能克隆子结点，而相关的数据都是克隆不了的。原生 JS 内部的 cloneNode() 可以接收一个 boolean 类型的参数，当参数是 false 或不传参数时，那么只能克隆当前结点，当参数是 true 时能够克隆本元素和所有的后代结点。但是 jQuery 改变了这种克隆方式。当不传参数时，只会复制当前元素和后代元素，数据和事件都不会被复制。

注意，当传一个参数 true 或两个参数 true,true 时，那么不论是父元素还是子元素的事件或数据都会被复制。当传两个参数 true,false 时，那么就只会复制当前元素的事件，而不会复制后代元素的事件和数据。

示例：

```
<div id=box>
    <div class="box"></div>
</div>
  $("#box").click(function(){
    alert(1);
  })
  $(".box").click(function(){
    alert(2);
  })
```

```
//  $('#box').clone().appendTo(document.body);
//  $('#box').clone(true).appendTo(document.body);
    $('#box').clone(true,false).appendTo(document.body);
```

9.11　jQuery 事件

在 JS 的定义中体现了 JS 是基于事件驱动的，所以事件是 JS 中非常重要的一个内容。当用户执行操作后，JS 会对用户的行为做出响应。注意，jQuery 的事件都是以事件监听的方式添加的，所以可以给同一个事件添加多个事件处理程序。

9.11.1　页面载入

这里的事件载入和 JS 原生的 window.onload 是不同的。$(document).ready()是当整个页面的结构加载完毕之后触发事件，而 window.onload 是需要整个页面的所有资源加载完毕之后才会触发事件，建议读者使用前者，否则就会出现页面加载不完成，交互代码就无法实现的情况，不太友好。

示例：

```
window.onload=function{
    // 这里的代码在这个页面的资源加载完毕之后才会执行
}
$(document).ready(function(){
    // 这里的代码仅仅在页面结构加载完毕之后就可以执行
})
$(function(){
    // 这段代码相当于 window.onload
})
```

9.11.2　事件处理

jQuery 中封装了很多关于事件添加或删除的方法，但 jQuery 事件的核心是 on 方法。所有的事件都可以通过 on 方法来添加，通过 off 方法来删除事件。

on 方法用来添加事件，可以同时添加多个事件，也可以实现事件委派。off 方法用来删除用 on 方法添加的事件。

示例：

```
$('div').on('click',function(){
    // 这是要做的事情
})
$('div').on('click mouseover',function(){
    // 这是要做的事情
})
```

```
// 命名空间，即为事件处理程序起别名
$('div').on('click.aa',function(){
    // 这是要做的事情
})
// 删除这个事情
$('div').off('click.aa');
// 事件委派，将本属于 div 的事情委派到子元素 button 上
$('div').on('click','button',function(){
    //那么这个事情就会委派给 button 去执行
})
```

9.11.3　事件触发

当没有触发一些行为却需要去运行事件处理程序时，就可以使用本部分的方法。
示例：

```
$('div').click(function(){
    alert(1);
})
// 执行事件
$('div').trigger('click')
$('div').triggerHandler('click');
```

9.11.4　事件委派

本部分的方法是专门用于做事件委派的，或删除事件委派。
示例：

```
// 将 div 的单击事件委派给 button 执行
$('#div').delegate('button','click',function(){});
// 取消事件委派
$('#div').undelegate()
```

9.11.5　事件

本部分的方法主要用于给选择的元素添加事件，和原生 JS 基本相同，但是要注意，用这些方法添加的事件其实是可以添加多个事件处理程序的。
示例：

```
$("#box").click(function(){
    // 这是要做的事情
})
$('#box').hover(function(){
```

```
    // 鼠标指针移入时要做的事情
},function(){
    // 鼠标指针移出时要做的事情
})
```

9.12　jQuery 事件对象

本部分的内容主要是对 JS 中的事件对象做处理。在 JS 中，事件对象通常用 e 来表示，但是不同的平台是有问题的。在 IE 中，事件对象需要做兼容，jQuery 中的事件对象已经做了处理，直接调用即可。

（1）eve.currentTarget

这个属性相当于 JS 中的 this，即当前的元素。

```
$('div').click(function(eve){
  this=== eve.currentTarget
})
eve.delegateTarget
```

这个属性通常用于在事件委派中获取发生事件的目标对象，而不是委派对象。

示例：

```
$('div').delegate("button",'click',function(eve){
  console.log(eve.delegateTarget);
})
```

（2）eve.pageX 和 eve.pageY

这两个属性用来获取鼠标指针距离页面左上角的距离。

示例：

```
// 注意是鼠标指针距离页面左上角的距离
$("div").click(function(eve){
  $(this).html(eve.pageX+":"+eve.pageY);
})
```

（3）e.preventDefault()和 e.stopPropagation()

这两个函数，前者用来阻止浏览器的默认动作，后者用于阻止事件冒泡，和 JS 基本一样，但这里是不需要进行兼容处理的。

示例：

```
$('div').click(function(eve){
  eve.preventDefault();
  eve.stopPropagation();
})
```

（4）e.target

这个属性和 JS 中的 target 是一样的意思，在事件冒泡阶段用来获取目标事件源，也就是真正触发事件的元素。

示例:

```
$('div').click(function(eve){
    console.log(eve.target);
    // p元素
})
$('div p').click(function(eve){
    // 单击此元素
})
```

（5）e.type

这个属性用于当给同一个元素添加多个事件处理程序时，判断哪个事件被触发了。

示例:

```
function fun(eve){
    // 获取到底是哪个事件被触发了
    console.log(eve.type);
}
$('div').on('click mousedown mousemove',fun);
```

（6）e.which

在 JS 中，当键盘事件触发时，用 e.keyCode 去获取键盘码，然后判断是哪个键被敲击了，这里 jQurty 已经做了处理。

示例:

```
// 获取键盘敲击哪个键
$(document).keydown(function(e){
    console.log(e.which);
})
```

9.13　jQuery 效果

jQuery 中已经封装好了一部分效果，如 show、hide、sliedown、slideup 等，可以自行定义它们运行的时间，单位是 ms。除此之外，jQuery 提供了自定义函数以编写动画。

和 JS 不同的是，在 jQuery 中的动画会形成动画队列，所以有时需要清空队列。

9.13.1　基本方式

这部分是 jQuery 已经提供好的方式，可以帮助开发人员快速实现效果。

```
//展示
$('#box').show();
// 缓慢显示
$('#box').show(300);
```

9.13.2　自定义动画

使用 animate 方法可以自定义元素的 left、top、width、height、opacity 等属性，动画的速度也可以自定义，还可以定义动画的运动方式和动画完成之后要做的事情。

示例：

```
$("#div").animate({left:200},500,'easing',function(){
   //这是动画执行完毕之后要做的事情
})
$(".block").animate({left: '+50px'}, "slow");
```

9.13.3　动画控制

jQuery 中的动画会产生动画队列，所以需要清除队列，或延迟整个动画的执行。这里需要使用以下 API：

（1）stop([clearQueue],[jumpToEnd])

这个函数用于清空队列和停止动画。当不传参数的时候，队列是不会清空的，会停止当前动画，继续队列中的后续动画。当传入参数是一个参数 true 或两个参数 true,false 时，整个动画会立即停止，并且清空队列。当传入参数是两个参数 true,true 时，整个动画是立即完成当前动画，并且清空当前队列。

示例：

```
$("#box").click(function(){
    $(this).animate({width:400},1000).animate({height:400})
})
$(".btn").click(function(){
// 停止当前动画，继续后续动画
$("#box").stop();
// 清空队列，动画立即停止
$("#box").stop(true,false);
$("#box").stop(true);
// 清空队列，立即完成当前动画
    $("#box").stop(true,true);
})
```

（2）delay(duration,[queueName])

这个方法是用来延迟动画的，后续动画会延迟相应的时间。

示例：

```
// 后续动画会在 1s 之后执行
$('#box').animate({width:200,height:200}).delay(1000).slideUp();
```

（3）finish()

这个方法用于清空队列并且立即完成整个队列中的所有动画，到达整个动画队列中的最后一个状态，和 stop(true,true)很相似。

示例：

```
$("#box").click(function(){
    $(this).animate({width:400},1000).animate({height:400})
})
$(".btn").click(function(){
// 立即停止动画，并且到达队列中的最后一个状态
$("#box").finish();
})
```

9.14　jQuery AJAX

在 JS 中使用 AJAX 时，需要做很多设置，要解决兼容性问题，但是这些问题，jQuery 已经全部考虑到了，其中有 AJAX 最底层的实现$.ajax()。除此之外，还有高级的实现，如 $.get、$.post 等。浏览官网的配置项时，每个人都会被那么多的设置项难倒，但是其实我们不需要去用那些不常用的设置项。

9.14.1　json 参数的选项

以下列出来的参数是较常用的参数，其余参数若有需求，请查阅官网。

1）type：决定请求方式是 POST 还是 GET。

2）url：请求的数据的地址。

3）data：请求时发送的数据，通常有两种方式传递，形如{}或查询字符串格式均可。

4）dataType：要接收的数据的格式，如 json、text、xml、html、script 都是可以的。

5）asynch：请求的方式是同步还是异步，默认是异步。

6）success：请求成功之后，执行的回调函数。

9.14.2　AJAX 的函数实现

（1）$.ajax()

这个函数是最为底层的 AJAX 的实现，但确实能满足所有的需求。

示例：

```
// 加载并执行一个 JS 文件
$.ajax({
  type: "GET",
  url: "test.js",
  dataType: "script"
});
// 从远程加载数据
$.ajax({
```

```
        type: "POST",
        url: "some.php",
        data: "aa=bb&cc=dd",
        success: function(text){
            // 这是成功之后做的事情
        }
    });
```

（2）$.get()、$.post()、$.getJSON()和$.getScript()

这几个函数是 AJAX 的高级简易使用，这些方法提供了更简单的使用 AJAX 的方式。

1）$.get()：以 GET 方式取数据。

2）$.post()：以 POST 方式取数据。

3）$.getJSON()：以 getJSON 方式获取 json 数据格式。

4）$.getScript()：以 getScript 方式获取 script。

示例：

```
// GET 方式获取数据
$.get("text.php", { name: "lisi" },function(data){
        // 成功之后要执行的代码
});
// GET 方式获取 json 格式的返回值
$.getJSON("test.php", function(json){
        // 成功之后要执行的代码
});
// GET 方式获取 script
$.getScript("test.js");

// POST 方式发送数据，取回数据
$.post("test.php", function(data){
        // 成功之后要执行的代码
});
```

9.14.3　全局处理函数

本部分的方法是针对页面中存在的 AJAX，侦测其开启、发送、请求失败或请求完成等。一般这些函数都要添加在 document 对象上去监测。

1）ajaxComplete：AJAX 请求完成时要执行的函数。

2）ajaxError：AJAX 请求错误时要执行的函数。

3）ajaxSend：AJAX 开始发送时要执行的函数。

4）ajaxStart：AJAX 开始请求时要执行的函数。

5）ajaxStop：AJAX 请求结束时要执行的函数。

6）ajaxSuccess：AJAX 请求成功时要执行的函数。

示例：

```
// 发送时显示加载中
$(document).ajaxStart(function(){
  $("div").html('loding...')
})
// 完成时显示已经完成
$(document).ajaxComplete(function(){
  $("div").html('loaded')
})
```

9.15　jQuery 工具

本部分的内容提供了一些常见操作和判断方法，如循环、判断是否是函数、判断是否是数组等工具类的方法，下面列举一些比较常用的函数。

（1）$.each()

函数 each()只能遍历 jQuery 对象，函数$.each()可以遍历数组和对象属性。接收的参数是一个回调函数，接收的两个参数：index 为下标，value 为值。

示例：

```
// 遍历普通数组
$.each( [0,1,2], function(index, value){
// 要做的事情
});
$.each( {aa:"uek",cc:'uek'}, function(index, value){
// 要做的事情
});
```

（2）$.grep(array,fn,[invert])

这个函数用来筛选数组元素，类似 JS 中的 filter 函数。

示例：

```
$.grep( [0,1,2], function(value,index){
  return n > 0;
});
```

（3）$.when()

这个函数提供一种方法来执行一个或多个对象的回调函数，延迟对象通常表示异步事件。

示例：

```
$.when( $.ajax("test.aspx") ).then(function(ajaxArgs){
    //此处是当 when 里面的参数延迟对象成功时要做的事
});
```

（4）$.makeArray(obj)

这个函数将类数组对象转化为数组对象。

示例：

```
// 类数组转化为数组
var arr=$.makeArray(document.getElementsByClassName('box'));
```

（5）$.map(obj,callback)

这个函数的作用是提供一个集合到另外一个集合的映射。

示例：

```
$.map([1,2,4],function(value){
  // 返回的值决定了最终的数组
  return value+1
})
// [2,3,5]
```

（6）$.inArray(val,arr)

这个函数用于检测某个值是否存在于数组中，如果找到则返回位置，找不到则返回-1。

示例：

```
$.inArray('a',['a','b','c'])
// 0
```

（7）$.merge(first,second)

这个函数的作用是合并两个数组，返回值为新数组，不会去除重复项。

示例：

```
$.merge([1,2,3],[2,3,4]);
// [1,2,3,2,3,4]
```

（8）$.isArray(obj)

这个函数用于检测 obj 是否为数组，若为数组则返回 true。

示例：

```
$.isArray([])
// true
```

（9）$.isFunction(obj)

这个函数用于检测 obj 是否为函数，若为函数则返回 true。

示例：

```
$.isFunction(function(){})
  // true
```

（10）$.trim(string)

这个函数用于去掉 string 中起始和结尾的空格。

示例：

```
$.trim(" hello, how are you? ");
// true
```

9.16 综合案例制作——轮播图

在 6.2.6 节中，已经展示了用原生 JS 编写网页轮播图。下面用 jQuery 实现和 JS 一样的轮播图，以感受 jQuery 的魅力。轮播图布局这里就不再赘述了。

下面是效果代码展示：

```javascript
//在 JS 中是这样获取元素的
var imgs = document.querySelectorAll(".banner li");
var btns = document.querySelectorAll(".btnbox li");
var box = document.querySelector(".box");
var nowbtn = btns[0];
var nowimg = imgs[0];
var st;
//jQuery 中是这样的
var imgs = $(".banner li");
var btns = $(".btnbox li");
var box = $(".box");
var nowbtn = btns[0];
var nowimg = imgs[0];
var st;
// 在 JS 中处理鼠标指针经过时是这样去处理的
Array.from(btns).forEach(function (btn, index) {
btn.onmouseover = function () {
        clearTimeout(st);
        st = setTimeout(function () {
            num = index;.
            nowbtn.classList.remove("active");
            this.classList.add("active");
            nowbtn = this;
            nowimg.classList.remove("active");
            imgs[index].classList.add("active");
            nowimg = imgs[index];
        }.bind(this), 300);
    }
});
// 在 jQuery 中是这样处理的
btn.mouseover(function(){
        clearTimeout(st);
            st=setTimeout(function(){
                num = $(this).index;
                btns.removeClass().eq(num).addClass('active');
                imgs.removeClass().eq(num).addClass('active');
},300)
})
// 在 JS 中处理自动切换
```

```
var num = 0;
var t = setInterval(move, 3000);
function move() {
    num++;
    if (num == imgs.length) {
        num = 0;
    }
    if (num == -1) {
        num = imgs.length - 1;
    }
    nowbtn.classList.remove("active");
    btns[num].classList.add("active");
    nowbtn = btns[num];
    nowimg.classList.remove("active");
    imgs[num].classList.add("active");
    nowimg = imgs[num];
}
//在 jQuery 中处理切换
var num = 0;
var t = setInterval(move, 3000);
function move() {
    num++;
    if (num == imgs.length) {
        num = 0;
    }
    if (num == -1) {
        num = imgs.length - 1;
    }
    btns.removeClass().eq(num).addClass('active');
    imgs.removeClass().eq(num).addClass('active');
}
// JS 中鼠标指针移入/移出的处理
box.onmouseover = function () {
    clearInterval(t);
};
box.onmouseout = function () {
    t = setInterval(move, 3000)
};
// jQuery 中鼠标指针移入/移出的处理
box.hover(function(){
  clearInterval(t);
},function(){
t = setInterval(move, 3000)
})
// JS 中两侧按钮单击的效果实现
var prev = document.querySelector(".prev");
```

```
var next = document.querySelector(".next");
var flag = true;
next.onclick = function () {
    if (flag) {
        flag = false;
        move();
    }
};
prev.onclick = function () {
    if (flag) {
        flag = false;
        num -= 2;
        move();
    }
};
Array.from(imgs).forEach(function (img) {
    img.addEventListener("transitionend", function () {
        flag = true;
    })
});
// jQuery 中两侧按钮单击的效果实现
var flag = true;
$('.next').click(function(){
if (flag) {
        flag = false;
         move();
    }
})
$('.prev').click(function(){
   if (flag) {
        flag = false;
        num -= 2;
        move();
    }
})
imgs.on('transitionend',function(){
    flag = true;
}
```

　　看了以上代码，大家一定感觉到整个代码的思维逻辑是没有改变的，变的是整个代码的 DOM 操作方式。

9.17　综合案例制作——扑克牌

　　下面用 **jQuery** 来制作一个纸牌类的游戏。我们要做的是扑克牌相加等于 13 的消除类游戏，规则是连续单击两张扑克牌，如果和等于 13 就消除，不等于 13 则重新回到原来的状态。代码如下：

```
//HTML 结构
<!DOCTYPE html>
<html lang="en">
<head>
    <meta charset="UTF-8">
    <title></title>
    <link rel="stylesheet" href="pu.css">
    <script src="../../jquery.js"></script>
    <script src="pu.js"></script>
</head>
<body>
    <!-- 整个游戏场景 -->
     <div class="box">
         <ul>
             <!-- 这里是整个游戏的纸牌放置位置 -->
         </ul>
         <!-- 左右的两个按钮 -->
        <div class="left">&lt;</div>
        <div class="right">&gt;</div>
     </div>
</body>
</html>

//CSS 部分
*{
    padding:0;
    margin:0;
    list-style: none;
}
body,html{
    width:100%;
    height:100%;
    overflow: hidden;
    background-color: rgba(1, 165, 227, 0.18);;
    background-image: url("img/1.png");
    background-repeat: no-repeat;
    background-position: 34% 6%;
}
.box{
    width:700px;
    height:600px;
    margin:auto;
    left:0;
    top:0;
    right:0;
```

```css
        bottom:0;
        position: absolute;
    }
    .left,.right{
        position: absolute;
        width:120px;
        height:50px;
        font-size: 30px;
        color: #fff;
        font-family: "宋体";
        line-height: 50px;
        text-align: center;
        left:50%;
        margin-left: -60px;
    }
    .left{
        bottom:10px;
        border:1px solid #fff;
    }
    .right{
        bottom:70px;
        border:1px solid #fff;
    }
    .box .pai{
        position: absolute;
        left:300px;
        top:0;
        width:90px;
        height:130px;
        background-size: 100%;
        opacity: 0;
        transition: margin-top 0.4s ease;
    }
    .active{
        border:1px solid red;
        box-sizing: border-box;
        margin-top:-20px;
    }
// 后续是核心代码实现，重要的 jQuery 代码已经做了注释
// 文档加载完成之后运行代码
$(function () {
    // 创建一个用来存放扑克牌的数组，而扑克牌的存放是采用对象的形式存放的
    // {shuzi:13,huase:'d'}
    let arr=[];
    // 这是扑克牌的花色，代表 4 种颜色
    let huasearr=['c','d','h','s'];
    // 用于检测扑克牌是否重复。生成一张扑克牌后，给这个对象添加一个属性
```

```
// 类似于{13_d:true}
let sign={};
// 循环创建 52 张扑克牌，但是不能重复
while(arr.length<52){
     // 随机产生数字和花色
    let shuzi=Math.ceil(Math.random()*13);
    let huase=huasearr[Math.floor(Math.random()*huasearr.length)];
    // 检测重复和非重复
    if(!sign[shuzi+'_'+huase]){
        sign[shuzi+'_'+huase]=true;
        arr.push({shuzi,huase});
    }
}
// 将扑克牌创建好以后，找到对应的图片追加在页面中
// n 用来记录已经添加的扑克牌的个数
let n=0;
// 循环添加，结构类似于金字塔
for(let i=0;i<7;i++){
    for(let j=0;j<i+1;j++){
    // 添加属性和类，每一张扑克牌有一个对应的位置，存在 id 上
        $('<li class="pai">').attr('id',i+'_'+j).attr('value',arr[n].
shuzi).css('background-image',`url(img/${arr[n].shuzi}${arr[n].huase}.png)`).
appendTo($('ul')).delay(n*50).animate({
            left:300-50*i+100*j,
            top:50*i,
            opacity:1
        },400);
        n++;
    }
}


    // 排列好金字塔以后，将剩余的牌放在牌堆里
for(;n<52;n++){
        // 添加在页面中
    $('<li class="pai zuo">').attr('id','7_'+n).attr('value',arr[n].
shuzi).css('background-image',`url(img/${arr[n].shuzi}${arr[n]. huase}.png)`).
appendTo($('ul')).delay(n*50).animate({
            left:100,
            top:470,
            opacity:1
        },400);
}
// 存放当前选中的扑克牌
let currentobj=null;

// 给每一张扑克牌添加单击事件
$('.pai').click(function () {
```

```
                // 获取单击的元素 id, 以获取位置
            let x=$(this).attr('id').split("_")[0];
            let y=$(this).attr('id').split("_")[1];
            if(x<6){
                if($(`#${parseInt(x)+1}_${y}`).length==1||$(`#${parseInt(x)
+1}_${parseInt(y)+1}`).length==1){
                    return;
                }
            }
            $(this).toggleClass('active');
            if(!currentobj){
             // 如果当前没有保存元素, 并且牌面是 13, 则消除这个元素
                if($(this).attr('value')==13){
                    $(this).animate({
                        left:600,
                        top:0,
                        opacity:0,
                    }).queue(function () {
                    // 将元素从页面中移除
                        $(this).remove();
                    })

                }else{
                    // 否则将这个牌存储在当前对象里
                    currentobj=$(this);
                }
            }else{
             // 如果两个牌面相加等于 13, 则消除
                if(parseInt(currentobj.attr('value'))+parseInt($(this).attr
('value'))===13){
                    $('.active').animate({
                        left:600,
                        top:0,
                        opacity:0,
                    },function () {
                        $('.active').remove();
                        currentobj=null;
                    })
                    // 如果不等于 13, 则去除选中状态
                }else{
                    setTimeout(function () {
                        $('.active').removeClass('active');
                    },400);
                    // 重置当前对象
                    currentobj=null;
                }
            }
```

```
        });
        // 左右两个单击换牌的按钮，当前的层级默认是1
        let index=1;
        // 右边按钮单击以后移到左边，为了保证单击的这个元素在最上面，故添加层级
        $('.right').click(function () {
    $('.zuo').last().addClass('you').removeClass('zuo').css('z-index',
++index).animate({
                left:500,
            },400)
        });
        // 左边按钮单击以后移到右边
        $('.left').click(function () {
    $('.you').addClass('zuo').removeClass('you').css('z-index',++index).
each(function (index) {
                $(this).delay(index*50).animate({
                    left:100,
                },400)
            })
        });

    });
```

最终的效果截图如图 9-1 所示。

图 9-1

到目前为止已经能够完成网页的页面布局和重构，也能做出精彩的页面效果，但是做出来的依旧是静态网页，下一步需要将网页和数据库链接起来，那么就需要用到后台的语言，为了 Web 而生的 PHP 语言自然成为首选。

下一章将带领大家一起进入 PHP 的世界！

第 2 部分　全栈之 PHP+MySQL

　　从用户角度来看一个产品，分为两部分，一部分是直接和用户接触的部分，称为前端；另一部分是用户不能直观感知的部分，称为后台。从编程角度来看，一部分工作是要编写用户体验良好的界面和用户使用流畅合理的交互逻辑，称为前端；另一部分是要处理用户需要的数据和业务逻辑，称为后台。无论从哪个方面看，一个完成的互联网产品都需要前端和后台两部分结合。而前端和后台架构起了整个互联网应用的骨架。所以前端和后台无论在开发方面，还是在应用方面都必不可分。随着整个互联网应用的功能多样化、结构复杂化，需要编程人员具备更高的素质和更广的知识面，应对产品开发中的每一个技术环节都了然于胸，所以全栈工程师应运而生。

　　作为一个前端工程来说，向后台进军显然是不太容易的。开发人员需要掌握新的语言，需要掌握不同于前台的编程思想，需要和数据打交道。但是幸好 Node.js 的诞生，帮我们大大降低了进入后台的门槛。但是 Node.js 作为一个新秀，它天然地继承了大部分语言的精髓，所以入门相对较难，故先从 PHP 这个简单、优秀的语言说起，让读者先明白一个应用的前后台的架构模式和编程思想，然后再学习 Node.js。

　　本部分内容并不是本书的重点，但起着承前启后的作用，既能整合前面前端的内容，又能理清后面 Node.js 的编程思想，同时读者还能再掌握一门语言。需要说明的是，本书虽然不会对 PHP 做更加细致的讲解，但是本章涉及的 PHP 内容，仍然是精简和精辟的。我们将会以实际项目开发的思路带领读者写一个自己的 MVC 框架，既能熟悉 PHP 语法，又能了解 PHP 的主流编程思想，同时还能掌握现在流行的一些架构模式。

第 10 章

PHP 基础

本章主要内容

- **PHP 的使用**
- **PHP 的数据类型**
- **PHP 的变量**
- **PHP 的常量**
- **PHP 的表达式、运算符和流程控制**
- **PHP 的函数**
- **PHP 的类与对象**
- **PHP 使用 PDO 连接数据库**

从本章开始，将进入后台语言的学习，掌握一门后台语言是从前端工程师迈向全栈工程师的关键一步。这里，笔者选取了 PHP 语言作为入门的语言来进行讲解。PHP 语法简单明了，编程模式更符合程序员的思维习惯，同时经过多年的发展，它又包含了许多非常优秀的模块，可以让工程师快速处理 Web 开发中的常见问题。本章将学习 PHP 语言的基础语法和 Web 开发的基本概念，扎实掌握本章内容，可在后续的 Web 框架开发中做到游刃有余。

10.1　PHP 的使用

到现在为止，我们已经可以制作一些静态页面并在本地打开预览，但是这离制作一个完整的网站还有很远的距离。制作一个完善的网站需要了解一些网站运行的必要环境。首先需要安装一个集成开发环境——WAMP，这里 W 代表 Windows，A 代表 Apache，M 代表 MySQL，P 代表 PHP。

这里的重点是 Apache 软件，它通常被称为 Web 服务器，其主要功能是回应通过网络发送过来的请求。在理解这句话之前先回顾一下浏览器的主要功能，浏览器的主要功能可以概括为以下 3 点：

1）通过网络发送请求。

2）接收网络上发送给它的回应。

3）根据回应的内容进行对应的操作。

那么浏览器会在什么情况下发送请求呢？

1）用户输入网址并按〈Enter〉键（主动）。

2）用户单击 a 链接有可能发起请求（主动）。

3）用户提交表单有可能会发起请求（主动）。

4）浏览器在绘制 HTML 的过程中，当碰到"<link>""<src>"等标签时会自动发起请求（自动）。

5）浏览器在解析 CSS 的过程中，碰到"background:url()""src:url()"会自动发起请求（自动）。

6）浏览器在解释 JS 的过程中有可能自动发起请求。

浏览器发出去的请求是什么?是一堆字符串，例如：

```
GET /a.html HTTP/1.1
Host: 192.168.4.147
Accept:text/html,application/xhtml+xml,application/xml;q=0.9,image/
webp,*/*;q=0.8
```

服务器发回来的回应是什么?也是一堆字符串，例如：

```
HTTP/1.1 200 OK
Server: Apache/2.2.29 (Unix) mod_wsgi/3.5 Python/2.7.10 PHP/5.6.10
mod_ssl/2.2.29 OpenSSL/0.9.8zh DAV/2 mod_fastcgi/2.4.6 mod_perl/2.0.9 Perl/ v5.22.0
Content-Type: text/html
<html>
<head>
<link rel="stylesheet" href="index.css">
</head>
<body>
<h1>this is header</h1>
</body>
</html>
```

浏览器和服务器都认识这样的字符串，因为这两段字符的书写规则遵循了大名鼎鼎的 HTTP（即超文本传输协议）。浏览器收到字符串之后会根据"Content-Type"做出相应的动作，如果"Content-Type"为"text/html"，则浏览器会绘制相应的 HTML 页面。如果是"text/css"，浏览器会用这段字符串来协助页面的排版。

作为前端工程师，代码寄存在服务器上，当用户有请求时，Apache 会把字符通过网络发送到用户的浏览器上，接下来代码将指挥用户的浏览器做渲染，从而达到传达信息的目的。

PHP 是在什么情况下出现的?这要从 Apache 的一个配置说起，在 WAMP 这个开发环境中，当浏览器请求的资源是一个 PHP 文件时，Apache 不会把 PHP 文件的内容发回去，如果发回去，那么用户看到的就是 PHP 代码而不是 HTML 页面了。Apache 会把 PHP 文件当成一段程序去运行，程序运行一般都有输出，Apache 拿到这个输出，通过网络把这个输出发回浏览器。

开发网站时一般都会用到单入口文件的设计，就是浏览器能看到的所有内容都是由一个 PHP 文件（如 index.php 程序）的运行结果决定的。我们在整个框架中要完成路由、数据库连接、调试等功能。开发这样的一个框架需要工程师深入了解 PHP 语言。

首先从 PHP 标记开始说起，<?php ?>称为一个 PHP 标记。如果文件内容是纯 PHP 代码，则在文件末尾删除 PHP 结束标记。这样可以避免在 PHP 结束标记之后意外加入了空格或换行符，从而导致 PHP 开始输出这些空白，而脚本中此时并无输出的意图。

示例:

```php
<?php
echo "Hello world";
echo "Last statement";
// 脚本至此结束并无 PHP 结束标记
```

PHP 既可以作为一个独立的程序运行，同时也可以嵌套到 HTML 页面中执行。下面的示例列举了一个 PHP 嵌入到 HTML 页面中执行的情况。

index.html 文件:

```html
<html>
<head>
  <meta charset="utf-8">
</head>
<body>
<?php if ($expression == true): ?>
  This will show if the expression is true.
<?php else: ?>
  Otherwise this will show.
<?php endif; ?>
</body>
</html>
```

index.php 文件:

```php
<?php
```

```
$expression = true;
include(realpath('./').'/index.html');
```

使用 include 关键字引入 index.html 文件时，嵌入在 index.html 页面中的 PHP 代码会自动解析执行。这样的功能搭配循环就能在页面中展示列表以及其他从数据库中检索出的信息。

10.2 PHP 的数据类型

PHP 中的数据类型和 JavaScript 中有很多相似的地方，实际上脚本语言的基础部分差距并不是很大，限于篇幅不做详细介绍了，读者可以参考前面章节中 JavaScript 的数据类型来理解 PHP 中的数据类型。

PHP 目前支持 8 种数据类型。

（1）4 种标量类型

1）boolean——布尔型。

2）integer——整型。

3）float——浮点型，也称作 double。

4）string——字符串。

（2）两种复合类型

1）array——数组。

2）object——对象。

（3）两种特殊类型

1）resource——资源。

2）null——无类型。

以上列举的数据类型，除了 resource，其余在 JavaScript 中都接触过。resource 是一种特殊类型的数据，这种数据类型一般代表了到另外一个资源的链接，向这样的数据类型中赋值或操作会触发一些多余的动作，如发起一次和数据库的连接并获取结果。

下面的示例中列举了以上数据类型的基本使用方法。

```php
<?php
// 字符串连接
$num = 12.8;
$string = "this is world".$num;
// 在双引号中使用变量
$world = "world";
$hello = "hello {$world}";
// 转义特殊字符
$class_name = "\\\name";
echo $class_name;

// 数组
$array = array(
```

```
        "foo" => "bar",
        "bar" => "foo",
        100   => -100,
        -100  => 100,
    );
    var_dump($array['foo']);
    unset ($array[100]);
    $array["x"] = 42;

    // 没有键名的索引数组
    $array = array("foo", "bar", "hallo", "world");
    var_dump($array);

    // 数据遍历
    foreach ($array as $key => $value) {
      var_dump($key, $value);
    }

    // 类和对象
    class foo
    {
        function do_foo()
        {
            echo "Doing foo.";
        }
    }

    $bar = new foo;
    $bar->do_foo();
    ?>
```

以下是一些和类型相关的函数:

1）函数 gettype()可以得到变量的类型。

2）函数 is_[type]()可以用来判断某个变量是否是某个类型。

3）函数 var_dump()会输出变量的类型和值。

4）函数 boolean()可以用来实现其他数据类型到布尔值的转换，当转换为布尔值时，以下值被认为是 false:

① 布尔值 false 本身。

② 整型值: 0。

③ 浮点型值: 0.0。

④ 空字符串以及字符串"0"。

⑤ 不包括任何元素的数组。

⑥ 不包括任何成员变量的对象（仅 PHP 4.0 适用）。

⑦ 特殊类型: null，以及尚未赋值的变量。

⑧ 从空标记生成的 SimpleXML 对象。

除以上情况其他均为 true。

另外，还有一些和数据类型相关的注意事项：

1）PHP 中没有整除的运算符。1/2 产生出 float 0.5。值可以舍弃小数部分，强制转换为整型或者使用函数 round() 进行四舍五入。

2）要使用八进制表达数字前必须加上 0；要使用十六进制表达数字前必须加上 0x；要使用二进制表达数字前必须加上 0b。

3）一个字符串 string 就是由一系列的字符组成的，其中每个字符等同于一个字节。

4）resource 类型资源是一种特殊变量，它保存了到外部资源的一个引用。可以用函数 is_resource() 测定一个变量是否是资源函数，函数 get_resource_type() 可以返回该资源的类型。

5）null 值表示一个变量没有值。null 类型唯一可能的值就是 null。在以下情况中变量被认为是 null：①被赋值为 null；②尚未被赋值；③被方法 unset() 删除的变量。

6）一些函数，如 call_user_func() 或 usort()，可以接收用户自定义的回调函数作为参数。回调函数不仅可以是简单函数，还可以是对象的方法，包括静态类方法。

10.3　PHP 的变量

PHP 变量的作用域为块级作用域，一对 {} 会阻挡变量的影响范围。这一点和 JavaScript 默认的函数作用域有很大区别，在书写 PHP 代码的过程中要注意。另外，PHP 中默认情况下，在函数内部不能访问外部变量，这一点也需要特别注意。

在 PHP 中，全局变量在函数中使用时必须声明为 global，示例如下：

```php
<?php
$a = 1;
$b = 2;

function Sum()
{
    global $a, $b;
    $b = $a + $b;
}

Sum();
echo $b; // 得到的值为 3
```

如果在 PHP 中不想像上例那样在函数内部使用全局变量，则可以使用静态变量，示例如下：

```php
<?php
function fac($number)
{
    // 声明$sum 为静态变量，相当于在本函数内部的全局变量
```

```php
// 在递归调用的过程中，$sum 的值会保留而不是每次重新赋值为 0
static $sum = 0;
echo $sum . "\n";

if ($number == 0) {
  $sum += $number;
  return 1;
} else {
  $sum += $number;
  return $number * fac($number - 1);
  }
}
echo fac(4);
```

本节的重点内容是预定义变量，以下为常用的预定义变量。

1）$_SERVER：以数组的形式结构化地存储了用户发送过来的 HTTP 请求字符串以及一些和服务器相关的信息。

2）$_GET：以数组的形式结构化地存储了用户通过 GET 方式发送的查询字符串。

3）$_POST：以数组的形式结构化地存储了用户通过 POST 方式发送的数据。

4）$_COOKIE：以数组的形结构化地存储了用户发送过来的 HTTP 请求中的 Cookie 信息。

5）$_SESSION：以数组的形式结构化地存储了用户定义的 session 信息。

6）$_FILES：以数组的形式结构化地存储了用户发送的文件信息。

7）$_REQUEST：统一了 $_GET 和 $_POST 以及 $_COOKIE。

这些预定义变量都是在编程过程中必须使用的一些变量，在后续的例子中会做进一步阐述。

10.4　PHP 的常量

常量是一些在程序运行过程中不会变化的值。PHP 向它运行的任何脚本提供了大量的预定义常量。很多常量都是由不同的扩展库定义的，只有加载了这些扩展库时才会出现。了解这一点可以在编程时尽量使用已定义的常量来获取信息，而不是自己定义常量。根据程序的具体情况，如果需要自定义常量，可以使用以下语法：

```php
<?php

// 合法的常量名
define("FOO", "something");
define("FOO2", "something else");
define("FOO_BAR", "something more");

// 非法的常量名
define("2FOO", "something");
```

```
// 下面的定义是合法的，但应该避免这样做（自定义常量不要以__开头）
// 也许将来有一天 PHP 会定义一个 __FOO__ 的魔术常量
// 这样就会与自定义的代码相冲突
define("__FOO__","something");
```

在不引入其他库的情况下，PHP 中的常用预定义常量包括：

1）__DIR__：当前脚本运行所在的目录。

2）__FILE__：当前运行脚本的文件名。

3）__METHOD__：当前运行函数的名字。

4）__NAMESPACE__：当前脚本的命名空间。

通常自己开发类时会定义一些常量，以便在不同的方法中使用，示例如下：

```php
<?php
class System {
  const OS_UNKNOWN = 1;
  const OS_WIN = 2;
  const OS_LINUX = 3;
  const OS_OSX = 4;

  /**
   * @return int
   */
  static public function getOS() {
    switch (true) {
      case stristr(PHP_OS, 'DAR'): return self::OS_OSX;
      case stristr(PHP_OS, 'WIN'): return self::OS_WIN;
      case stristr(PHP_OS, 'LINUX'): return self::OS_LINUX;
      default : return self::OS_UNKNOWN;
    }
  }
}
```

合理的常量定义能显著增加代码的可读性。在书写 PHP 代码的过程中要尽量避免直接使用魔术数字，应该采用定义变量的方式来完成同样的功能。

10.5 PHP 的表达式、运算符和流程控制

1．表达式

和 JavaScript 中的表达式一样，我们把任何可求值的子语句称为表达式。示例如下：

```
$a = 1; // 1 为表达式，$a 为表达式
$a + 2; // $a + 2 为表达式
```

理解表达式的概念对调试代码有极大的帮助，在调试代码的任意时刻，通过输出特定情

况下的某个表达式的值，通常能帮助程序员快速定位和解决问题。

2．运算符

PHP 中的运算符包含了正常的算数运算符和逻辑运算符，同样也包含常用的三元表达式等。这一部分和 JavaScript 或类似的其他语言区别不大，限于篇幅这里不做详细阐述。

3．流程控制

PHP 中的流程控制也是非常传统的语法，只有当 PHP 代码嵌入到 HTML 页面中执行时稍有不同。当 PHP 代码嵌入到 HTML 页面中执行时，所有的正常流程控制都有了其替代语法，这部分是读者需要重点关注的。流程控制的替代语法包括 if、while、for、foreach 和 switch。替代语法的基本形式是把左花括号"{"换成冒号":"把右花括号"}"分别换成 endif;、endwhile;、endfor;、endforeach; 和 endswitch;。

以下为示例代码：

```
<body>
<?php if ($a == 5): ?>
    A is equal to 5
<?php endif; ?>
</body>
```

另外几个也和流程控制相关的关键字在这里也进行说明：

require、include、require_once、include_once，这 4 个关键字都可以引用一个路径来达到把一个文件引入到当前上下文来执行的能力，如果引用的文件是 HTML 文件，则 PHP 还会同时解析其中存在的 PHP 代码。

require 和 include 几乎一样，只是处理失败的方式不同。require 在出错时产生 E_COMPILE_ERROR 级别的错误。换句话说，将导致脚本终止。而 include 只产生警告 E_WARNING，脚本会继续运行。

require_once 语句和 require 语句基本相同，唯一区别是 PHP 会检查该文件是否已经被包含过，如果是则不会再次包含。

10.6 PHP 的函数

PHP 中正常的函数使用示例如下：

```
<?php
function foo($arg_1, $arg_2, $arg_n)
{
    echo "Example function.\n";
    return $retval;
}
foo() //调用表达式的值为函数的返回值
```

默认情况下，函数参数通过值传递，因而即使在函数内部改变参数的值也不会改变函数外部的值。如果希望允许函数修改它的参数值，则必须通过引用传递参数来实现。

以下为示例：

```php
<?php
// 传参时需要加 "&"
function add_some_extra(&$string)
{
    $string .= 'and something extra.';
}
$str = 'This is a string, ';
add_some_extra($str);
echo $str;  // $str 的值会发生变化
?>
```

在函数中也可以使用默认参数，以下为示例：

```php
<?php
function makecoffee($type = "cappuccino")
{
    return "Making a cup of $type.\n";
}
echo makecoffee();
echo makecoffee(null);
echo makecoffee("espresso");
?>
```

另外，也可以限制函数参数的类型，以下为示例：

```php
<?php
class C {}
class D extends C {}

// 并没有继承 C
class E {}
// 参数前的 C 代表该参数的类型被限制为 C 类的实例
function f(C $c) {
    echo get_class($c)."\n";
}

f(new C);
f(new D);
f(new E); // 这里会报错，因为 E 并不是 C 的实例
?>
```

　　PHP 支持可变函数的概念。这意味着如果一个变量名后有圆括号，则 PHP 将寻找与变量的值同名的函数并且尝试执行它。可变函数可以用来实现回调函数和函数表等，同时也是单页面入口框架中将用到的核心方法。

　　可变函数不能用于 echo()、print()、unset()、isset()、empty()、include()、require()以及类似的语言结构。

下面是可变函数的示例：

```php
<?php
$method = "action";
function action()
{
  echo "foo";
}
// 可变函数
$method();// 这里会调用 action 函数
```

PHP 有很多标准的函数和结构。还有一些函数需要和特定的 PHP 扩展模块一起编译，否则在使用时就会得到一个"致命"的"未定义函数"错误。例如，要使用 image 函数中的 imagecreatetruecolor()，需要在编译 PHP 时加上 GD 的支持。或者要使用函数 mysql_connect()，就需要在编译 PHP 时加上 MySQL 的支持。有很多核心函数已包含在每个版本的 PHP 中，如字符串和变量函数。调用 phpinfo()或 get_loaded_extensions()可以得知 PHP 加载了哪些扩展库。同时，还应该注意很多扩展库默认就是有效的。

下面例举一些 PHP 的常用内置函数：

isset()、empty()、unset()、explode()、sub_str()、mb_sub_str()、in_array()、array_unique()、str_replace()。限于篇幅，内置函数的用途将在用到的地方以注释的形式介绍。这一节读者需要掌握的重点是函数的基本用法和可变函数的概念，为后续编写 PHP 框架打下坚实的基础。

10.7 PHP 的类与对象

PHP 中的类和 ES6 中引入的 class 语法基本一致，熟悉前端开发的读者可以快速类比学习本部分的知识，下面是一个示例：

```php
<?php
class simpleClass
{
  // public 代表可以在任何地方被访问
  public $var = 'a default value';

  // 类常量
  const pi = 3.1415926;

  // 在任何地方都可访问的一个方法
  public function displayVar()
  {
    //$this 同 JavaScritp 中的 this，当方法被调用时指向调用者
    echo $this->var;
  }
```

```
    }
    // 利用 new 关键字生成一个对象
    var simple = new simpleClass();

    // 继承上一个类
    class extendClass extends simplerClass
    {
      function displayVar()
      {
        echo "Extending class\n";
        //调用父类中的方法
        parent::displayVar();
      }
    }
```

1. 自动加载类

在 PHP 框架开发过程中有很多时候需要去 new 一个类，new 类之前需要先 include 类所在的文件，这样就会使整个开发过程变得烦琐。可以使用 spl_autoload_register 函数来实现类文件的自动引入。以下为示例：

```php
<?php
class core
{
  public static function load($name)
  {
    echo $name; // 会输出 "\core\lib\route"
    // include 对应的文件
  }
}
spl_autoload_register(core::load);
// 调用了一个不存在的类，spl_autoload_register 中指定的方法会被调用
// 类名 \core\lib\route 会作为参数传入 core::load 方法
new \core\lib\route();
```

2. 构造函数

PHP 类中的构造函数同 JavaScript 中的构造函数，构造函数会在 new 本类的时候调用，以下为示例：

```php
<?php
class core
{
  public $action = 'index';
  function __construct($action)
  {
```

```
      public $action = $action;
    }
}

class route extends core
{
  function __construct()
  {
    parent::__construct();
  }
}
$r = new route(); // 首先会调用 route 类的方法__construct()，该方法调用父类的
```
构造函数

3. 范围解析操作符

范围解析操作符也可称作 PAAMAYIM NEKUDOTAYIM，或者更简单地说是一对冒号，可以用于访问静态成员，类常量还可以用于覆盖类中的属性和方法。以下为示例：

```php
<?php
// 在类外部使用
class MyClass {
  const CONST_VALUE = 'A constant value';
}
$classname = 'MyClass';
// 自 PHP 5.3.0 起
echo $classname::CONST_VALUE;

echo MyClass::CONST_VALUE;

// 在类内部使用
class OtherClass extends MyClass
{
  // static 关键字是使用范围解析操作符的关键
  public static $my_static = 'static var';

  public static function doubleColon() {
    echo parent::CONST_VALUE . "\n";
    echo self::$my_static . "\n";
  }
}

$classname = 'OtherClass';
echo $classname::doubleColon(); // 自 PHP 5.3.0 起
OtherClass::doubleColon();
```

在 PHP 的类与对象的设计中还有几点需要注意：

1）PHP 对待对象的方式与引用和句柄相同，即每个变量都持有对象的引用而不是整个对象的复制。

2）属性声明是由关键字 public、protected 或 private 开头，然后跟一个普通的变量声明来组成。属性中的变量可以初始化，但是初始化的值必须是常数，这里的常数是指 PHP 脚本在编译阶段就可以得到其值而不依赖于运行时的信息才能求值。默认为 public。

3）对属性或方法的访问控制是通过在前面添加关键字 public、protected 或 private 来实现的。public 指公有类成员，protected 指受保护的类成员，private 指私有类成员。被定义为公有的类成员可以在任何地方被访问，被定义为受保护的类成员可以被其自身以及其子类和父类访问，被定义为私有的类成员则只能被其定义所在的类访问。

声明类属性或方法为静态，就可以不实例化类而直接访问。静态属性不能通过一个类已实例化的对象来访问，但静态方法可以，因为静态方法在一个命名空间里是唯一的。

4. 命名空间

在 PHP 中，命名空间用来解决在编写类库或应用程序时，创建可重用的代码（如类或函数）时碰到的两类问题：

1）用户编写的代码与 PHP 内部的类/函数/常量或第三方类/函数/常量之间的名字冲突。

2）为很长的标识符名称（通常是为了缓解第一类问题而定义的）创建一个别名或简短的名称以提高源代码的可读性。以下为示例：

```php
<?php
namespace my\name;

class MyClass {}
function myfunction() {}
const MYCONST = 1;

$a = new MyClass;
$c = new \my\name\MyClass;

$a = strlen('hi');

$d = namespace\MYCONST;

$d = __NAMESPACE__ . '\MYCONST';
echo constant($d);
```

在操作系统中，目录和文件系统的设计遵循了唯一性原则，即文件和目录是绝对唯一的，所以经常会使用文件所在的目录作为类的命名空间。

这一节主要学习了类和对象的一些基础知识，到这里为止就学完了 PHP 语法的基础部分。任何一门程序语言在学习完其基础部分之后，下一步就是学习它的应用领域。PHP 作为后台开发语言，其和 MySQL 组成的黄金组合是一个不得不提的事，下一节将学习 PHP 操作

MySQL 的相关知识。

10.8 PHP 使用 PDO 连接数据库

PHP 中内置了 MySQL API 和升级版的 MySQLI 以操作 MySQL，但不管是使用原生的 MySQL API 还是 MySQLi 都是有缺陷的，例如：

1）不支持事务机制。

2）仅支持 MySQL，不能使用其他数据库。

3）不安全，可能有注入风险。

4）不支持异常处理。

PHP 随后引入的 PDO（PHP Data Object，PHP 数据对象）扩展通过以下方式巧妙地解决了上述问题：

1）PDO 使用 DSN 连接，支持众多类型的数据库，如 MySQL、PostgreSQL、Oracle 和 SQL Server 等。

2）PDO 扩展类库为 PHP 访问数据库定义了轻量级的、一致性的接口，它提供了一个数据库访问抽象层。这样，无论使用什么数据库，都可以通过一致的函数执行查询和获取数据。

3）PDO 大大简化了数据库的操作，并能屏蔽不同数据库之间的差异，使用 PDO 可以很方便地进行跨数据库程序的开发，以及不同数据库间的移植，是将来 PHP 在数据库处理方面的主要发展方向。

以下为使用 PDO 的示例，其中用到的 SQL 语句会在下一章阐述。

```php
<?php
$db = array(
  'dsn' => 'mysql:host=localhost;dbname=test;port=3306;charset=utf8',
  'host' => 'localhost',
  'port' => '3306',
  'dbname' => 'yarn',
  'username' => 'root',
  'password' => 'root',
  'charset' => 'utf8',
);

//连接
$options = array(
  //默认是 PDO::ERRMODE_SILENT, 0（忽略错误模式）
  PDO::ATTR_ERRMODE => PDO::ERRMODE_EXCEPTION,
  // 默认是 PDO::FETCH_BOTH, 4
  PDO::ATTR_DEFAULT_FETCH_MODE => PDO::FETCH_ASSOC,
);
```

```php
try{
    $pdo = new PDO($db['dsn'], $db['username'], $db['password'], $options);
}catch(PDOException $e){
    die('数据库连接失败:' . $e->getMessage());
}

//设置异常处理方式
//$pdo->setAttribute(PDO::ATTR_ERRMODE, PDO::ERRMODE_EXCEPTION);
//设置默认关联索引遍历
//$pdo->setAttribute(PDO::ATTR_DEFAULT_FETCH_MODE, PDO::FETCH_ASSOC);

echo '<pre/>';

//1. 查询

// (1) 使用 query
//返回一个 PDOStatement 对象
$stmt = $pdo->query('select * from user limit 2');

//从结果集中获取一行
//$row = $stmt->fetch();
//获取所有
$rows = $stmt->fetchAll();

$row_count = $stmt->rowCount();
//print_r($rows);

echo '<br>';

// (2) 使用 prepare
$stmt = $pdo->prepare("select * from user where name = ? and age = ? ");
$stmt->bindValue(1,'test');
$stmt->bindValue(2,22);
//执行一条预处理语句，成功时返回 TRUE，失败时返回 FALSE
$stmt->execute();
$rows = $stmt->fetchAll();
print_r($rows);

//2. 新增、更新、删除
// (1) 普通操作
//$count    =    $pdo->exec("insert into user(name,gender,age)values
('test',2,23)");
//echo $pdo->lastInsertId();
```

```php
//$count = $pdo->exec("update user set name='test2' where id = 15");
//$count = $pdo->exec("delete from  user where id = 15");

// （2）使用 prepare
/*
$stmt=$pdo->prepare("insert into user(name,gender,age)values(?,?,?)");
$stmt->bindValue(1, 'test');
$stmt->bindValue(2, 2);
$stmt->bindValue(3, 23);
$stmt->execute();
*/

// （3）使用 prepare 批量新增
$stmt=$pdo->prepare("insert into user(name,gender,age)values(?,?,?)");
$stmt->bindParam(1, $name);
$stmt->bindParam(2, $gender);
$stmt->bindParam(3, $age);

$data = array(
  array('t1', 1, 22),
  array('t2', 2, 23),
);

foreach ($data as $vo){
  list($name, $gender, $age) = $vo;
  $stmt->execute();
}
//3. PDO 事务

<?php
//开启事务处理
$pdo->beginTransaction();

try{
  //PDO 预处理以及执行语句
  $pdo->commit();
}catch(PDOException $e){
  $pdo->rollBack();

  //相关错误处理
  throw $e;
}
```

　　PDO 使用便捷、方便，在了解了这些基础知识之后，下一步再学习 MySQL 相关的知识，就可以开始着手编写属于自己的 PHP 框架了，并使用这个框架来制作完善的网站。

第 11 章

MySQL 基础

本章主要内容

- MySQL 简介
- 检索数据
- 排列数据
- 过滤数据
- 计算字段
- 使用函数
- 分组数据
- 联结表
- 插入数据
- 更新和删除数据
- 创建和操作表
- 使用视图

　　本章主要介绍 MySQL 中必知必会的一些语句用法，包含各种增、删、改、查语句。以一个玩具经销商的订单录入系统为例，让读者不仅能掌握 MySQL 的基本语法，还能了解数据库设计的相关知识。数据库是 Web 应用的数据结构，是 Web 开发中非常重要的一部分，读者应多动手操作才能更好地掌握这一部分的知识。

11.1　MySQL 简介

数据库可看作一个电子化的文件柜——存储电子文件的处所，用户可以对文件中的数据运行新增、截取、更新、删除等操作。正是因为数据库的存在，让我们在 Web 开发中编写业务逻辑时可以极少地考虑数据结构的问题，专注于制造完美的产品。

在学习数据库之前一些术语。

1）数据库：数据库是一个以某种有组织的方式存储的数据集合（通常是一个文件或一组文件）。

2）表：表是一种结构化的文件，可以用来存储某种特定类型的数据，表在数据库中是唯一的。

3．模式：表具有一些特性，这些特性定义了表在数据库中如何存储，包括存储什么样的数据、数据如何分解、各部分信息如何命名等，描述表的这组信息就是模式。

4．列：表中的一个字段，所有表都是由一个或多个列组成的。

5．数据类型：每个表列都有相应的数据类型，它限制该列中存储的数据。

6．行：表中的一个记录，有时也被称为一条记录。

7．主键：表中的每一行都应该有一列或几列可以唯一标识自己，每个表都应该有主键，方便更新和删除表中特定的行，满足以下要求的表中的任何列都可以作为主键。

① 任意两行不具有相同的主键值。

② 每一行必须具有一个主键值。

③ 主键列中的值不允许修改和更新。

④ 主键值不能重用（如果某行从表中删除了，则其主键不能赋值给新增的行）。

8）SQL：全称是 Strctured Query Language，即结构化查询语言，它是一门和数据库沟通的语言，不同于一般的程序语言，SQL 中只有很少的关键字。另外，SQL 也不是某个特定数据库供应商专有的语言，它简单易学，灵活使用 SQL 可以进行非常复杂和高级的数据操作。

11.2　检索数据

查询语句用来从数据库中检索数据，在所有的应用中，查询语句所占的比例都是最大的。下面先创建一个数据库，方便测试查询语句。

读者可以通过 WAMP 集成开发环境打开 localhost 或 phpMyAdmin，然后在默认的 test 数据库中完成测试。如果没有 test 数据库，请自行创建。

在 test 数据库中创建下列表格，用来支持一个玩具经销商的订单录入系统。

1. Vendors 表

Vendors 表用于存储销售产品的供应商，创建代码如下。

```
DROP TABLE IF EXISTS Vendors;
CREATE TABLE Vendors
(
```

```
vend_id INT(12)NOT NULL PRIMARY KEY AUTO_INCREMENT,
vend_name VARCHAR(255) NOT NULL,
vend_country VARCHAR(255) NOT NULL ,
vend_provice VARCHAR(255) NOT NULL ,
vend_city VARCHAR(255) NOT NULL ,
vend_address VARCHAR(255) NOT NULL ,
vend_zip VARCHAR(255) NOT NULL
)ENGINE=InnoDB DEFAULT CHARSET=utf8;
```

2. Products 表

Products 表中包含所有的产品，每行代表一个产品，创建代码如下。

```
DROP TABLE IF EXISTS Products;
CREATE TABLE Products
(
prod_id INT(12)NOT NULL PRIMARY KEY AUTO_INCREMENT,
vend_id INT(12)NOT NULL ,
prod_name VARCHAR(255) NOT NULL ,
prod_price VARCHAR(255) NOT NULL ,
prod_desc VARCHAR(255) NOT NULL,
FOREIGN KEY (vend_id)
    REFERENCES Vendors(vend_id)
)ENGINE=InnoDB DEFAULT CHARSET=utf8;
```

3. Customers 表

Customers 表中存储所有的顾客信息，每行代表一个顾客，创建代码如下。

```
DROP TABLE IF EXISTS Customers;
CREATE TABLE Customers
(
cust_id INT(12)NOT NULL  PRIMARY KEY AUTO_INCREMENT,
cust_name VARCHAR(255) NOT NULL ,
cust_address VARCHAR(255) NOT NULL ,
cust_city VARCHAR(255) NOT NULL ,
cust_provice VARCHAR(255) NOT NULL ,
cust_zip VARCHAR(255) NOT NULL ,
cust_county VARCHAR(255) NOT NULL ,
cust_contact VARCHAR(255) NOT NULL ,
cust_email VARCHAR(255) NOT NULL
)ENGINE=InnoDB DEFAULT CHARSET=utf8;
```

4. Orders 表

Orders 表用于存储顾客订单，创建代码如下。

```
DROP TABLE IF EXISTS Orders;
CREATE TABLE Orders
(
```

```
order_num INT(12) NOT NULL PRIMARY KEY AUTO_INCREMENT,
order_date TIMESTAMP DEFAULT CURRENT_TIMESTAMP ,
cust_id INT(12) NOT NULL,
FOREIGN KEY (cust_id)
    REFERENCES Customers(cust_id)
)ENGINE=InnoDB DEFAULT CHARSET=utf8;
```

5. OrderItems 表

OrderItems 表中存储每个订单的实际物品，创建代码如下。

```
DROP TABLE IF EXISTS OrderItems;
CREATE TABLE OrderItems
(
order_item INT(12) NOT NULL PRIMARY KEY  AUTO_INCREMENT,
order_num INT(12) NOT NULL REFERENCES Orders(order_num),
prod_id INT(12) NOT NULL REFERENCES Products(prod_id),
quantity INT(12) NOT NULL ,
item_price FLOAT(12) NOT NULL ,
FOREIGN KEY (order_num)
  REFERENCES Orders(order_num),
FOREIGN KEY (prod_id)
  REFERENCES Products(prod_id)
);
```

上述 SQL 语句中的一些用法会在后文中做介绍，读者可以先把上述数据表录入自己的数据库。利用 phpMyAdmin 的插入功能添加一些测试数据，随后来完成各种语句的使用。

以下为两个从数据库中检索数据的语句，读者可以书写这些语句到 phpMyAdmin 的 SQL 选项卡，单击执行，查看运行结果。

```
-- 查询所有产品结果中包含指定的 3 个字段
SELECT prod_name, prop_id, prod_price FROM products;
-- 查询所有产品结果中包含所有字段
SELECT * FROM products;
```

根据实际的工程使用经验，书写 SQL 语句时应注意以下几点：
1）使用换行书写的方式更易于调试。
2）以分号结束每条语句。
3）不区分字母大小写，但建议大写关键字。

11.3　排列数据

很多时候需要对查询结果进行排序，如检索最新的订单就需要根据录入的 id 的反序来排列。有时还需要对检索数据的条数以及开始位置进行一些限制，如只检索一页数据的前 10 条。大家在 Web 应用中也经常会看到分页的功能，要完成分页仅靠一次检索 10 条数据是不能完成的，需要从指定位置开始检索，如从数据库中第 5 条记录开始再取 5 条数据。以下为实现这些功能的示例：

```
SELECT prod_name
FROM products
LIMIT 5 OFFSET 5  -- 从第5行起的5行数据
ORDER BY prod_name DESC, prod_price
-- 先按照名字排序，然后从相同（严格相同）名字中再按价格排序
-- 对输出进行排序(ORDER BY 子句要保证是最后一条子句)
-- DESC
-- 默认按照升序排列，指定了 DESC 则按照降序排列
```

读者可以自己尝试对其他的表进行同样的操作。

11.4 过滤数据

通过查询语句已经可以相对灵活地得到想要的数据结果集，假设现在需要找到所有价格在 5～10 之间的商品，这样的需求仅用 OFFSET、LIMIT 和 ORDER BY 就不能完成了。SQL 语句提供了强大的过滤数据的功能，可以帮助解决类似的需求，示例如下：

```
SELECT prod_name,prod_price
FROM Products
WHERE prod_price = 3.49;
--从商品表中检索价格等于3.49商品
WHERE prod_price BETWEEN 5 AND 10;
从商品表中检索价格在5～10之间的商品
WHERE prod_name = 'apple iphone 5'
--从商品表中检索商品名字为 apple iphone 5 的产品。注意，如果将值与字符串类型的列进
行比较，就需要加上引号
```

在以上的 SQL 语句中使用了=、BETWEEN、AND 等操作符，在 SQL 中这样的操作符有很多，具体如下：

1）=表示等于。

2）<>表示不等于。

3）!=表示不等于。

4）<表示小于。

5）<=表示小于等于。

6）!<表示不小于。

7）>表示大于。

8）>=表示大于等于。

9）!>表示不大于。

10）BETWEEN 表示在指定的值之间。

11）IS NULL 表示为 NULL 值。

通过这些操作符并结合 WHERE 语句就能更精准地检索需要的数据，但是现实应用的需求往往非常复杂。WHERE 语句有局限性，并不能满足所有的需求，下面介绍 SQL 提供的高

级数据过滤功能。

1. 高级过滤数据

考虑以下场景：需要检索 iphone 系列产品中价格小于 120 的数据，可以使用以下 SQL
语句：

```
-- 组合 where 子句
SELECT prod_name,prod_price
FROM products
WHERE prod_name = 'iphone'
AND prod_price < 120;
```

通过 AND 连接两个 WHERE 条件的情况称为组合 WHERE 子句，组合时需要注意优先
级，AND 比 OR 拥有更高的优先级，可以使用括号限制优先级，以下为使用括号的示例：

```
SELECT prod_name,prod_price
FROM products
WHERE
( prod_name = 'iphone' OR prod_vendor = 'DELL' )
AND prod_price < 120;
```

另外也可以使用 IN 条件非常高效地检索一组符合自己定义的规则的数据，以下为
示例：

```
-- 检索所有 vend_id 为 dell01 或 brs01 的数据
SELECT prod_name,prod_price
FROM Products
WHERE vend_id IN ('dell01','brs01');
```

使用 IN 条件的优点：

1）当合法选项较多时，IN 操作符更清楚直观。

2）与 AND 和 OR 操作符组合使用 IN 时，求值顺序容易管理。

3）IN 比一组 OR 执行更快。

4）IN 可以包含其他 SELECT 语句。

以下为 IN 与 NOT 的配合，这条 SQL 语句可以快速检索出不在自定义列表中的数据。

```
SELECT prod_name,prod_price
FROM Products
WHERE NOT vend_id IN ('dell01','brs01');
```

2. 用通配符进行过滤

SQL 中提供了一个非常强大的通配符过滤功能，一些小型的全文检索就可以利用通配符
功能来实现，但是通配符的效率不高，在一些需要高效率的使用场景中应尽量换用其他方式
来完成。示例如下：

```
SELECT  *
FROM Products
```

```
WHERE prod_name
-- %代表 Fish 之后的任意字符
-- LIKE 'Fish%';
LIKE '%Fish%'; -- 包含 Fish
LIKE 'b%@qq.com' --  找特定格式的电子邮件地址
LIKE '_____@qq.com' -- _代表一个字符
```

关于通配符的使用需要注意以下两点:

1)不要过度使用通配符。

2)在确实需要使用通配符的场景中,不要把它用在搜索模式的开始处。

11.5 计算字段

SQL 中提供了计算字段功能,主要用解决的问题为:存储在数据库表中的数据不一定是应用程序所需要的格式,例如:

1)需要公司名和公司地址,但这两个信息在不同的表中。

2)城市省和邮政编码存储在不同的列中,但前台程序需要一个合并起来的格式。

3)列数据是大小写字母混合的,但前台需要大写数据。

4)订单表存储了物品的价格和数量,但没有总价。

5)需要根据表数据计算总数平均数。

对于这样的转换和格式化工作其实也可以直接在客户端完成,不过在服务器上完成会更快。以下为利用了计算字段特性的 SQL 语句示例:

```
-- AS 关键字可以创建一个别名,有时也叫导出列
-- 把名字和国家连接在一起,用一个叫作 vend_title 的字段输出
SELECT  vend_name + ' (' + vend_coutry + ')' AS vend_title
FROM products
ORDER BY vend_name
-- 直接利用 SQL 语句计算价格
SELECT prod_id,quantity,item_price, quantity * item_price AS expanded_
price
FROM OrderItems
WHERE order_num = 20008;
```

11.6 使用函数

利用原始的计算字段能完成的工作还是比较有限的。SQL 中提供了很多函数让开发人员能做更多的字段操作,这些函数主要分为以下几个类型:

1)处理文本字符串。

2)处理数值数据。

3)处理日期和时间。

4)系统函数。

下面是各类型函数的示例：

```
-- 常用的字符处理函数有 UPPER、LEFT、LENGTH、LEN、LOWER、LTRIM、RTRIM、SOUNDEX
SELECT vend_name , UPPER(vend_name) AS vend_name_upcase
FROM Vendors
ORDER BY vend_name
-- 日期函数 DATEPART 可以转换 date 类型的数据为指定的格式
-- 下例中会把订单的日期转换为年份
SELECT order_num
FROM Orders
WHERE DATEPART(yy, order_date) = 2012;
```

MySQL 中常用数值处理函数如下：

1）AVG()——返回某列的平均值。

2）COUNT()——返回某列的行数。

3）MAX()——返回某列的最大值。

4）MIN()——返回某列的最小值。

5）SUM()——返回某列值之和。

以上 5 种函数都可以搭配 DISTINCT 参数，示例如下：

```
SELECT AVG(prod_price) AS avg_price
FROM Products

SELECT AVG(DISTINCT prod_price) AS avg_price
FROM Products
WHERE vend_id = 'DLL01';

SELECT COUNT(*) AS num_counts
FROM Products;

SELECT MIN(prod_price) AS min_price
FROM Products;

SELECT SUM(quantity) AS items_ordered
FROM OrderItems
WHERE order_num = 20005;
```

不同的函数之间可以组合，示例如下：

```
SELECT
COUNT(*) AS num_items,
MIN(prod_price) AS price_min,
MAX(prod_price) AS price_max,
AVG(prod_price) AS price_avg
FROM
Products
```

因为 SQL 本身只是规范,在各种各样具体的 SQL 实现中,有的函数可能并不存在或者用法有区别,所以在使用 SQL 中的函数时要注意兼容性问题,如果使用函数,则一定要做详细的注释。

11.7　分组数据

分组数据也是 SQL 中的一个重要功能。考虑以下应用场景:需要计算产品表中每一种商品各有多少个。此时可以使用 SQL 中的 GROUNP BY 进行快速计算。示例如下:

```
SELECT vend_id, COUNT(*) AS num_prods
FROM Products
GROUP BY vend_id
```

使用 GROUP BY 时需要注意以下几点:

1)GROUP BY 子句可以包含任意数目的列,因而可以对分组进行嵌套,进行更细致的分组。

2)如果在 GROUP BY 子句中嵌套了分组数据,将在最后指定的分组上进行汇总。

3)GROUP BY 子句中列出的每一列都必须是检索列或有效的表达式,不能是聚集函数。如果在 SELECT 中使用表达式,则必须在 GROUP BY 子句中指定相同的表达式,不能使用别名。

4)除聚集计算语句外,SELECT 语句中的每一列都必须在 GROUP BY 子句中给出。

5)GROUP BY 子句必须出现在 WHERE 子句之前、ORDER BY 子句之后。

示例:

```
-- 检索所有订单数量超过 2 的用户
SELECT cust_id , COUNT(*) AS orders
FROM Orders
GROUP BY cust_id
HAVING COUNT(*) >= 2;
```

上例中,WHERE 在数据分组前进行过滤,HAVING 在数据分组后进行过滤。再看一个示例:

```
-- 检索所有购买了两件价格大于 4 的用户
SELECT vend_id, COUNT(*) AS num_prods
FROM Products
WHERE prod_price >= 4
GROUP BY vend_id
HAVING COUNT(*) >= 2;
```

现在已经介绍了很多 SELECT 语句的子句,在使用这些子句时一定要注意书写它们的顺序,下面按照从上到下的书写顺序给出 SELECT 语句的写法:

```
SELECT   //要返回的列或表达式
FROM     //要检索的表,仅在从表中选择数据时使用
```

```
WHERE              //行级过滤
GROUP BY           //分组说明，仅在按组计算聚集时使用
HAVING             //组级过滤
ORDER BY           //输出排序顺序
```

　　了解以上检索数据的语句后，可以完成很大一部分的数据检索工作，但是很多时候，只在一张表中并不能得到全部需要的数据，这时就需要用到联结表。

11.8　联结表

　　联结表在实际应用中会被大量使用，搭配后文介绍的视图功能，可以让应用程序变得非常简洁。合理地使用联结表的技巧能快速构建大型应用。

　　考虑以下应用场景：同一供应商生产多种物品，供应商名、地址、联系方式和商品会分开存储，但是应用中需要集中展示这些信息。那为什么不把它们集中存储呢？主要是基于以下几方面的考虑：

　　1）对每个产品重复供应商信息浪费时间和空间。

　　2）供应商信息发生变化只需修改一次。

　　3）相同的数据不应该出现多次。

　　在以上的应用场景下，把数据分开存储之后，在检索时就需要使用联结了。下面为示例代码：

```
-- 检索供应商名字、产品名字、产品价格，需要同时从两张表中获取数据
-- 两张表按照供应商 id 联结在一起
SELECT vend_name,prod_name,prod_price
FROM Vendors,Products
WHERE Vendors.vend_id = Products.vend_id;
-- 也可以使用 INNER JOIN 这样的方式进行等价的联结操作
SELECT vend_name,prod_name,prod_price
FROM Vendors INNER JOIN Products
ON Vendors.vend_id = Products.vend_id;
```

　　联结表的条件有时可以非常复杂，如下例：

```
SELECT cust_name,cust_contact
FROM Customers AS C,Orders AS O,OrderItems AS OI
WHERE
C.cust_id = O.cust_id
AND OI.order_num = O.order_num
AND prod_id = 'RGAN01';
```

　　在如此复杂的语句中可以充分使用 AS 关键字来简化语法。

　　联结表可以让开发人员在创建数据库时只关心数据的最基本形式以及数据之间的关系，不用过多地考虑最终数据在应用中的呈现。

11.9　插入数据

前面学习了非常多的关于检索的 SQL 语句，可以让我们灵活地检索到所需的数据，但是这些数据如何写入到数据库中，还一直没有涉及。通常，在应用中应用程序通过执行 SQL 中的插入语句来完成数据的写入。以下为示例：

```
INSERT INTO Customers VALUES(
    '1000000006', 'Toy Land', '123 Any Street', 'New York', 'NY',
'11111', 'USA', NULL, NULL
    );
```

上例中各项数据会依照顺序依次写入表中的各个字段，但是编写依赖于特定列次序的 SQL 语句是很不安全的，所以通常会用如下的方式来插入数据：

```
INSERT INTO Customers( cust_ id, cust_ contact ) VALUES( '10',
'123456789');
```

另外，在特定的情况下可以省略某些列去执行插入语句，如当该列定义为允许 NULL 值或者该列在定义中给出了默认值。

SQL 中不仅提供了以上的插入一条数据的方式，而且还提供了插入检索数据的功能，方便批量从一张表中快速导入所需数据到新表，如下例所示：

```
INSERT INTO Customers(cust_id,cust_contact,cust_email)
SELECT cust_id,cust_contact,cust_email
FROM CustNew;
```

插入数据的操作同大量的其他 SQL 语句一样，简洁明了。

11.10　更新和删除数据

SQL 中同样提供更新和删除数据的功能，语法比较简单，以下为示例：

```
-- 更新指定 id 客户的联系方式
UPDATE Customers
SET cust_email = 'kim@qq.com', cust_contact = 'Sam rose'
WHERE cust_id = '100000005';
-- 删除指定 id 客户
DELETE FROM Customers
WHERE cust_id = '100000006'
```

11.11　创建和操作表

以下 SQL 语句将会创建一张产品表，规定了表中的字段、字段的类型限制等信息，具体的数据类型类似于编程语言中的数据类型，限于篇幅，这里不再做详细的阐述。以下为创建表的示例：

```
CREATE TABLE Products
(
  prod_id char(10) not null,
  vend_id char(10) not null,
  prod_name char(255) not null,
  prod_price decimal(8,2) not null,
  prod_desc text(1000) null
);
CREATE TABLE OrderItems
(
  order_num integer not null,
  order_item integer not null,
  prod_id char(10) not null,
  quantity interger not null  default 1,
  --ctime 有默认值，即当前时间
  ctime time current_date(),
)
```

表结构创建之后可能会有变动，在已经录入了大量数据的情况下，删除表重新创建显然是不可能的。SQL 中提供了更新表结构的语句，以下为示例：

```
-- 给供应商表添加 vend_phone 字段
ALTER TABLE Vendors
ADD vend_phone CHAR(20);
-- 删除供应商表中的 vend_phone 字段
ALTER TABLE Vendors
DROP COLUMN vend_phone;
-- 删除表
DROP TABLE CustCopy
```

11.12　使用视图

可以把一些需要复杂的 SQL 联结查询才能得到的数据集创建成一张虚拟的表，这种行为在 SQL 中被称为创建视图，使用视图能带来一些明显的好处：

1）重用 SQL。

2）简化复杂的 SQL 操作。

3）使用表的一部分而不是整个表。

4）保护数据。

5）更改数据的格式和表示。

相应地，视图也有一些规则需要遵守：

1）视图名必须唯一。

2）可以创建的视图数目没有限制。

3）视图只能用来查询数据，不能更新和删除数据。

4）视图中的数据跟随相关表格的变动而变动。

以下为创建视图的示例代码：

```
-- 将 3 张表的数据联结起来创建一个视图
CREATE VIEW ProductCustomers AS
SELECT cust_name,cust_contact,prod_id
FROM Customers, Orders, OrderItems
WHERE Customers.cust_id = Orders.cust_id
AND OrderItems.order_num = Orders.order_num;


-- 应用程序在需要用到数据时，只要从视图中进行检索即可
SELECT cust_name, cust_contact
FROM ProductCustomers
WHERE prod_id = 'RGAN01';
```

至此学习了 SQL 中较常用的所有功能，随后在制作应用的过程中，读者可以灵活地组合这些功能来完成相应的功能。掌握了 PHP 的语法和 SQL 的使用之后，下一章将编写一个 MVC 框架。现在很多 Web 开发框架都是开源的，但是对于初学者来讲，读起来非常吃力，其本质原因是开放出来的代码中包含了太多后续追加的功能，最开始的思路在作者一次次的优化和一次次的代码等价替换中已经丢失了。鉴于此，我们着手自己开发一个功能简单、思路清晰的 PHP Web 框架。通过框架的开发来了解 Web 应用开发的基本原理。

第 12 章

PHP 框架

本章将从头开始构建一个自己的 PHP 框架，这里着重讲解框架的原理和搭建思路，具体框架中的功能扩充读者可以在理清思路之后自己动手开发。

首先将搭建一个单页面入口的框架，所谓单入口文件设计是指整个网站所有页面的访问都交给一个脚本去处理，通常是 index.php，当用户请求一个 index.php 文件时，Apache 会运行这个文件并得到输出，然后再通过网络把输出发送回用户。

框架的编写目的就是让用户访问类似这样的资源：/index.php/mac/pro/index.php/mac/air。当用户使用这样的 URL 向服务器发起请求时，服务器还是会调用 index.php。但是因为跟在 index.php 之后的字符串不一致，所以可以根据这些不同的字符串来制订一些规则，如实例化不同的类、调用不同的方法，这样用户就会看到不同的页面。

可以安装 WAMP 软件开始开发，安装完成后打开 www 目录，后文列举的文件都是以 www 目录为基准起点。

下面新建一个.htaccess 文件，路径为"/.htaccess"，"/"之前是刚才说到的 www 目录，这个文件是一个会被 Apache 所读取的配置文件，在这个文件里配置一个重写规则，让所有对 index.php 的访问可以不用写"index.php"。

例如，原来需要访问 http://yousite.com/index.php/mac/pro，配置好这个文件后只需访问 http://yousite/com/mac/pro，这样的地址就是我们常常在访问网页时见到的样子。

以下为配置文件代码：

```
<IfModule mod_rewrite.c>
    RewriteEngine on
    RewriteCond %{REQUEST_FILENAME} !-f
    RewriteRule ^(.*)$ index.php/$1 [QSA,PT,L]
</IfModule>
```

配置文件中使用了正则表达式，如当用户访问了/mac/pro，{REQUEST_FILENAME}的值就是/mac/pro，在下一行的重写规则中：$1 就等于/mac/pro，所以最后/mac/pro 被替换成了 index.php/mac/pro，从而完成想要的效果。关于正则表达式的具体规则读者可以参考本书的第 1 部分。

有了重写规则之后，接下来编写 index.php 的代码。在这个文件中需要重点处理几个问题：首先是一些常量的定义，如框架所在的目录、核心类所在的目录、App 开发目录等。因为单入口文件的特点，所以用户除了对静态文件的请求，其他全都由 index.php 处理，故定义在这里的常量可以在整个框架的所有源代码中使用。

另外还需要引入一个公共的函数库，PHP 本身提供了丰富的函数，但是针对特定的应用依然需要很多自己的函数。这些函数也要能在各个源代码中使用。我们可以把所有的函数写在一个公共的 function.php 中，利用 include 关键字引入。

随后需要引入框架的核心类，核心类中提供了一个静态方法，这个静态方法主要根据用户请求的 URL 来决定调用 App 文件夹下的哪个类中的哪个方法来生成最终用户想得到的资源。

如上就是整个框架的核心思路。下面来看具体代码。

1）index.php 文件，代码如下：

```
<?php
```

```
// 整个框架所在的根目录
define ('UEK', realpath('./'));

// 核心类所在的目录
define ('CORE', UEK.'/core');
// App 开发目录
define ('APP', UEK.'/app');

// 是否开启调试模式
define ('DEBUG', true);

if( DEBUG ){
  ini_set('display_errors', 'On');
}else{
  ini_set('display_errors', 'Off');
}

// 引入公共函数库
include CORE . '/common/function.php';

// 引入框架核心类
include CORE . '/uek.php';

// 如果 new 一个不存在的类，则调用 \core\uek 类中的 load 方法
spl_autoload_register('\core\uek::load');

// 调用 uek 类中的 run 方法，启动整个框架
\core\uek::run();
```

2）公共函数库，/core/common/function.php 文件，可以把整个应用中需要的函数都写在这个文件中，代码如下：

```php
<?php
function p($var)
{
  if( is_bool($var) ){
    var_dump($var);
  }else if( is_null ($var) ){
    var_dump($var);
  }else{
    echo '<pre>' . print_r($var, true) . '</pre>';
  }
}
```

3）框架核心类，/core/uek.php 文件，代码如下：

```php
<?php
namespace core;
```

```php
    class uek
    {
        // 缓存已经加载过的类
        public static $class_map = array();

        // 保存要输出到视图中的变量
        public $assign;

        // 框架启动方法，调用路由类管理路由
        static public function run()
        {
            // 当前并没有 include route 类文件会触发函数 spl_autoload_register()中指定
的方法
            // 也就是本类中的方法 load()
            // spl_autoload_register 函数会把\core\lib\route 作为字符串传递给 load()

            $route = new \core\lib\route();

            $controller_class = $route->controller;
            $action = $route->action;

            // 根据路由规则找到 App 下对应的类文件，根据路由规则运行其中的方法
            $controller_file = APP . '/controller/' . $controller_class .
'Controller.php';
            if( is_file($controller_file) ){
                include $controller_file;
                $class_name                                                       =
'\\app\\controller\\'.$controller_class.'Controller';
                $controller = new $class_name();
                $controller->$action();
            }else{
                throw new \Exception("can't find module");
            }

        }

        // 自动加载一个类文件
        public static function load($class)
        {
            // 存在于缓存中
            if( isset($class_map[$class])){
                return true;
            }else{
                // 根据命名空间规则找到对应的类文件
                $file = UEK . '/' . str_replace('\\', '/', $class) . '.php';
```

```php
        if( is_file($file) ){
          include $file;
          // 如果已经 include 过，则利用类名做一次缓存
          self::$class_map[$class] = $class;
        }else{
          return false;
        }
      }
    }

    public function assign($name, $value)
    {
      $this->assign[$name] = $value;
    }

    public function display($file)
    {
      $view_path = APP . '/' . $file;
      if(is_file($view_path)){
        extract($this->assign);
        include($view_path);
      }
    }
}
```

4）框架路由类，/core/lib/route.php 文件，代码如下：

```php
    <?php
    namespace core\lib;
    class route
    {
      public $controller;
      public $action;

      // new 本类时会自动运行的方法
      public function __construct()
      {
        // 根据用户访问的路径确定调用 App 下哪个 PHP 文件中的哪个方法
        // 这里返回的只是$controller 的名字和对应方法的名字
        // 这里还要处理用户的 GET 传参
        if( isset( $_SERVER['REQUEST_URI'] ) &&  $_SERVER ['REQUEST_ URI'] !==
'/' ){

          $path = $_SERVER['REQUEST_URI'];
          $params = explode('/', trim($path, '/'));

          if(isset($params[0])){
            $this->controller  = $params[0];
```

```
        unset($params[0]);
      }
      if(isset($params[1])){
        $this->action = $params[1];
        unset($params[1]);
      }else{
        $this->action = 'index';
      }
      // 将多余的参数存入$_GET
      for ($i = 2; $i < count($params) + 2; $i += 2){
        if (isset($params[$i + 1])) {
          $_GET[$params[$i]] = $params[$i + 1];
        }
      }

    }else{
      // 用户访问 "/" 时默认调用 App 下的 indexController.php 下的方法 index()
      $this->controller = 'index';
      $this->action = 'index';
    }
  }
}
```

5）框架 model 类，利用 PDO 实现连接数据库，/core/lib/model.php 文件，代码如下：

```php
<?php
namespace core\lib;
class model extends \PDO
{
  public function __construct()
  {
    $database_info = 'mysql:host=localhost;dbname=yarn';
    $username = 'root';
    $password = 'root';

    try{
      parent::__construct($database_info, $username, $password);
    } catch (\PDOException $e){
      p($e->getMessage());
    }
  }
}
```

6）用户首页类，/app/controller/indexController.php 文件，代码如下：

```php
<?php
namespace app\controller;
// 继承框架核心文件
```

```
// 利用核心文件中的 assign 和 display 方法来管理视图

class indexController extends \core\uek
{
  public function index()
  {
    $model = new \core\lib\model();
    $sql = 'select * from todos';
    $result = $model->query($sql);
    p($result->fetchAll());
    p($_GET);

    $this->assign('data','hello world');
    $this->assign('title','facebook');
    $this->display('view/index.html');
  }
}
```

7）用户视图文件/app/view/index.html，代码如下：

```
<html>
<head>
  <meta charset='utf-8'>
  <title><?php echo $title ?></title>
</head>
<body>
  <div><?php echo $data ?></div>
</body>
</html>
```

8）以下为示例中用到的数据库文件：

```
-- Database: 'yarn'
CREATE DATABASE IF NOT EXISTS 'yarn' DEFAULT CHARACTER SET utf8
COLLATE utf8_general_ci;
USE 'yarn';

DROP TABLE IF EXISTS 'todos';
CREATE TABLE IF NOT EXISTS 'todos' (
  'id' int(12) NOT NULL,
  'title' varchar(255) NOT NULL,
  'is_done' tinyint(1) NOT NULL,
  'is_del' tinyint(1) NOT NULL
) ENGINE=InnoDB AUTO_INCREMENT=3 DEFAULT CHARSET=utf8;

INSERT INTO 'todos' ('id', 'title', 'is_done', 'is_del') VALUES
(1, 'buy a car', 0, 0),
(2, 'buy a mao', 0, 0);
```

```
ALTER TABLE 'todos'
  ADD PRIMARY KEY ('id');

ALTER TABLE 'todos'
  MODIFY 'id' int(12) NOT NULL AUTO_INCREMENT,AUTO_INCREMENT=3;
```

　　访问 http://localhost/inde/index 即可看到框架运行结果。应用中的其他页面开发方式参考以上的 URL 进行设置。与数据库的交互参考第 11 章，与数据库的连接参考 10.8 节。

　　本框架能让大家以一个清晰的思路去了解 Web 框架的开发以及 MVC 模式的设计，开发框架的骨架能让我们在使用 PHP 框架的过程中做到知其然，同时知其所以然。

第 3 部分 全栈之框架

随着前端的迅速发展，HTML 5 技术的逐渐普及，Web 的性能越来越好，需要在前台处理的问题越来越多，人们将以前必须在桌面应用中出现的功能搬到 Web 上，以及一些需要原生 App 才能完成的功能搬到 Web 端，如 Excel 表格、Word 字处理软件；各种各样嵌入到 App 浏览器中执行的应用，如点餐等。这就对前端开发提出了新的挑战，如果还是使用传统的方式开发，会陷入项目管理和重构的噩梦，所以以前在后端开发中使用到的一些开发模式被搬到前台，如经典的 MVC 模式，在这样的背景下诞生了一批 MVC 框架，其中的佼佼者有 AngularJS 和 ReactJS，这些框架能让前端开发者以模块化、组件化的方式开发应用，大大提高了程序员的生产效率，让前端程序员脱离操作 DOM 的烦琐工作，直接关注数据逻辑和业务逻辑。结合前后端分离的开发模式，让企业在开发一款产品时，能够前后端并进。本部分介绍目前流行的两个框架：AngularJS 和 ReactJS，AngularJS 是基于 HTML 进行扩展的框架，通过一系列指令来实现对数据的处理，能够通过路由实现局部刷新的单页面应用。React 是一个库，它与那些大型的、全面的框架思想相反。React 并不是完整的 MVC/MVVM 框架，它仅是 View 的库。选择了 React，便可以选择其他非 View 类型的库和 React 进行配合，以解决相关问题。

第 13 章

AngularJS

本章主要内容

- **AngularJS 简介**
- **AngularJS 特性**
- **AngularJS 核心思想**
- **AngularJS 的优势**
- **AngularJS 应用组成**
- **AngularJS 环境搭建**

在这之前我们利用 HTML、CSS、JavaScript 和 jQuery 可以实现一个很完美的静态页面，再结合 PHP+MySQL，利用 MVC 架构模式实现动态的 Web 应用。在互联网日益发展的今天，终端设备已经不仅仅局限于 PC 和手机了，有平板电脑、手表、智能电视等。面对如此多的终端，访问量增大，与此同时服务器压力增大，这时我们就考虑是否让前台也可以具有处理数据的能力，让后台只负责传递数据，也就是说将前后台分离，各司其职，后台只负责传递数据，前端负责展示数据。随着这种思想的转变，一个大胆的思想产生了——将 MVC 搬到前端。在这种思想的促使下，一系列的前端 MVC 框架应运而生，AngularJS 就是在这样的环境下诞生的。

在之前的章节中利用 PHP 框架可以实现一个 Web 动态项目，那么思考两个问题。第一，在前后台数据的传递中，往往数据和视图是结合在一起的，能否改变这种模式呢？让前后台分离，后台只负责传递数据，前台负责展示所需要的数据。第二，通过单击 a 链接进行页面的跳转，在跳转的过程中整个页面将重新加载，能否考虑在页面切换的过程中只加载部分页面进行局部刷新，那么页面也就不需要进行跳转了。AngularJS 的出现很好地解决了这些问题，AngularJS 是基于 HTML 进行扩展的框架，通过一系列指令来实现对数据的处理，通过路由实现局部刷新的单页面应用。

从本章开始，将开启一段新的学习，带领读者学习有关 JS 的框架，了解前端开发最新颖的思想和开发模式。

13.1 AngularJS 简介

AngularJS 是基于 HTML 基础进行扩展的 JS 工具，目的是通过 HTML 构建动态的 Web 应用。要实现这样的功能，在 AngularJS 内部使用了数据的双向绑定和依赖注入。

数据的双向绑定表现在，在 AngularJS 中使用双花括号的方式向页面中的 HTML 元素添加数据，也可以通过添加属性的方式实现数据的绑定，这两种方式都可以实现数据的双向绑定。数据和视图任意一端发生改变，另一端会自动同步。

依赖注入（Dependency Injection，简称 DI）是一种软件设计模式，在这种模式下，一个或更多的依赖（或服务）被注入（或通过引用传递）到一个独立的对象（或客户端）中，然后成为该客户端状态的一部分。

13.2 AngularJS 特性

1）AngularJS 是一个功能强大的基于 JavaScript 的开发框架，用于创建富互联网应用。

2）AngularJS 为开发者提供了一个前端的 MVC 框架，将数据和视图进行分离，极大地提高了开发效率。

3）AngularJS 开发的应用都是跨浏览器兼容的。利用 AngularJS 开发的应用会自动地兼容各个浏览器，开发者可以更加专注于功能实现，而不用再因兼容性犯愁。

4）AngularJS 是开源的，完全免费，并且由数千名世界各地的开发者开发维护。可以说 AngularJS 是一个用来构建大型应用的、高性能的 Web 应用程序的框架。

13.3 AngularJS 核心思想

AngularJS 的核心思想：

1）数据绑定：模型和视图组件之间的数据自动同步。

2）作用域：应用的作用域和应用的数据相关联，它充当控制器和视图之间的"胶水"。通过作用域控制控制器中的数据。

3）控制器：控制器是普通的 JavaScript 对象，控制着 AngularJS 应用程序中的数据。

4）服务：相当于一个函数，能够实现某一个特定的功能。AngularJS 配有多个内置服务，如$http 可作为一个 XMLHttpRequest 请求。这些单一对象在应用程序中只实例化一次。

5）过滤器：过滤器能够将数据转换成指定的格式。

6）指令：指令是关于 DOM 元素的属性，利用这些指令扩展 HTML 元素使其具备一定的特性或者功能。如 a 标签通过 href 属性就可以实现链接功能。AngularJS 通过一些指令来扩展 HTML 标签原有的功能。

7）路由：路由允许用户通过不同的 URL 访问不同的内容。视图分解成布局和模板视图，并且根据用户当前访问的 URL 来动态地加载相应模板，从而展示对应的视图。

8）模型视图：MVC 是一个设计模式，将应用划分为不同的部分，每个都有不同的职责。AngularJS 并没有传统意义上地实现 MVC，而是更接近于 MVVM（模型-视图-视图模型）。AngularJS 团队将它作为模型视图。

9）依赖注入：AngularJS 有一个内置的依赖注入子系统，开发人员通过子系统使应用程序更易于开发、理解和测试。

13.4　AngularJS 的优势

AngularJS 的优势在于构建基于表单的 CRUD（创建 Create、查询 Retrieve、更新 Update、删除 Delete）应用、单页面 Web 应用、开发前后端分离式应用以及前后端交互频繁的应用。而对于图形编辑和游戏开发等应用，使用 AngularJS 不如使用其他 JS 库。

1）AngularJS 是一个非常干净的 MVC 框架，并且利用 AngularJS 可以很方便地开发单页面应用。

2）AngularJS 提供了过滤器，能够按照指定的格式对数据进行转换。

3）AngularJS 代码可进行单元测试。

4）AngularJS 提供了可重用的组件。

5）使用 AngularJS，开发人员可编写更少的代码，并获得更多的功能。

6）在 AngularJS 中，HTML 是视图，只负责展示数据，JavaScript 编写控制器，负责处理数据。

7）使用 AngularJS 编写的应用可以在所有的浏览器以及手机上运行。

13.5　AngularJS 应用组成

AngularJS 应用程序的 3 个组成部分：介绍如下。

1）视图（View）。模板是用 HTML 和 CSS 编写的文件，展现应用的视图。可以给 HTML 添加新的元素和属性标记，作为 AngularJS 编译器的指令。

2）控制器（Controller）。应用程序的逻辑和行为是用 JS 定义的控制器。AngularJS 与标准的 AJAX 应用程序不同，不需要另外编写侦听器或 DOM 控制器，因为它们已经内置到 AngularJS 中了。这些功能使应用程序的逻辑更容易编写、测试、维护和理解。

3）模型（Model）。模型是从 AngularJS 作用域对象的属性中引申来的。模型中的数据可能是 JavaScript 对象、数组或基本类型，这都不重要，重要的是，它们都属于 AngularJS 作用域对象。AngularJS 通过作用域来保持数据模型与视图界面 UI 的双向同步。一旦模型状态发生改变，AngularJS 会立即刷新并反映在视图界面中，反之亦然。

13.6　AngularJS 环境搭建

打开网址https://AngularJS.org/，下载相应资源，然后将所用资源引入到开发项目中即可完成 AngularJS 的环境搭建。

第 14 章

第一个应用程序

本章主要内容

- **AngularJS MVC 架构**
- **AngularJS 应用实例**

本章将介绍 MVC 框架及基本含义，然后利用 AngularJS 搭建第一个应用程序。

14.1　AngularJS MVC 架构

MVC 即 Model View Controuer，是模型-视图-控制器的缩写。

1. Model（模型）

模型即数据模型，模型负责管理应用程序的数据。它响应来自视图的请求，同时也响应指令从控制器进行的自我更新。在上一节的例子中 input 标签中输入的内容充当了数据模型。

2. View（视图）

视图，也就是 HTML 负责显示数据。在 AngularJS 中可以使用{{name}}指令将 name 绑定到<h1>上，<h1>负责显示数据就充当 V（视图），当输入框中的输入值有变化时，视图会随即更新，因此<h1>中的内容也随着数据模型的值的变化而变化。

3. Controller（控制器）

控制器 controller 实现视图和模型之间的数据传递，方法调用等一系列操作。控制器负责响应用户输入，控制器接收输入，验证输入，然后执行修改数据模型状态的业务操作。

14.2　AngularJS 应用实例

本节利用原生 JavaScript 和 AngularJS 分别实现一个效果：改变表单元素的值并动态地显示到页面中。通过对比来感受一下 AngularJS 的魅力。

14.2.1　原生 JavaScript 实现

HTML 部分代码如下：

```html
<div>
    <p>名字： <input type="text"></p>
    <h1></h1>
</div>
```

JS 部分代码如下：

```javascript
var input = document.querySelector("input");
var h1 = document.querySelector("h1")
input.onkeyup = function(){
  h1.innerText = this.value
}
```

14.2.2　AngularJS 实现

通过 script 标签添加到网页中：

```
<script src="https://ajax.googleapis.com/ajax/libs/AngularJs/1.6.3/
angular.js"> </script>
```

HTML 部分代码如下：

```
<div ng-app="">
    <p>名字：<input type="text" ng-model="name"></p>
    <h1 ng-bind='name'></h1>
</div>
```

1．代码对比

上述两种方法都可以实现前文所述的效果，很明显利用原生 JavaScript 比较烦琐，需要给 input 添加事件，当表单元素的值发生改变时，再将值重新赋给 h1 元素。而利用 AngularJS 能够自动检测表单元素中的值是否发生改变，当值发生改变时又可以自动将改变后的值显示到 h1 中。

2．代码解析

（1）ng-app

ng-app（类似于这种以 ng 开头的代码在 AngularJS 中称为指令）表示定义了一个 AngularJS 应用程序。这个指令比较特殊，一个 HTML 文档中最好只出现一次，如果出现多次也只有第一个起作用，它可以出现在 HTML 文档中的任何一个元素上。这一属性是通知 AngularJS 页面中哪个部分开始接受它的管理，在<html>标签中添加，说明整个页面都接受管理；还可以添加到某个<div>标签上，则表示 AngularJS 的作用范围是该标签内部。在该实例中<div>是 AngularJS 管理的区域。

（2）ng-model

ng-model 指令将元素的值绑定到应用程序中。在该实例中将输入的值绑定到程序变量 name 上。

（3）ng-bind

ng-bing 指令将数据绑定到 HTML 视图。在该实例中将数据 name 绑定到<h1>进行显示。使用 ng-model 指令将内部数据模型对象中的 name 属性绑定到了文本输入字段上。当输入框中的内容发生改变时，h1 上的值也会随之发生改变，即数据的改变会反映到视图上。通过这样一个简单的例子就实现了双向数据绑定。

第 15 章

AngularJS 模块

本章主要内容

- **AngularJS 模块简介**
- **模块的优点**
- **创建模块**
- **添加控制器**
- **添加指令**

可以使用 AngularJS 中的模块来定义功能各异的应用。在 AngularJS 中，模块是定义应用的最主要方式，它包含了主要的应用代码。一个应用可以包含多个模块，每个模块都包含了定义具体功能的代码。

15.1 AngularJS 模块简介

在 AngularJS 中，模块是定义应用的最主要方式。模块中包含了主要的应用代码，应用中的每一个模块相互联系、相互影响。AngularJS 允许使用方法 angular.module()来声明模块，此方法接收两个参数，一个是模块的名称，一个是依赖列表，可以被注入到模块中的对象列表。

示例：

```
angular.module(name,requires);
```

name 是模块的名称，requires 包含了一个字符串变量组成的列表，每个变量表示一个模块名称。

示例：

```
angular.module('myapp',[]);
```

15.2 模块的优点

1）编写代码更加容易，每一个模块实现特定的功能，相互独立。

2）易于在不同的应用间复用代码。

3）模块可以以任何先后或者并行的顺序加载（因为模块的执行本身是延迟的）。

4）可以在特定情况的测试中增加额外的模块，这些模块能更改配置，能帮助进行端对端的测试。

15.3 创建模块

创建示例如下：

```
<div ng-app="myApp"></div>
<script>
  var app = angular.module("myApp", []);
</script>
```

15.4 添加控制器

AngularJS 应用主要依赖于控制器来控制数据在应用程序中的流动以及页面逻辑和数据代码的衔接。

示例：

```
<div ng-app="myApp" ng-controller="myCtrl">
{{ company+ " " + pro}}</div>
<script>
```

```
var app = angular.module("myApp", []);
app.controller("myCtrl", function($scope) {
    $scope.company= "uek";
    $scope.pro = "web,ui";
});
```

15.5　添加指令

AngularJS 提供了很多内置的指令，可以使用它们给应用添加功能。此外，可以使用模块为应用添加自己的指令。

示例：

```
<div ng-app="myApp" >
<my-directive></my-directive>
</div>
<script>
var app = angular.module("myApp", []);
app.directive("myDirective", function() {
    return {
        template : "创建自定义指令"
    };
});
</script>
```

第 16 章

作用域

本章主要内容

- 作用域简介
- 定义作用域
- 作用域层级

作用域（$scope）是 AngularJS 中一个非常重要的概念，应用的作用域是与数据相互关联的。在作用域中定义业务逻辑、控制器方法和视图的属性。作用域是控制器和页面模板的桥梁，能够保存模板数据。

16.1　作用域简介

作用域（$scope）是构成 AngularJS 应用的核心基础，是应用在视图和控制器之间的纽带。同时，作用域是表达式执行的上下文，也是定义业务逻辑、控制器、视图的地方。

在应用呈现之前，视图中的模板会和作用域进行联系，然后应用会对 DOM 进行设置，以便当属性发生变化时通知给 AngularJS 应用。

作用域是应用状态的基础。它基于动态绑定，当视图在修改数据时会立即更新作用域，或者当作用域发生改变时，视图也会重新渲染。

16.1.1　作用域的作用

1）监视数据模型的变化。

2）可以将数据模型的变化通知给整个应用。

3）可以给表达式相应的执行环境。

4）作用域包含了视图渲染时的功能和数据，它是视图的来源。

16.1.2　作用域概述

在创建 AngularJS 控制器时，可以将$scope 对象当作一个参数传递。$scope 是一个普通的 JavaScript 对象，可以给它添加或修改任意的属性。$scope 在 AngularJS 中充当数据模型，但是和传统的数据模型不太一样，它不负责数据的处理和操作，仅是视图和控制器之间的桥梁。

16.2　定义作用域

在控制器中给$scope 对象添加属性或者方法时，视图也可以获取这些属性和方法。在视图中，不需要添加$scope 前缀，只需要添加属性名即可。$scope 是一个普通的 JavaScript 对象，因此可以给$scope 添加一些属性和方法，这些属性和方法可以在视图和控制器中使用。

示例：

```
<div ng-app='myapp' controller='myctrl'>
<h1> {{ name }} </h1>
<input type="text" name="" value="单击"ng-click='say()'>
</div>
  var app=angular.module('myapp',[]);
  app.controller('myctrl',function($scope){
    $scope.name='山西优逸客';
    $scope.say=function(){
      alert('山西优逸客文化:专注，极致，口碑');
    }
```

```
})
```

16.3 作用域层级

与文档树结构一样，根据元素的层级关系形成自己的层级，它们可通过事件的方式进行通信。它们有一个顶层作用域，而下面的子作用域可以定义多个，子作用域可以继承父作用域的属性和方法，子作用域之间不可相互访问。

所有的应用都有一个根作用域（$rootScope），它可以作用在 ng-app 指令包含的所有 HTML 元素中。$rootScope 可作用于整个应用中，是各个控制器中 scope 的桥梁。用 $rootScope 定义的值，可以在各个控制器中使用。

1. 实例化$rootScope

示例：

```
<div ng-app='myapp' controller='myctrl'>
   <h1>{{ name }}</h1>
   <ul>
    <li ng-repeat='x in course'>{{x}}</li>
   </ul>
</div>
 var app=angular.module('myapp',[]);
 app.controller('myctrl',function($scope){
   $scope.course=['full-stack','ui','php'];
   $rootScope.name ='sxuek';
})
```

2. 作用域层级示例

该示例分组显示两个班学生的基本信息，两个班级各作为一个作用域，优逸客公司作为一个顶级作用域，两个班级都可以访问顶级作用域中的信息。代码如下：

```
<div class="box" ng-app="myapp" ng-controller="company">
   <ul ng-controller="class1">
     <li >
         {{company}} {{classes}}
     </li>
     <li>
         <span>序号</span>
         <span>姓名</span>
         <span>年龄</span>
         <span>性别</span>
     </li>
     <li ng-repeat="stu in data">
         <span>{{$index+1}}</span>
         <span>{{stu.name}}</span>
         <span>{{stu.age}}</span>
```

```
                        <span>{{stu.sex}}</span>
            </li>
    </ul>
    <ul ng-controller="class2">
        <li >
            {{company}} {{classes}}
        </li>
        <li>
            <span>序号</span>
            <span>姓名</span>
            <span>年龄</span>
            <span>性别</span>
        </li>
        <li ng-repeat="stu in data">
            <span>{{$index+1}}</span>
            <span>{{stu.name}}</span>
            <span>{{stu.age}}</span>
            <span>{{stu.sex}}</span>
        </li>
    </ul></div>
var app=angular.module('myapp',[]);
    app.controller('company',function($scope){
        $scope.company='sxuek';
    })
    app.controller('class1',function($scope){
        $scope.classes='wui01';
        $scope.data=[
            {'name':'优逸客小张','age':18,'sex':'nan'},
            {'name':'优逸客小李','age':19,'sex':'nv'},
            {'name':'优逸客小王','age':17,'sex':'nan'}
        ]
    })
    app.controller('class2',function($scope){
        $scope.classes='wui02';
        $scope.data=[
            {'name':'优逸客小赵','age':18,'sex':'nan'},
            {'name':'优逸客小钱','age':19,'sex':'nv'},
            {'name':'优逸客小刘','age':17,'sex':'nan'}
        ]
    })
```

第 17 章

控制器

本章主要内容

- 控制器简介
- 控制器定义
- 控制器嵌套

控制器的本质是一个构造函数，文件中 AngularJS 程序遇到 ng-controller 指令时会自动进行实例化，这样就可以在构造函数内为作用域添加属性和方法。

17.1 控制器简介

AngularJS 应用主要依赖于控制器来控制数据在应用程序中的流动以及页面逻辑和数据代码的衔接。控制器采用 ng-controller 指令定义。在 AngularJS 中，控制器是一个 JS 构造函数（Constructor Function），这个构造函数用来扩张 Angular Scope（为$scope 添加属性）。

当一个控制器通过 ng-controller 指令被附加到 DOM 时，AngularJS 会用指定的控制器的 Constructor Function 实例化一个新的控制器对象（Controller Object）。一个新的子 scope 会作为注入参数（$scope）传给构造函数。

我们用控制器来设置$scope 对象的初始状态，为$scope 对象添加行为，但是不要用控制器来操作 DOM。AngularJS 的数据绑定可以应对绝大多数情况，并且指令封装了 DOM 操作。格式化输入用 angular form controls 代替，格式化输出用过滤器代替，在控制器之间共享代码或者状态用服务代替。

17.2 控制器定义

17.2.1 函数式创建

当创建一个新的控制器时，AngularJS 会生成并传递一个新的$scope 给这个控制器，然后在该控制器里初始化$scope。

示例：

```
<div ng-app='' ng-controller='myCtrl'>
   {{ company }}
</div>
 function myCtrl($scope){
    $scope.company='优逸客';
 }
```

虽然用这种方式可以创建控制器，但是却将控制器定义成了全局函数，会"污染"全局的命名空间，因此笔者更推荐创建一个模块，在模块中定义控制器。

17.2.2 模块化定义

模块化定义的示例：

```
<div ng-app='myApp' ng-controller='myCtrl'>
  <div>第一个目标{{firstTarget}}</div>
  <div>第二个目标{{secondTarget}}</div>
</div>
 var app=angular.module('myApp',[]);
```

```
app.controller('myCtrl',function($scope){
  $scope.firstTarget='frontEnd';
  $scope.secondTarget='backEnd';
})
```

上面例子中的 firstTarget 和 secondTarget 是在控制器中定义的两个属性，同样，在控制器中也可以定义方法，示例如下：

```
<div ng-app='myApp' ng-controller='myCtrl'>
  <div>第一个目标{{firstTarget}}</div>
  <div>第二个目标{{secondTarget}}</div>
  <div> 最终目标{{finalTarget}}</div>
</div>
var app=angular.module('myApp',[]);
app.controller('myCtrl',function($scope){
  $scope.firstTarget='frontEnd';
  $scope.secondTarget='backEnd';
  $scope.finalTarget=function(){
    return $scope.finalTarget+$scope.finalTarget
  }
})
```

17.3 控制器嵌套

在 JavaScript 中有好多对象的继承方法。实例化一个对象，该对象可以继承父对象的属性和方法。在 AngularJS 中的继承和 JavaScript 中的继承大不一样。由于所有模块的属性和方法都不是实例化出来的，而是通过指令绑定到已存在的模块中，因此控制器的继承是由视图的嵌套来决定的。也就是说，处在子结点中的控制器可以访问父结点中控制器的属性和方法。

示例：

```
<div ng-app="myapp" ng-controller="ParentController">
  <div ng-controller="ChildController">
    <button ng-click="sayHello()">Say hello</button>
  </div>
  {{ parent }}</div>
  var app=angular.module('myapp',[])
  app.controller('ParentController', function($scope) {
    $scope.parent = {son: 'xiaozhang'};
  });
  app.controller('ChildController', function($scope) {
    $scope.sayParent = function() {
      $scope.parent.name = 'zhangsan';
    };
  });
```

第 18 章

表达式

本章主要内容

- **表达式概述**
- **表达式的使用**

在 AngularJS 中利用表达式可以将数据显示到页面中的任意地方。AngularJS 中的表达式类似于 JavaScript 中的表达式，在作用的范围内可以进行运算、循环、筛选、过滤等。

18.1　表达式概述

在 AngularJS 中利用表达式将数据显示到 HTML 页面中，在之前的章节中已经使用过表达式。用{{}}将作用域中的一个属性展示到页面中。

18.1.1　表达式简介

1）AngularJS 表达式写在双大括号内：{{ expression }}，可以在页面的任意位置进行 输出。

2）AngularJS 表达式把数据绑定到 HTML，这与 ng-bind 指令有相同的功能。

3）AngularJS 表达式可以展示数据。

4）AngularJS 表达式可以像 JavaScript 表达式一样，包含文字、运算符和变量。

18.1.2　AngularJS 表达式的特性

1）AngularJS 表达式可以包含字母、操作符、变量。

2）AngularJS 表达式可以写在 HTML 中，在其所属的作用域执行。

3）AngularJS 表达式不支持条件判断、循环及异常。

4）AngularJS 表达式支持过滤器。

18.2　表达式的使用

18.2.1　表达式数字

示例：

```
<div ng-app='myapp' ng-controller='myCtrl'>
  <p>路程 {{speed * time }} </p>
</div>
var app=angular.module('myapp',[]);
app.controller('myCtrl',function($scope){
  $scope.speed=10;  $scope.time=20;
})
```

18.2.2　表达式字符串

示例：

```
<div ng-app='myapp' ng-controller='myCtrl'>
  <p>全名 {{company +'--'+ pro }} </p>
```

```
    </div>
    var app=angular.module('myapp',[]);
    app.controller('myCtrl',function($scope){
      $scope.company='uek'
      $scope.pro='web,ui';
    })
```

18.2.3　表达式对象

示例：

```
    <div ng-app='myapp' ng-controller='myCtrl'>
      <p> {{company.name}} </p>
    </div>
    var app=angular.module('myapp',[]);
    app.controller('myCtrl',function($scope){
      $scope.company={
        name:'uek',
        pro:'web,ui'
      }
    })
```

18.2.4　表达式数组

示例：

```
    <div ng-app='myapp' ng-controller='myCtrl'>
      <p>第一个方向 {{pro[0]}} </p>
    </div>
    var app=angular.module('myapp',[]);
    app.controller('myCtrl',function($scope){
      $scope.pro=['web','ui','php']
    })
```

第 19 章

过滤器

本章主要内容

- **过滤器简介及其用法**
- **在 HTML 中使用过滤器**
- **在 JavaScript 中使用过滤器**
- **自定义过滤器**

过滤器能够将数据转换成指定的格式，如可以将数字转换成货币、从数组中得到一个符合条件的子集、对时间进行格式化、对数组进行截取等。同时，还可以根据自己的需求自定义过滤器。

19.1 过滤器简介及其用法

通过表达式可以将指定的数据显示到页面中，那么如何让它们按照指定的格式显示到页面中呢？在 AngularJS 中提供了过滤器。AngularJS 过滤器用于格式化数据，能够按照指定的格式来展示数据。在 AngularJS 中还可以自定义过滤器，帮助开发人员满足开发时的需求。

过滤器可以通过一个管道字符"|"和一个过滤器添加到表达式中。例如，想将一个数字转换成货币，可以利用过滤器 {{number | currency}}。

示例：

```
<div ng-app>
  <input type="text" ng-module='dollar'>
  {{ dollar | currency }}
</div>
```

也可以在 JavaScript 中通过$filter 来调用过滤器：

```
<div ng-app="myapp" ng-controller="myCtrl">
  <input type="text">
  {{ num }}
</div>
 var app=angular.module('myapp',[])
 app.controller('myCtrl', function($scope,$filter) {
    $scope.num=$filter('currency')('123');
});
```

在使用的过程中若需要传递参数，则在过滤器的后面添加"："即可。如果有多个参数，则在每个参数后面都添加"："。例如，{{data | directiveName:参数 1:参数 2……}}，将上例中的美元货币换成人民币，代码如下：

```
<div ng-app>
  <input type="text" ng-module='dollar'>
  {{ dollar | currency:"￥" }}
</div>
```

19.2 在 HTML 中使用过滤器

19.2.1 currency 过滤器

currency 过滤器可以将数字格式化为货币，语法示例为{{123 | currency}}，而且 currency 过滤器允许开发人员通过参数自定义货币符号。

19.2.2　lowercase/uppercase 过滤器

lowercase/uppercase 过滤器可将字符串分别转化为小写和大写，语法示例为{{ string | lowercase }}。

19.2.3　filter 过滤器

filter 过滤器可以从一个数组中选择一个子集，将其生成一个新的数组并返回。这个过滤器可以对字符串、对象、函数进行操作。

1．字符串
返回所有包含这个字符串的对象。

2．对象
AngularJS 会将待过滤对象的属性和这个对象的属性进行比较，如果属性值是字符串就会判断是否包含该字符串。

3．函数
对每个元素都执行该函数，返回执行结果为真的元素，示例如下：

```
{{ ['uekTom','uekJohn','uekMark','uekAdam'] | filter:'a'}}
<!-- ['uekMark','uekAdam'] -->
{{ [
  {"age": 20,"id": 10,"name": "uekzhangsan"},
  {"age": 44,"id": 12,"name": "uekwangwu"}
] | filter:{'name':'uekzhangsan'} }}
<!--
  [{"age": 20,"id": 10,"name": "uekzhangsan"}]
-->
```

19.2.4　limitTo 过滤器

limitTo 过滤器会将数据进行相应的截取，通过传入参数的正负值来控制是从前面还是从后面开始截取。如果传入的长度值大于被操作数组或字符串的长度，那么整个数组或字符串都会被返回。

示例：

```
<!-- 截取字符串的前 3 个字符 -->
{{ 'Full Stack developer'| limitTo:3 }}
<!-- Full -->
<!-- 截取最后的 6 个字符 -->
{{ Full Stack developer | limitTo:-6 }}
<!-- developer -->
```

```
<!-- 对数组也可以进行同样的操作。返回数组的第 1 个元素 -->
{{ ['a','b','c','d','e','f'] | limitTo:1 }}<!-- ["a"] -->
```

19.2.5　orderBy 过滤器

orderBy 过滤器可以根据某个表达式排列数组。

示例：

```
<!-- 根据年龄升序排列 -->
{{
  [
   {name: 'uekJohn', phone: '555-1212', age: 10},
   {name: 'uekMary', phone: '555-9876', age: 19},
   {name: 'uekAdam', phone: '555-5678', age: 35},
   {name: 'uekJulie', phone: '555-8765', age: 29}
  ] | orderBy:'age'
}}
<!--
  [
   {name: 'uekJohn', phone: '555-1212', age: 10},
   {name: 'uekMary', phone: '555-9876', age: 19},
   {name: 'uekJulie', phone: '555-8765', age: 29},
   {name: 'uekAdam', phone: '555-5678', age: 35}
  ]
  -->
```

也可以对上述排序结果翻转，通过设置第 2 个参数为 true 来实现。

```
<!-- 根据年龄降序排列 -->
{{
  [
   {name: 'uekJohn', phone: '555-1212', age: 10},
   {name: 'uekMary', phone: '555-9876', age: 19},
   {name: 'uekAdam', phone: '555-5678', age: 35},
   {name: 'uekJulie', phone: '555-8765', age: 29}
  ] | orderBy:'age':true
}}
<!--
  [
   {name: 'uekAdam', phone: '555-5678', age: 35},
   {name: 'uekJulie', phone: '555-8765', age: 29},
   {name: 'uekMary', phone: '555-9876', age: 19},
   {name: 'uekJohn', phone: '555-1212', age: 10}
  ]
  -->
```

19.3　在 JavaScript 中使用过滤器

在 JavaScript 中使用过滤器需要将$filter 服务（某一个特定功能的封装）依赖注入进来。

示例：

```
// currency
<div> {{data}} </div>
 var myApp = angular.module('myApp',[])
 myApp.controller('myCtrl',function($scope,$filter){
    $scope.data = $filter('currency')(123);
})
<div> {{str}} </div>
$scope.str = $filter('limitTo')( 'sxuek',2)
```

更多信息请参考 https://docs.AngularJS.org/api/ng/filter。

19.4　自定义过滤器

过滤器可以将数据转换为我们想要的格式进行显示。有时这些过滤器并不能满足所有的开发需求，因此可以创建自定义过滤器，创建自定义过滤器需要将它放到自己的模块中。

如下示例实现一个过滤器，将字符串中的第一个字母转换为大写字母。

```
var myapp=angular.module('myApp',[]);
myapp.filter('firstUpper',function(){
  return function(str,num, num1){
      return str.charAt(0).toUpperCase()+str.substr(1);
  }
})
```

第 20 章

指令

本章主要内容

- 指令简介
- 内置指令
- 自定义指令

指令从字面意思上理解，类似于一个命令，一旦下达命令就要去完成某一项任务。在 AngularJS 中通过指令拓展 HTML 标签的功能，使得开发人员可以利用这些指令创建应用、创建元素、添加事件、格式化数据等。在 AngularJS 中内置了各种各样的指令。在开发中还可以根据个人需求自定义一些指令。

20.1 指令简介

AngularJS 指令是一个特殊的标记，通过这些特殊的标记扩展具有自定义功能的 HTML 标签。通过这些指令使得 AngularJS 变得极其强大，并且 AngularJS 允许开发人员自定义指令。通过这些自定义的指令还可以实现模块化的开发，将一个模块定义为一个自定义指令。

从字面意思理解，指令就相当于一种信号、一种命令，一旦接收到这种信号，就会执行某一种特定的行为。例如，在 HTML 中，浏览器在碰到 h1 标签时，就会在页面中创建一个标题标签。在 AngularJS 中不仅要创建元素，还要给元素添加一些行为。

20.2 内置指令

20.2.1 基础指令

（1）ng-app

ng-app 指令定义了 AngularJS 应用程序中的根元素。ng-app 指令在网页加载完毕时会自动初始化应用程序。

（2）ng-controller

ng-controller 指令定义了应用程序控制器。

（3）ng-model

ng-model 指令将应用数据绑定到 HTML 页面中。

（4）ng-bind

ng-bind 指令把应用程序数据绑定到 HTML 中。

20.2.2 事件类指令

允许执行对应事件类型的自定义行为，具体指令如下：

（1）ng-click

（2）ng-dblclick

（3）ng-submit

示例：

```
<!-- 事件每次触发一次计数器加 1 -->
<button ng-click='count=count+1' ng-init='count=0'>
    //事件触发的次数
</button>
<p> {{count}} </p>
<!-- 可以将上面的 ng-click 换成其他事件 -->
<form ng-submit="submit()" ng-controller="ExampleController">
Enter text and hit enter:
```

```
<input type="text" ng-model="text" name="text" />
<input type="submit" id="submit" value="Submit" />
<pre>list={{list}}</pre>
</form>
 angular.module('submitExample', [])
 .controller('ExampleController', ['$scope', function($scope) {
   $scope.list = []; $scope.text = 'hello';
   $scope.submit = function() {
     if ($scope.text) {
       $scope.list.push(this.text);
       $scope.text = '';
     }
   };
}]);
// 注意不要同时使用 ng-click 和 ng-submit 处理程序来提交数据，很容易造成双重提交
```

更多信息请参考 https://docs.AngularJS.org/api/。

20.2.3　表单类指令

设置表单元素相对应的属性值，具体指令如下：

（1）ng-disabled

（2）ng-readOnly

（3）ng-checked

（4）ng-selected

示例：

```
    <!-- 单击复选按钮设置button是否可用 -->
    <label>Click me to toggle: <input type="checkbox" ng-model="checked">
</label><br/>
    <button ng-model="button" ng-disabled="checked">Button</button>
    <!-- 单击复选按钮设置input是否选中 -->
    <label>Check me to check both: <input type="checkbox" ng-model="master">
</label><br/>
    <input type="checkbox" ng-checked="master">
    <!-- 单击复选按钮设置input是否只读 -->
    <label>Check me to make text readonly: <input type="checkbox" ng-
model="checked"></label><br/>
    <input type="text" ng-readonly="checked" value="I'm AngularJS" aria-
label="Readonly field" />
    <!-- 单击复选框，设置下拉框选中项 -->
    <label>Check me to select: <input type="checkbox" ng-model="selected">
</label><br/>
    <select >
    <option>Hello!</option>
    <option id="greet" ng-selected="selected">Greetings!</option>
```

```
</select>
```

20.2.4 样式类指令

1）ng-class：动态设置元素的类。

2）ng-style：设置 HTML 元素的 CSS 样式。

3）ng-href：动态地设置 URL。

4）ng-src：动态地设置 SRC 属性。

5）ng-attr-(suffix)：AngularJS 虽然提供了大量的指令，但是仍不能面面俱到，因此提供了一种更加通用的方式。

示例：

```
<!-- 通过单击不同的按钮，给元素设置相应的类 --><p ng-class="{del:deleted}">
Map Syntax Example</p><label><input type="checkbox" ng-model="deleted">
   添加删除 'del'类</label>
   .del{text-decoration: line-through;}
   <!-- ng-class 接收一个对象 -->
   <p ng-class="{del: deleted, strong: bold, hasError: error}">sxuek </p>
   <label>
     <input type="checkbox" ng-model="deleted">
     deleted (apply "strike" class)
   </label><br>
   <label>
     <input type="checkbox" ng-model="bold">
     important (apply "bold" class)
   </label><br>
   <label>
     <input type="checkbox" ng-model="error">
     error (apply "has-error" class)
   </label>
   .del{ text-decoration: line-through;}
   .strong{ font-weight: bold; }
   .hasError {color: red;
background-color: yellow;}
  <div ng-app='myApp' ng-controller='myCtrl'>
    <div ng-style="{{myStyle}}">{{text}}</div>
    <a ng-href="{{url}}">sxuek</a>
    <a ng-attr-href="{{url}}" ng-attr-title='{{title}}'>sxuek</a>
  </div>
   var app = angular.module('myApp',[]);
   app.controller('myCtrl',function($scope){
   $scope.text = 'hello';
   $scope.title = 'sxuek';
   $scope.myStyle = "{color:'red',background:'yellow'}";
   $scope.url='http://www.sxuek.com';
```

279

```
    });
```

20.2.5　DOM 操作相关指令

1）ng-show/ng-hide：ng-show 和 ng-hide 根据所给表达式的值来显示或隐藏 HTML 元素。当赋值给 ng-show 指令的值为 false 时元素会被隐藏。类似地，当赋值给 ng-hide 指令的值为 true 时元素也会被隐藏。

2）ng-if：该 ngIf 指令基于{表达式}删除或重新创建 DOM 树的一部分。如果分配的 ngIf 表达式计算为 false 值，则该元素将从 DOM 中删除，否则将元素的克隆重新插入到 DOM 中。

3）ng-switch：该指令用于根据范围表达式有条件地交换模板上的 DOM 结构。

4）ng-open：设置 open 元素上的属性。

示例：

```
<input type="checkbox" ng-model="bBtn">
<div ng-show="bBtn">根据按钮的选中状态进行切换</div>
<div ng-if="bBtn">根据按钮的选中状态进行切换</div>
<div ng-switch on="bBtn">
    <p ng-switch-default>默认的效果</p>
   <p ng-switch-when="false">切换的效果</p>
</div>
<details ng-open="bBtn">
    <summary>full stack</summary>
    <p>全栈工程师，也叫全端工程师（同时具备前端和后台能力），英文为 Full Stack
developer，是指掌握多种技能，并能利用多种技能独立完成产品的人。</p>
</details>
```

20.2.6　指令扩展

1）ng-init：初始化应用程序数据。

2）ng-include：用于获取、编译并包含外部的 HTML 片段。

示例：

```
<!-- ng-init -->
<div ng-controller='myCtrl' ng-init='text="hello" '>
  {{ text }}
</div>
<div ng-app='myApp' ng-controller="myCtrl">
    <div ng-repeat="arrOuter in arr" ng-init="outerIndex = $index">
      <div ng-repeat="arrInner in arrOuter" ng-init="innerIndex = $index">
        <p>{{arrInner}}:{{outerIndex}}{{innerIndex}}</p>
      </div>
    </div>
</div>
var app = angular.module('myApp',[]);
```

```
app.controller('Aaa',['$scope',function($scope){
 $scope.arr = [['a','b'],['c','d']];
}]);
<!-- 将 aa.html 引入到 div 中 -->
<div ng-app ng-include="'aa.html'">
</div>
<!-- 注意，模板名需要双层引号 -->
```

20.3　自定义指令

在 AngularJS 中提供了大量的指令，当指令不能满足需求时，可以自定义指令。

注意，内置指令是 AngularJS 内部的指令，所有的指令都是以"ng"开头。为了防止冲突，不要在自定义指令前添加"ng"。

20.3.1　第一个自定义指令

在 AngularJS 中自定义一个指令很简单，只需要调用 directive 方法即可，该方法接收两个参数，一个是自定义指令名称，一个是函数，该函数返回一个对象，这个对象包含了自定义指令的行为。

directive 调用方式示例如下：

```
var app=angular.module('myApp',[]);
app.directive('directiveName',fn);
<div ng-app="myapp" ng-controller="myCtrl">
  <my-directive></my-directive>
</div>
var app=angular.module('myapp',[]);
app.controller('myCtrl',function(){})
app.directive('myDirective',function(){
  return {
    restrict:'E',
    template:'<div>hello</div>'
  }
})
```

该示例中自定义了一个标签 my-directive，在 directive 方法中第 2 个参数返回的对象定义了指令的行为。为了快速理解，笔者使用了两个最简单的属性，restrict 用于定义指令的类型，template 用于定义指令的模板。下面详细讲解其他属性。

20.3.2　参数详解

1. restrict

参数 restrict 用于设置指令在 DOM 中可以以何种形式被声明，共有'E'、'C'、'M'、'A'

4 种值，分别代表标签、类名、注释、属性。属性值可以是单个的，也可以是多个字母的组合，如果是多个字母组合，则表示支持多种方式的使用。默认为'A'。

示例：

```
<!-- 作为元素 -->
<my-directive></my-directive>
<!-- 作为属性 -->
<div my-directive></div>
<!-- 作为类名 -->
<div class="my-directive"></div>
<!-- 作为注释 -->
<!--directive:my-directive expression-->`
<!-- 自此处要让注释作为自定义指令，必须设置replace:true -->
var app=angular.module('myapp',[]);
app.controller('myCtrl',function(){})
app.directive('myDirective',function(){
    return {
        restrict:'ECMA',
        replace:true,
        template:'<div>hello</div>'
    }
})
```

在使用的过程中，为了防止和页面中已有的类名或注释混淆，自定义指令一般用属性和标签。

2. replace

replace 是一个可选参数，表示指令是否替换当前元素。它的值为布尔值，默认值为 false。

示例：

```
<div hello></div>
  angular.module('myApp',[]).directive('hello', function() {
    return {
        restrict:'A',
        template: '<div>some stuff here<div>'
    };
});
//调用指令之后，默认 replace 为 false 时
  <div hello>
    <div>hello<div>
  </div>
//replace 设置为 true。指令调用后的结果如下
  <div>some stuff here<div>
```

3. template

参数 template 用于定义替换字符串的 HTML 代码。将上面示例替换后的内容进行修

改，代码如下：

```
angular.module('myApp',[]).directive('hello', function() {
  return {
    restrict:'A',
    template: '<div<p>我是替换后的内容</p><div>'
  };
});
```

4．templateUrl

参数 templateUrl 用于引入外部的 HTML 模板。在本地开发时，需要运行一个服务器，否则使用 templateUrl 会报错。

示例：

```
angular.module('myApp',[]).directive('hello', function() {
  return {
    restrict:'A',
    templateUrl: 'demo.html'
  };
});
```

5．scope

参数 scope 的默认值为 false，表示继承父作用域；true 表示继承父作用域，并创建自己的作用域（子作用域）。

示例：

```
<!-- index.html -->
<style>
  .box{
    width:200px;
    height:200px;
    border:1px solid #2a6496;
  }
</style>
<body ng-app="myapp" ng-controller="myCtrl">
  <my-directive> </my-directive>
  <my-directive > </my-directive>
</body>
// index.js
var app=angular.module('myapp',[]);
  app.controller('myCtrl',function($scope){
  })
  app.directive('myDirective',function(){
    return {
      restrict:'ECMA',
      templateUrl:'scope.html'
```

```
    }
  })
<!-- scope.html -->
<div class="box">
  {{name}}
</div>
```

在 index.html 中调用两次自定义指令 my-directive，在页面中会显示两个宽高为 200px 的 div。下面在控制器中添加一个数据，并让它显示到页面中。代码如下：

```
// index.js
$scope.name='hello';
```

那么两个 div 中都会显示 hello。下面在第二个 my-directive 中初始化 name='hi'。两个指令实行数据共享，都会显示 hi。在实际开发过程中，如果两个数据不一样，则不太容易操作，因此要让它们拥有独立的作用域。实现方式只需添加一个配置项 scope:true。代码如下：

```
return {
  restrict:'ECMA',
  templateUrl:'scope.html',
  scope:true
}
```

接下来两个 div 分别显示 hello 和'hi'.

通过设置 scope:true 可以创建独立作用域。除此之外，scope 属性值还可以设置为 json，每个指令就拥有了隔离作用域。具有隔离作用域的指令最主要的使用场景是创建可复用的组件，组件可以在未知上下文中使用，并且可以避免"污染"所处的外部作用域或不经意地"污染"内部作用域。创建具有隔离作用域的指令需要将 scope 属性设置为一个空对象"{}"。如果这样做了，指令的模板就无法访问外部作用域了。

将上述示例中 scope:true 改为 scope:{}，则两个 div 中将什么都不显示。

使用无数据的隔离作用域并不常见。AngularJS 提供了几种方法能够将指令内部的隔离作用域同指令外部的作用域进行数据绑定。为了让新的指令作用域可以访问当前本地作用域中的变量，需要使用以下 3 种绑定策略。

（1）@绑定

使用@符号将本地作用域同 DOM 属性的值进行绑定，指令内部作用域即可使用外部作用域的变量。

（2）=绑定

通过=符号可以将本地作用域上的属性同父级作用域上的属性进行双向数据绑定。就像普通的数据绑定一样，本地属性会反映出父数据模型中发生的改变。

（3）&绑定

通过&符号可以对父级作用域进行绑定，以便在其中运行函数。这意味着，对这个值进行设置时会生成一个指向父级作用域的包装函数。要调用带有一个参数的父方法，需要传递一个对象，这个对象的键是参数的名称，值是要传递给参数的内容。

示例：

```
<body ng-controller="myCtrl">
    <input type="text" ng-model="someVal">
    <div  my-directive  one-val="{{someVal}}"  two-val="someVal"  three-
val="parentFun('hello')"></div></body>
        angular.module('myApp', []).directive('myDirective', function()
{
        return {
            restrict: 'A',
            replace: true,
            scope: {
                oneVal: '@oneVal',
                twoVal: '=twoVal',
                threeVal: '&threeVal'
            },
            template: '<div>'+
        '<input type="text" ng-model="oneVal" placeholder="@ 改变我其他
不受影响">'+
        '<input type="text" ng-model="twoVal" placeholder="= 要是动我其
他都得变">'+
        '<input type="button" ng-click="threeVal()" value="$ 点我试试">'+
            '</div>'
        }
    })
    .controller('myCtrl', function($scope) {
        $scope.parentFun = function(s) {
            alert("我成功绑定了父级作用域中的函数！" + s);
        }
    })
```

6．transclude

transclude 是一个可选的参数。如果设置了，则其值必须为 true，但它的默认值是 false。这个配置选项用于提取包含在指令元素里的内容，再将它放置在指令模板的特定位置。开启 transclude 后，就可以使用 ng-transclude 来指明应该在什么地方放置 transclude 内容。

示例：

```
<body ng-app="myApp">
<div ng-controller="myCtrl">
<my-dialog>Check out the contents, {{name}}!</my-dialog>
</div>
angular.module('myApp', [])
.controller('myCtrl', ['$scope', function($scope) {
  $scope.name = 'Tobias';
}])
.directive('myDialog', function() {
```

```
      return {
        restrict: 'E',
        transclude: true,
        scope: {},
        templateUrl: 'my.html'
      };
    });
    // my.html<div class="alert" >
        // my-dialog 内容出现在这里
        <h1 ng-transclude>
        </h1></div>
```

7. controller

controller 参数可以是一个字符串或一个函数。当设置为字符串时会以字符串的值为名字，来查找注册在应用中的控制器的构造函数。

8. link

link 属性值是一个函数，在该函数中可以控制 DOM 元素对象，link 函数对绑定了实时数据的 DOM 具有控制能力，也就是说 DOM 操作可以在 link 函数中完成。link 里面有 3 个参数：

1）scope：与指令元素相关联的当前作用域。

2）element：当前指令对应的元素。

3）attrs：由当前元素的属性组成的对象。

示例：

```
      <body ng-app="myApp"><div ng-controller="myCtrl">
      Date format: <input ng-model="format"> <hr/>
      Current time is: <span my-time="format">  {{time}}</span></div></body>
      angular.module('myApp', [])
      .controller('myCtrl', ['$scope', function($scope) {
        $scope.format = 'M/d/yy h:mm:ss a';
      }])
      .directive('myTime', ['$interval', 'dateFilter', function($interval,
dateFilter) {
        return {
          link: function (scope, element, attrs) {
            var format, timeoutId;
            function updateTime() {
              element.text(dateFilter(new Date(), format));
            }
            scope.$watch(attrs.myCurrentTime, function(value) {
              format = value;
              updateTime();
            });
            element.on('$destroy', function() {
```

```
        $interval.cancel(timeoutId);
    });
    timeoutId = $interval(function() {
    updateTime(); }, 1000);
    }
};
}]);
```

第21章

多重视图和路由

本章主要内容

- 路由简介
- 安装
- 布局
- 配置

　　路由几乎是所有 MVC（VM）框架都应该具有的特性，因为它是前端构建单页面应用（SPA）必不可少的组成部分。本章介绍 AngularJS 路由。AngularJS 路由允许通过不同的 URL 访问不同的内容。路由功能主要是 $routeProvider 服务与 ng-view 实现。ng-view 的实现原理是根据路由的切换，动态编译 HTML 模板。

21.1　路由简介

AngularJS 的前端路由需要提前定义路由规则，然后通过不同的 URL 告诉应用加载哪个页面（HTML），再渲染到对应的视图（ng-view）中。

当单击任意一个链接时，向服务端发送请求的地址都是一样的。因为#号之后的内容在向服务端请求时会被浏览器忽略掉。所以就需要在客户端实现#号后面内容的功能实现。AngularJS 路由就通过"#"和"+"标记区分不同的逻辑页面并将不同的页面绑定到对应的控制器上。

接下来看具体实现。

21.2　安装

从 1.2 版本开始，AngularJS 将 ngRoute 从核心代码中剥离出来成为独立的模块。我们需要安装并引用它，才能在 AngularJS 应用中正常地使用路由功能。在 HTML 中需要先引入 angular.js，然后再引入 angular-route.js。

```
<script type="text/javascript" src='angular.js'></script>
<script type="text/javascript" src='angular-route.js'></script>
```

最后要将 ngRoute 当作依赖加载进来：

```
angular.module('myApp',['ngRoute']);
```

21.3　布局

要创建一个布局模板，需要修改 HTML 来告诉 AngularJS 把模板渲染到何处。通过将 ng-view 指令和路由组合到一起，可以精确地指定当前路由所对应的模板在 DOM 中的渲染位置。

示例：

```
<body ng-app='myApp' ng-controller='myCtrl'>
    <h2>AngularJS 路由应用</h2>
    <ul>
        <li><a href="#home">首页</a></li>
        <li><a href="#web">Web</a></li>
        <li><a href="#ui">UI</a></li>
        <li><a href="#other">其他</a></li>
    </ul>
    <div ng-view></div>
</body>
```

上述示例中，将所有需要渲染的内容都放到了<div>中，而<h2>和<ul>中的内容在路由改变时不会有任何变化。

21.4　配置

$routeProvider 用来定义路由规则。AngularJS 模块中的 config 函数用于配置路由规则。通过使用 config，请求把$routeProvider 注入到配置函数，并且使用$routeProvider.when 来定义路由规则。$routeProvider 提供了 when(path,object)和 otherwise(object)函数以按顺序定义所有路由。函数包含两个参数，第一个参数是 URL 或 URL 正则规则，第二个参数是路由配置对象，它决定了当第一个参数中的路由能够匹配时具体做些什么。

配置对象中可以设置的属性包括 controller、template、templateUrl、resolve、redirectTo 和 reloadOnSearch。

示例：

```
var app= angular.module('myApp',['ngRoute','ngAnimate']);
app.controller('myCtrl',function(){});
app.config(['$routeProvider',function($routeProvider){
  $routeProvider.when('/home',{
    template:'这是首页'
  }).when('/web',{
    template:'这是 Web 页面'
  }).when('/ui',{
    template:'这是 UI 页面'
  }).when('/other',{
    template:'这是其他页面'
  })
}])
```

现在单击相应的链接就可以实现跳转，但是页面打开时并不会显示，此时需要用到 otherwise。otherwise 主要用在页面初始化或路由错误时。下面将上述示例代码进行修改：

```
……
when()
.otherwise({directTo:'/home'})
```

（1）controller

如果配置对象中设置了 controller 属性，那么这个指定的控制器会与路由所创建的新作用域关联在一起。如果参数值是字符型，则会在模块中所有注册过的控制器中查找对应的内容，然后与路由关联在一起。如果参数值是函数型，则这个函数会作为模板中 DOM 元素的控制器并与模板进行关联。

示例：

```
var app= angular.module('myApp',['ngRoute','ngAnimate']);
app.controller('myCtrl',function($scope){
  $scope.name='sxuek'
});
app.controller('web',function($scope){
```

```
        $scope.name='web';
    })
    app.controller('ui',function($scope){
        $scope.name='ui';
    })
    app.controller('other',function($scope){
        $scope.name='other';
    })
    app.config(['$routeProvider',function($routeProvider){
      $routeProvider.when('/home',{
          template:'这是首页'
      }).when('/web',{
          template:'这是{{name}}页'
          controller:'web'
      }).when('/ui',{
          templat:'这是{{name}}页',
          controller:'ui'
      }).when('/other',{
          template:'这是{{name}}页',
          controller:'other'
      }) .otherwise({directTo:'/home'})
    }])
```

（2）template/ templateUrl

这两个属性分别设置显示模板内容和页面。

（3）redirectTo

此属性将根据目标路由触发变化。

（4）$routeParams

此属性用来获取链接中的参数。

示例：

```
<ul>
    <li><a href="#home?key=sxuek">首页</a></li>
    <li><a href="#web?key=web">web</a></li>
    <li><a href="#ui?key=ui">ui</a></li>
<li><a href="#other?key=other">其他</a></li></ul>
  // 将 $routeParams 当作服务注入
  app.controller('web',function($scope,$routeParams){
    $scope.name='web';
    console.log($routeParams)
    // 输出 Object {key:'web'}
  })
```

第 22 章

依赖注入简介及使用

本章主要内容

● **依赖注入简介及使用**

依赖注入（Dependency Injection，简称 DI）是一种软件设计模式，在这种模式下，一个或更多的依赖（或服务）被注入（或通过引用传递）到一个独立的对象（或客户端）中，然后成为该客户端状态的一部分。该模式分离了客户端依赖本身行为的创建，这使得程序设计变得松耦合，并遵循了依赖反转和单一职责原则。与服务定位器模式形成直接对比的是，它允许客户端了解其如何使用该系统找到依赖。

依赖注入是一种软件设计模式，用于处理组件如何保持其依赖性。AngularJS 注射器子系统负责创建组件，解决其依赖性，并根据请求将其提供给其他组件。

依赖注入在整个 AngularJS 中是普遍的。依赖注入是一种软件设计模式，在这种模式下，一个或更多的依赖（或服务）被注入（或通过引用传递）到一个独立的对象（或客户端）中，然后成为该客户端状态的一部分。该模式分离了客户端依赖本身行为的创建，这使得程序设计变得松耦合，并遵循了依赖反转和单一职责原则。与服务定位器模式形成直接对比的是，它允许客户端了解客户端如何使用该系统找到依赖。

AngularJS 提供了很好的依赖注入机制。以下 4 个核心组件用来作为依赖注入：

1. value

value 是一个简单的 JavaScript 对象，用于向控制器传递值（配置阶段）。

示例：

```
// 定义一个模块
var app = angular.module("myApp", []);
// 创建 value 对象 defaultInput 并传递数据
myApp.value("defaultInput", 5);
// 将 defaultInput 注入控制器
myApp.controller('CalcController',function($scope,CalcService,defaultInput){
   $scope.number = defaultInput;
   $scope.result = CalcService.square($scope.number);
   $scope.square = function() {
      $scope.result = CalcService.square($scope.number);
   }
});
```

2. 工厂方法（factory）

factory 是一个函数，用于返回值，在 service 和 controller 需要时创建。通常使用 factory 函数来计算或返回值。

示例：

```
// 定义一个模块
var app = angular.module("app", []);
// 创建 factory "MathService" 用于计算两数的乘积
app.factory('MathService', function() {
   var factory = {};
   factory.multiply = function(a, b) {
      return a * b
   }
   return factory;
});
// 在 service 中注入 factory "MathService"
app.service('CalcService', function(MathService){
   this.square = function(a) {
      return MathService.multiply(a,a);
```

```
    }
});
```

3. provider

在 AngularJS 中通过 provider 来创建 service 和 factory 等（配置阶段）。provider 中提供了一个 factory 方法 get()，它用于返回 value、service、factory。

示例：

```
var app = angular.module("app", []);
// 使用 provider 创建 service，定义一个方法用于计算两数的乘积
app.config(function($provide) {
    $provide.provider('MathService', function() {
        this.$get = function() {
            var factory = {};
            factory.multiply = function(a, b) {
                return a * b;
            }
            return factory;
        };
    });
});
```

4. constant

constant（常量）用来在配置阶段传递数值，注意，这个常量在配置阶段是不可用的。

```
app.constant("configParam", "constant value");
```

示例：

```
<div ng-app = "myApp" ng-controller = "myCtrl">
    <p>输入一个数字: <input type = "number" ng-model = "number" /></p>
    <button ng-click = "square()">X<sup>2</sup></button>
    <p>结果: {{result}}</p></div>
var app = angular.module("app", []);
    app.config(function($provide) {
        $provide.provider('MathService', function() {
            this.$get = function() {
                var factory = {};
                factory.multiply = function(a, b) {
                    return a * b;
                }
                return factory;
            };
        });
    });
    app.value("defaultInput", 5);
    app.factory('MathService', function() {
```

```
        var factory = {};
        factory.multiply = function(a, b) {
            return a * b;
        }
        return factory;
});
app.service('CalcService', function(MathService){
    this.square = function(a) {
        return MathService.multiply(a,a);
    }
});
app.controller('myCtrl', function($scope, CalcService, defaultInput)
{
    $scope.number = defaultInput;
    $scope.result = CalcService.square($scope.number);
    $scope.square = function() {
        $scope.result = CalcService.square($scope.number);
    }
});
```

第 23 章

服务

本章主要内容

- 服务概述
- 使用服务

到目前为止已经介绍了视图如何同 $scope 绑定在一起，以及控制器是如何管理数据的。出于内存占用和性能的考虑，控制器只会在需要时被实例化，并且不再需要就会被销毁。这意味着每次切换路由或重新加载视图时，当前的控制器会被 AngularJS 清除掉。服务提供了一种能在应用的整个生命周期内保持数据的方法，它能够在控制器之间进行通信，并且能保证数据的一致性。

23.1　服务概述

服务本质是一个单例对象，即在一个应用中，每个对象只会被实例化一次（用$injector服务），主要负责提供一个接口将所有与特定功能相关联的方法集中在一起。此处以$location服务为例，$location 提供与地址栏相关的服务，利用$location 服务可以获取关于地址栏的信息。此处可以使用 DOM 中存在的对象，类似 window.location 对象，但它在 AngularJS 应用中有一定的局限性。利用服务就不需要调用底层的方法，避免"污染"应用。

$location 服务与 window.location 对象的对比见表 23-1。

表　23-1

	window.location 对象	$location 服务
目的	允许对当前浏览器的位置进行读写操作	允许对当前浏览器的位置进行读写操作
API	暴露一个能被读写的对象	暴露 jQuery 风格的读写器
是否在 AngularJS 应用生命周期中与应用整合	否	可获取到应用声明周期内的每一个阶段，并且与$watch 整合
是否与 HTML 5 API 无缝整合	否	是（对低级浏览器优雅降级）

示例：

```
var app = angular.module('MyApp', []);
app.controller('myCtrl',function($scope,$location){
    $scope.getUrl = function(el){
        alert($location.absUrl());
    }
});
```

AngularJS 中还提供了一些其他服务，这些服务的用法是统一的。此外，还可以根据应用需求自定义服务。定义服务之后，使用时只需要将其作为依赖加载进来即可。

23.2　使用服务

开发人员可以在控制器、指令、过滤器等处通过依赖注入的方式来使用一个服务，AngularJS 在一开始会自动实例化相关对象和加载相关依赖。将服务器当作参数传递给控制器，就将一个服务注入到了控制器中，那么在控制器中就可以调用该服务器上的属性和方法。

23.2.1　$http 服务

$http 服务是一个核心的 AngularJS 服务，可以通过浏览器中的 XMLHttpRequest 对象或通过 JSONP 促进与远程 HTTP 服务器的通信。

1. 用法

$http 服务是一个函数，它接收一个参数用于生成 HTTP 请求并返回一个 promise 对象。

示例：

```
$http({
  method: 'GET',
  url: '/someUrl'
}).then(function successCallback(response) {
    // 成功
  }, function errorCallback(response) {
    // 失败
  });
```

2. 响应对象具有的属性

1) data：一个字符串或一个对象，携带来自服务器的响应。

2) status：响应的 HTTP 状态代码。

3) headers：一个用来获取标题信息的函数。

4) config：用于生成请求的配置对象。

5) statusText：一个定义 HTTP 状态的字符串。

示例：

```
<body ng-app='myApp' ng-controller="myCtrl">
  <input type="text" ng-model="name" ng-keyup="change(name)">
   <ul>
     <li ng-repeat="i in data" class="box">
        {{i}}
     </li>
   </ul>
</body>
input{
    border:1px solid #f40;
    outline:none;
    width: 300px;
    line-height: 30px;
}
ul{
    width: 298px;
    height:auto;
}
li{
    padding:3px;
    line-height:30px;
    border-bottom:1px solid #dfdfdf;
    transition: all ease 1s ;
}
 var app=angular.module('myApp',['ngAnimate']);
 app.controller('myCtrl',['$scope','$http','$timeout',function($scope,$
http,$timeout){
```

```
            var time=null;
            $scope.data=[];
            $scope.change=function(name){
                $timeout.cancel(time);
                $timeout(function(){
                    $http({
                        method:'JSONP',
                        // 百度获取数据调用接口
url:'https://sp0.baidu.com/5a1Fazu8AA54nxGko9WTAnF6hhy/su?wd='+name+'&cb=JSON_
CALLBACK'
                    }).success(function(data){
                        $scope.data=data.s;
                    })
                },500)
            }
        }])
```

23.2.2 $timeout 服务

$timeout 服务对应 JavaScript 中的 window.setTimeout 函数。

示例：

```
    var app = angular.module('myApp', []);
    app.controller('myCtrl', function($scope, $timeout) {})
```

23.2.3 $interval 服务

$interval 服务对应 JavaScript 中的 window.setInterval 函数。

示例：

```
    var app = angular.module('myApp', []);
    app.controller('myCtrl', function($scope, $interval) {
        $scope.theTime = new Date().toLocaleTimeString();
        $interval(function () {//每两秒显示信息
            $scope.theTime = new Date().toLocaleTimeString();
        }, 1000);
    });
```

23.2.4 $location 服务

$location 服务用以解析地址栏中的 URL，使用户可以访问应用当前路径所对应的路由。它同样提供了修改路径和处理各种形式导航的能力。当应用需要在内部进行跳转时是使用$location 服务的最佳场景，如当用户注册后，修改或者登录后进行的跳转。$location 服务没有刷新整个页面的能力。如果需要刷新整个页面，则需要使用$window.location 对象（window.location 的一个接口）。

1．path 方法

path()用来获取页面当前的路径。

2．replace 方法

如果希望跳转后用户不能单击后退按钮（这对于发生在某个跳转之后的再次跳转很有用），则 AngularJS 提供了方法 replace()来实现这个功能。

3．host 方法

host()用来获取 URL 中的主机：

```
$location.host();// 当前 URL 的主机
```

4．port 方法

port()用来获取 URL 中的端口号：

```
$location.port();// 当前 URL 的端口
```

5．protocol 方法

protocol()用来获取 URL 中的协议：

```
$location.protocol();// 当前 URL 的协议
```

6．search 方法

search()用来获取 URL 中的查询串：

```
$location.search();
```

7．url 方法

url()用来获取当前页面的 URL：

```
$location.url();
```

第 24 章

动画

本章主要内容

- 动画概述
- 动画的安装与原理
- 动画实现

在 AngularJS 中通过 ngAnimate 模块可以在应用中添加各种动画，在 AngularJS 中可以通过使用 CSS 3 动画、过渡、JavaScript 动画来实现。本章主要讲解如何利用这 3 种方式定义动画，以及动画实现的原理。

24.1 动画概述

AngularJS 为通用指令（如 ngRepeat、ngSwitch 和 ngView）和通过$animate 服务定制的指令提供动画挂钩。也就是说，这些指令可以使用 $animate 动画服务，这些动画钩子可以在整个指令的生命周期中随着各种指示、触发等执行动画。当触发时，将尝试执行 CSS 转换、CSS 关键帧动画或 JavaScript 回调动画（取决于是否在给定指令上放置了动画）。在 AngularJS 中提供了 ngAnimate 模块，帮助开发人员实现动画。实现动画的方式有以下 3 种途径：

1）CSS 3 动画。

2）CSS 3 过渡。

3）JavaScript 中的动画。

24.2 动画的安装与原理

24.2.1 安装

自版本 1.1.0 起，动画就不再是 AngularJS 核心的一部分了，它们存在于自己的模块中。为了在 AngularJS 应用中包含动画，需要将 angular-animate.js 引入到应用中。代码如下：

```
<script src="js/vendor/angular.js"></script>
<script src="js/vendor/angular-animate.js"></script>
```

然后，需要在应用模块中把 ngAnimate 模块当作依赖项来引用：

```
angular.module('myApp', ['ngAnimate']);
```

至此就可以使用 AngularJS 来呈现动画了。

24.2.2 原理

ngAnimate 模型并不能使 HTML 元素产生动画，但是 ngAnimate 会监测事件，类似隐藏显示 HTML 元素，如果事件发生 ngAnimate 就会使用预定义的 class 来设置 HTML 元素的动画。AngularJS 通过添加/移除 class 的指令，$animate 服务将默认给动画元素的每个动画事件添加两个 CSS 类。$animate 服务支持多个 AngularJS 内置的指令，它们无须做额外的配置即可支持动画。我们可以为自己的指令创建动画。所有这些预先存在的支持动画的指令，都是通过监控指令上的事件实现的。例如，当一个新的 ngView 进入并且把新内容带进浏览器时，这个事件就叫作 ngView 的 enter 事件。当 ngHide 准备显示一个元素时，remove 事件就会触发。

触发 enter 事件的指令会在 DOM 变更时收到一个 ng-enter 样式类，然后 AngularJS 添加

ng-enter-active 类，它会触发动画。ngAnimate 自动检测 CSS 代码来判定动画什么时候完成。当这个事件完成时，AngularJS 会从 DOM 元素上移除这两个类，使我们能够在 DOM 元素上定义动画相关的属性。

如果浏览器不支持 CSS 过渡或者动画，动画会开始，然后立即结束，DOM 会处于最终的状态，不会添加过渡或者动画的样式类。所有支持的结构性动画事件都遵循同样的约定：进入、离开、移动。基于样式的动画事件略有不同。

$animate 服务基于指令发出的事件来添加特定的样式类。对于结构性的动画（如进入、移动和离开），添加的 CSS 类是 ng-[EVENT] 和 ng-[EVENT]-active 这样的形式。

对于基于样式类的动画（如 ngClass），动画样式类的形式是[CLASS]-add、[CLASS]-add-actdive、[CLASS]-remove、[CLASS]-remove-active。最后，对于 ngShow 和 ngHide，只有.ng-hide 类会被添加和移除，它的形式与 ngClass 一样：ng-hide-add、ng-hide-add-active、ng-hide-remove、ng-hide-remove-active。

24.3 动画实现

24.3.1 CSS 3 过渡

如下示例实现通过复选按钮控制元素的显示与隐藏。

```
<body ng-app='myApp' ng-controller='myCtrl'>
  <input type="checkbox" ng-model="btn">
  <div ng-if="btn" class="box"></div>
</body>
/* 添加过渡，初始化 ng-enter、ng-enter-active、ng-leave、ng-leave-active */
.box{width:200px; height:200px; background:red; transition: all ease 1s;}
.box.ng-enter{ opacity:0;}
.box.ng-enter-active{ opacity:1;}
.box.ng-leave{ opacity:1;}
.box.ng-leave-active{ opacity:0;}
var app= angular.module('myApp',['ngAnimate']);
app.controller('Aaa',['$scope',function($scope){
  $scope.btn = true;
}]);
```

用同样的方式可以给之前的路由添加动画。给显示内容区域添加类名 box 即可。代码如下：

```
<div class="box" ng-view>
</div>
```

接下来完善一下之前百度搜索的案例，为它添加一些动画。在 CSS 中添加代码如下：

```
.box{ transition:1s all;}
```

```
.box.ng-enter{ opacity:0;}
.box.ng-enter-active{ opacity:1;}
.box.ng-leave{ display:none;}
```

这个时候，选项出来时就有了动画，只不过效果是整体淡入，我们需要有一个先后的渐变出现的效果。这时可以通过设置 ng-enter-stagger 来实现。在 CSS 中添加如下代码：

```
.box.ng-enter-stagger{
    animation-delay : 100ms;
}
```

上述动画是通过 ng-if 实现的，ng-repeat 元素是动态地插入和删除。ng-show、ng-hide、ng-class 等是操作元素样式相关的指令，这些指令通过预定义 ng-enter、ng-enter-active、ng-leave、ng-leave-active 等类就不能实现动画，实现方式是添加 ng-hide-remove、ng-hide-remove-active、ng-hide-add、ng-hide-add-active 类。

24.3.2　CSS 3 动画

下面利用之前路由的案例来实现动画。代码如下：

```
<!--在显示内容区域添加类名 box -->
<div class="box" ng-view>
</div>
/* CSS 定义动画 */
@keyframes enter {
        from{
            left: -100%;
        }
        to{
            left:0;
        }
}
@keyframes leave {
        from{
            left: 0;
        }
        to{
            left:100%;
        }
}
.view-animate.ng-enter{
    animation: enter 1s linear;
}
.view-animate.ng-leave{
    animation: leave 1s linear;
}
```

```
.box{
    position: absolute;
    left:0;
}
```

24.3.3 JavaScript 中的动画

ngAnimate 模块在 API 上添加了 animation 方法，通过该方法可以创建动画。animation 方法有以下两个参数。

1）classname（字符串）：classname 会匹配要产生动画的元素的 class。

2）animate（函数）：返回一个对象，包含了指令会触发的不同的事件函数。

1. 动态创建元素类指令

示例：

```
<body ng-app='myApp' ng-controller="myCtrl">
  <input type="checkbox" ng-model="bBtn">
  <div ng-if="bBtn" class="box"></div>
</body>
  /*去掉原来CSS中的过渡和预定义类*/
  .box{
    width: 200px;height: 200px;background: red;
  }
  var app=angular.module('myApp',['ngAnimate']);
  app.controller('myCtrl',function($scope){
    $scope.btn=true;
  })
  app.animation('.box',function(){
    return {
      leave : function(element,done){
        //console.log(element);
        /* element 是<div ng-if="bBtn" class="box"></div> */
        //console.log(done);
      // 动画结束后要执行的函数
      /*
      在本示例中，ng-if 是通过动态创建和删除元素来实现效果的，如果不执行 done，
则动画结束后元素还在
      */
      //以下动画是通过 jQuery 来实现的
        $(element).animate({width:0,height:0},1000,done);
      },
      enter : function(element,done){
      /*
      当元素进入时是动态地创建元素，创建出来后，样式为宽 200、高 200，因此没有效
果，所以需要先设置一下它的宽高。具体效果可以通过注释掉下面的代码观看
```

305

```
        */
            $(element).css({width:0,height:0});
            $(element).animate({width:200,height:200},1000,done);
        }
    };
});
```

2. 样式类指令

下面将 ng-if 修改为 ng-show，代码如下：

```
var app=angular.module('myApp',['ngAnimate']);
app.controller('myCtrl',function($scope){
  $scope.btn=true;
})
app.animation('.box',function(){
 return {
   addClass : function(element,classname,done){
    // classname 为 element 上的类名
     $(element).animate({width:0,height:0},1000,done);
   },
   removeClass : function(element,classname,done){
     $(element).css({width:0,height:0});
     $(element).animate({width:200,height:200},1000,done);
   }
 };
});
```

24.3.4 在定义指令中使用动画

自定义指令中的动画也可以通过$animate 直接注入指令并在需要时进行调用以建立。
示例：

```
var app=angular.module('myApp',[]);
app.directive('my-directive', ['$animate', function($animate) {
  return function(scope, element) {
    element.on('click', function() {
      if (element.hasClass('clicked')) {
        $animate.removeClass(element, 'hot');
      } else {
        $animate.addClass(element, 'hot');
      }
    });
  };
}]);
```

第 25 章

综合案例

在之前的章节中学习了关于 AngularJS 的基础语法和 AngularJS 的各个组成部分。本章将利用 AngularJS 实现 ToDoList，然后对比之前章节中利用原生 JavaScript 实现同样的效果，感受一下 AngularJS 的魅力。

1. HTML 布局

HTML 页面主要分为两个部分：左边部分是事项列表，右边部分是每个列表的具体内容。

1) 左边 HTML 布局部分，开始处有一个添加按钮，往下是所有的列表。代码如下：

```html
<div class="left">
    <div class="header">
        <div class="logo">
            todoList
        </div>
        <div class="add">
            <span></span>
            <span></span>
        </div>
    </div>
    <ul class="leftList">
        <li  class="active">
            <div class="point" >
                <span></span>
            </div>
            <p>
                优逸客大事件
            </p>
        </li>
    </ul>
</div>
```

2) CSS 部分（缩减），代码如下：

```css
html,body{
    width:100%;
    height:100%;
    position: relative;
    background-color: #ffffff;
}
.left{
    width: 300px;
    height:100%;
    background:#3e3e3e;
    position: relative;
}
.left>.header{
    height: 44px;
    border-bottom: 1px solid #1a1a1a;
    padding: 0 10px;
    box-sizing: border-box;
```

```
        line-height: 44px;
    }
    .header>.logo{
        padding: -1px;
        font-size: 18px;
        color: #ffffff;
        float: left;
    }
    .header>.add{
        float: right;
        width: 30px;
        height:100%;
    }
```

由于篇幅有限，其余部分就不再展示了，读者可以按照个人风格完成剩余部分。

3）右边 HTML 布局部分，开始处有一个搜索，接下来是完成数目，之后是对应列表的完成项和未完成项，最后是一个添加内容。代码如下：

```
<div class="right">
    <div class="search">
        <input type="text" placeholder="请输入关键字" >
    </div>
    <section class="rightBottom">
        <div class="title" >
            优逸客大事件 1
        </div>
        <div class="doneNum">
            <div class="sj">
                <span></span>
            </div>
            已经完成 3 项
        </div>
        <ul class="done" ng-show="doneShow">
            <li>
                <div class="point">
                    <span></span>
                </div>
                <p> 优逸客大事件 1,第一个 3 年计划已经完成</p>
            </li>
        </ul>
        <ul class="doing">
            <li >
                <div class="point">
                    <span ></span>
                </div>
                <input type="text" value="优逸客第二个 3 年计划正在路上">
            </li>
```

```
        </ul>
        <div class="additem" ng-click="addContent(index)">
            添加新项目……
        </div>
    </section>
</div>
```

4）CSS 部分（缩减），代码如下：

```css
.right{
    position: absolute;
    left:300px;
    right:0;
    top:0;
    bottom:0;
    background-image: url(../images/bg.png);
}
.right>.search{
    height: 44px;
    border-bottom: 1px solid #cccccc;
    box-sizing: border-box;
}
.search>input{
/*搜索框样式 */
/*宽，高，边框，背景*/
}
.search>input:focus{
    /*选中搜索框样式*/
}
.rightBottom{
/*底部列表*/
 /*内边框*/
}
  .search>input{
    border:none;
    outline: none;
    background: none;
    width:300px;
    height:100%;
    font-size: 18px;
    padding: 0 10px;
}
.search>input:focus{
    background: #ffffff;
    border-right:1px solid #cccccc;
}
.rightBottom{
```

```
        padding: 10px;
        box-sizing: border-box;
    }
    .rightBottom>.title{
        height: 50px;
        font-size: 20px;
        color: red;
        font-weight: bold;
    }
    .rightBottom>.doneNum{
        height: 44px;
        border-bottom: 1px solid #cccccc;
        position: relative;
    }
```

由于篇幅有限，其余部分就不再展示了，读者可以按照个人风格完成剩余部分。

2. JavaScript 实现

代码如下：

```javascript
var myApp = angular.module('todo',[]);
// 定义服务用来获取数据和保存数据
myApp.service('todoServer',function(){
    this.getAllnotes = function(){
        if(localStorage.todos){
            return JSON.parse(localStorage.todos)
        }else{
            return [];
        }
    }
    this.saveTodosToLocal = function(todos){
        localStorage.todos= JSON.stringify(todos)
    }
})
myApp.controller('todoCtrl',[ '$scope', 'todoServer',function($scope,
todoServer){
    // 数据初始化
    /*[
        {
            id:1,
            title:'优逸客大事件1',
            color:'#00bcd4',
            todolist:[
                {title:' 2017 优逸客千人计划全城联动，寻找城市里的设计精灵',
done:true},
                {title:" 钊神放大招了——UI 界面设计之浓缩 ",done:true},
                {title:'团队活动——只属于布道师的欢乐时光！',done:false},
```

```
                ]
            }
    ]*/
    $scope.todos = todoServer. getAllnotes();
    // 设置默认选中项
    $scope.index = $scope.todos.length-1;
    // 颜色数组
    $scope.colorArr = ['#00bcd4','#00d47d','#00d4cc','#0040d4','#6700d4',
'#d400b8'];
    }])
```

数据初始化完成后,将数据显示到视图中。

将所有的数据显示到页面中,并且选中第 index 项,添加对应的颜色按钮,代码如下:

```
    // 显示所有的内容列表
    <ul class="leftList">
     <li    ng-repeat="v in todos" ng-class="index==$index?'active':'' "
ng-click="selectList($index)">
       <div class="point" >
        <span ng-style="{background:v.color}"></span>
       </div>
       <p> {{v.title}} </p>
     </li>
    </ul>
    // 显示第 index 项的标题、列表内容、完成部分和未完成部分
    <div class="title" ng-style="{color:todos[index].color}">
     {{todos[index].title}}
    </div>
    <ul class="done" ng-show="doneShow">
     <li  ng-repeat="v  in  todos[index]['todolist']  |  filter:true  |
filter:search" >
        <div class="point">
         <span ng-style="{background:todos[index].color}"></span>
        </div>
        <p>{{v.title}}</p>
     </li>
    </ul>
    <ul class="doing">
     <li ng-repeat=" v  in  todos[index]['todolist']  |  filter:false  |
filter:search" >
        <div class="point">
         <span   ng-style="{backgroundColor:todos[index].color,borderColor:
todos[index].color}"></span>
        </div>
        <input type="text" ng-model="v.title">
     </li>
    </ul>
```

3．计算已完成的数目

1）JS 部分代码如下：

```javascript
$scope.doneNum = function(){
    var index=0;
        $scope.todos[$scope.index]['todolist'].forEach(function(v,i){
          if(v.done){
            index++;
          }
        })
        return index;
}
```

2）HTML 部分：已经完成 {{doneNum()}} 项。

4．切换内容的完成和未完成状态

1）JS 部分代码如下：

```javascript
$scope.changeStatus = function(v,bool){
  v.done = bool;
}
```

2）HTML 部分代码如下：

```html
<div class="point">
<span ng-click="changeStatus(v,true)"></span>
</div>
$scope.$watch(todos,function(newvalue,oldvalue){
noteServer.saveTodosToLocal(newvalue);
},true)
```

5．给当前选中项添加内容

1）JS 部分代码如下：

```javascript
$scope.addContent = function(index){
  $scope.todos[index]['todolist'].push({
    title:'新增事项',
    done:false
  })
}
```

2）HTML 部分代码如下：

```html
<div class="additem" ng-click="addContent(index)">
  添加新项目……
</div>
```

6. 切换完成项的显示与隐藏

1）JS 部分代码如下：

```
$scope.doneShow = false;
$scope.doneToggle = function(){
    $scope.doneShow = !$scope.doneShow;
}
```

2）HTML 部分代码如下：

```
<div class="sj " ng-class="{isShow:doneShow}" ng-click="doneToggle()">
<span></span></div>
<ul class="done" ng-show="doneShow"> ……</div>
```

7. 添加列表

代码如下：

```
$scope.addList = function(){
  var index = $scope.todos.length-1;
  var id = $scope.todos[index].id+1;
  var color = $scope.colorArr[(index+1)%6];
$scope.todos.push(
    {
    Id: id,
    Color:color,
    title:'优逸客大事件'+id,
todolist:[]
        }
    )
        $scope.index = $scope.todos.length-1;
}
```

效果截图如图 25-1 所示。

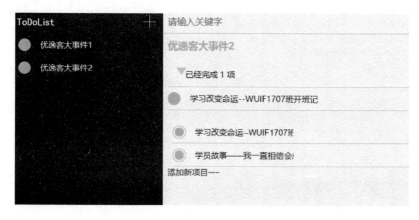

图 25-1

第 26 章

初识 React

本章主要内容

- 前端架构的变迁
- React 简介
- 专注于视图
- React 解决的问题
- 虚拟 DOM 机制
- React 组件

本章将介绍 React 的基本思想和基本用法。

26.1　前端架构的变迁

26.1.1　前后端不分的时代

互联网发展的早期，前后端开发是一体的，前端代码是后端代码的一部分，可称之为 Web 1.0 时代，非常适合创业型小项目，经常 3～5 人即可搞定所有开发。页面由 JSP、PHP 等工程师在服务端生成，浏览器负责展现。基本上是服务端给什么浏览器就展现什么，展现的控制在 Web Server 层。这种模式的好处是简单明快，本地开启一个 Tomcat 或 Apache 服务器环境就能进行开发，调试方便，只要业务不太复杂。

然而业务总会变复杂，业务的复杂会让 Service 越来越多，参与开发的人员也很可能从几个人快速涨到几十人，代码可维护性也越来越差。

26.1.2　后端 MVC 时代

为了降低开发的复杂度，以后端为出发点，有了 Web Server 层的架构升级，如 Structs、Spring MVC 等，这是后端的 MVC 时代。

代码可维护性得到明显好转，MVC 是个非常好的协作模式，从架构层面让开发者懂得什么代码应该写在什么地方。例如，在 PHP 中为了让 View 层更简单干脆，还可以选择 Smarty 等模板，使得模板里不用再写 PHP 代码。看起来功能变弱了，但正是这种限制使得前后端分工更清晰。

那时的前端工程师，实际上只负责写模板，后端代码读取模板，替换变量，渲染出页面。

26.1.3　AJAX 的 SPA 时代

2004 年 Gmail 像风一样来到人间，很快 2005 年 AJAX 被正式提出，加上 CDN（Content Delivery Network）开始大量用于静态资源存储，于是出现了 JavaScript 王者归来的 SPA（Single Page Application，单页面应用）时代。这种模式下，前后端的分工非常清晰。前后端的关键协作点是 AJAX 接口。

对于 SPA 应用有两个很重要的挑战：

1）前后端接口的约定。如果后端的接口一塌糊涂，业务模型不够稳定，那么前端开发会很痛苦。在实际项目开发中，不少团队也有类似尝试，通过接口规则、接口平台等方式来做。有了与后端一起沉淀的接口规则，还可以用来模拟数据，使得前后端可以在约定接口后实现高效并行开发。

2）前端开发的复杂度控制。SPA 应用大多以功能交互型为主，JavaScript 代码过十万行很正常。大量 JS 代码的组织、与 View 层的绑定等，都不是容易的事情。典型的解决方案是业界的 Backbone，但 Backbone 能做的事还很有限，依旧存在大量的空白区域需要挑战。

26.1.4　前端为主的 MV*时代

为了降低前端开发的复杂度，除了 Backbone，还有大量框架涌现，如 EmberJS、KnockoutJS、AngularJS 等。这些框架总的原则是先按类型分层，如 View、Controller、Model。

好处很明显：

1）前后端职责很清晰。前端工作在浏览器端，后端工作在服务端。清晰的分工，可以让开发并行，测试数据的模拟不难，前端可以本地开发。后端则可以专注于业务逻辑的处理，输出 RESTful 等接口。

2）前端开发的复杂度可控。前端代码很复杂，但合理的分层，让前端代码能各司其职。

3）部署相对独立，产品体验可以快速改进。

26.2　React 简介

React 起源于 Facebook 的内部项目，当时市场上已经有很多流行的框架了，如 AngularJS、KnockoutJS 等，但是 Facebook 公司都不是特别满意，于是决定开发一套框架，用来架设公司的 Instagram 网站，项目完成后，发现这套框架还是很好用的，于是在 2013 年 5 月对这个框架开源了，当天在 GitHub 上就出现了很多追随者。

26.3　专注于视图

React 是一个库。它与那些大型的、全面的框架的思想相反。React 并不是完整的 MVC/MVVM 框架，它仅是 View 的库，选择了 React，便可自由选择当下最好的库来最优地解决问题。JavaScript 发展很快，而 React 允许用户用更好的库来替换应用程序的局部，而不是等待和期盼所使用的框架做创新。

26.4　React 解决的问题

在 Web 开发中，基于 HTML 的前端界面开发正变得越来越复杂，要想将数据实时地反映到视图中，就需要操作 DOM，复杂或频繁的 DOM 操作通常是性能瓶颈产生的根本原因，而来自 Facebook 的 React 框架正是完全面向此问题的一个解决方案，用于开发数据不断变化的大型应用程序。相比传统型的前端开发，它实现了前端界面的高效率、高性能开发。

26.5　虚拟 DOM 机制

26.5.1　虚拟 DOM 介绍

在 Web 开发中，总需要将变化的数据实时反映到视图上，这时就需要对 DOM 进行操作。如何进行高性能的复杂 DOM 操作通常是衡量一个前端开发人员技能的重要指标。

React 为此引入了虚拟 DOM（Virtual DOM）的机制：在浏览器端用 JavaScript 实现了一套 DOM API。

基于 React 进行开发时，所有的 DOM 构造都是通过虚拟 DOM 进行，每当数据变化时，React 都会重新构建整个 DOM 树，然后 React 将当前整个 DOM 树和上一次的 DOM 树进行对比，得到 DOM 结构的区别，然后仅仅将需要变化的部分进行实际的浏览器 DOM 更新。而且 React 能够批处理虚拟 DOM 的刷新，在一个事件循环（Event Loop）内的两次数据变化会被合并，如连续地先将结点内容从 A 变成 B，然后又从 B 变成 A，React 会认为 UI 不发生任何变化，而如果通过手动控制，这种逻辑通常是极其复杂的。尽管每一次都需要构造完整的虚拟 DOM 树，但是因为虚拟 DOM 是内存数据，性能极高，而对实际 DOM 进行操作的仅仅是 Diff 部分，因此能达到提高性能的目的。这样，在保证性能的同时，开发者将不再需要关注某个数据的变化如何更新到一个或多个具体的 DOM 元素，而只需要关心在任意一个数据状态下，整个界面是如何 Render 的。

如果曾经写过服务器端 Render 的纯 Web 页面，那么应该知道服务器端所要做的就是根据数据 Render 出 HTML 并送到浏览器端。如果这时因为用户的一个单击需要改变某个状态文字，那么也是通过刷新整个页面来完成的。服务器端无须知道是哪一小段 HTML 发生了变化，而只需要根据数据刷新整个页面。换句话说，任何 UI 的变化都是通过整体刷新来完成的。而 React 将这种开发模式以高性能的方式带到了前端，每做一点界面的更新，都可以认为刷新了整个页面。至于如何进行局部更新以保证性能，则是 React 框架要完成的事情。

26.5.2　虚拟 DOM 的意义

虚拟 DOM 最大的意义绝不是提升性能，而是它对 DOM 进行了一层抽象。在浏览器中使用 React 时，感觉不是特别明显，毕竟编写的 DOM 标签跟原生的没有区别，并且最终都被渲染成了 DOM。但是 React Native 的推出已经完全说明了虚拟 DOM 的颠覆性意义：它抽象了 DOM 的具体实现。在浏览器中，虚拟 DOM 最终编译成了 DOM，但是在 iOS 操作系统中，虚拟 DOM 完全可以编译成 OC 中的组件，甚至在安卓系统、Windows 系统、Mac OS X 系统中都完全可以编译成对应的 UI 组件。

26.6　React 组件

26.6.1　组件化的概念

组件化的概念在后端早已存在多年，只不过近几年随着前端的发展，这个概念在前端开始被频繁提及，特别是在 MV* 的框架中。

前端中的"组件化"一词，在 UI 这一层通常指"标签化"，即把大块的业务界面拆分成若干小块，然后进行组装。

1）狭义的组件化一般是指标签化，即以自定义标签（自定义属性）为核心的机制。

2）广义的组件化包括对数据逻辑层的业务进行整理，形成不同层级的能力封装。

26.6.2　组件化的意义

不管是前端的组件化还是后端的组件化，其目的无非就是为了提高开发效率和后期维护的效率。

例如，若想实现一个网站的头部，可以把头部单独拿出来进行封装，根据不同页面或业务要求，灵活定制不同的头部（结构一致，颜色或展示等不同）。这样就可以在不同的页面进行灵活的复用。后期如果头部结构有较大变动，那么只修改该头部组件即可。

React 提供了模板语法以及一些方法用于基本的 HTML 渲染，这就是 React 全部的输出——HTML。把 HTML 和 JavaScript 合并到一起，便称为"组件"，允许把它们自己内部的状态存到内存中，最后返回的只是 HTML 标签。

第 27 章

React 基础

本章主要内容

- **React 开发环境**
- **React 组件构建**
- **JSX 简介**
- **开始使用 JSX**
- **React 中的非 DOM 属性**
- **组件的生命周期**
- **React 操作 DOM**
- **React 属性与状态**
- **React 事件**
- **React 表单**
- **使用 CSS 样式**

本章主要介绍 React 中的基本使用，如开发环境配置、组件构建、JSX 语法、组件生命周期函数、属性与状态等。

27.1　React 开发环境

React 开发环境有以下两种：

1）浏览器端的开发环境（不推荐采用浏览器端引入方式）。

2）基于 Webpack 工程化构建工具的开发环境（推荐此方式）。

27.1.1　安装 React

React 开发环境需要基于 Node.js，本书推荐采用这种开发方式来提高开发效率：

1）利用包管理器（Package Manager）可以安装大量的第三方软件包，并轻松地使用或更新它们。

2）打包工具（Bundler），如 Webpack 或 Browserify。它们允许用户编写模块化的代码并将它们打包成为一个小包，以实现加载性能的优化，节省加载时间。

3）编译器（Babel），它可以让开发人员在编写 JavaScript 代码时使用最新的语法，编译后还可以兼容旧版本的浏览器。

27.1.2　浏览器端的使用

在浏览器中使用 React 开发需要引入如下 JS 库：

1）react.js 是 React 的核心库，引入方法如下：

```
<script src="http://cdn.bootcss.com/react/15.6.1/react.js"></script>
```

2）react-dom.js 用于提供与 DOM 相关的功能，引入方法如下：

```
<script src="http://cdn.bootcss.com/react/15.6.1/react-dom.js"></script>
```

如果没有以上这两个库是无法创建 React 应用的。本书中的 CDN 使用的是 BootCDN，网址为 http://www.bootcdn.cn/。

3）babel.js 是将 JSX 语法转为 JavaScript 语法，引入方法如下：

```
<script src="https://unpkg.com/babel-standalone@6/babel.min.js"></script>
```

一个基本模板的直接引入方式：先下载 React 的核心资源库，可以从 React 官方网站下载，其中包括很多 Demo 实例，还有 React 的几个核心文件库。代码如下：

```
<!DOCTYPE html>
<html>
<head>
<script src="http://cdn.bootcss.com/react/15.6.1/react.js"></script>
<script src="http://cdn.bootcss.com/react/15.6.1/react-dom.js"></script>
<script src="https://unpkg.com/babel-standalone@6/babel.min.js"></script>
</head>
```

```
<body>
<div id="example"></div>
<!--要使用 JSX 语法进行开发，就需要将 type 设置为 text/babel -->
<script type="text/babel">
     //在此写一些 React 代码
</script>
/body>
</html>
```

27.1.3　基于 Webpack 工程化构建工具

Webpack 是当下最热门的前端资源模块化管理和打包工具之一。它可以将许多分散的模块按照依赖和规则打包成符合生产环境部署的前端资源，还可以将按需加载的模块进行代码分隔，等到实际需要时再异步加载。通过 loader 的转换，任何形式的资源都可以视作模块，如 CommonJS 模块、AMD 模块、ES6 模块、CSS、图片、JSON、CoffeeScript、Less 等。

尽管业界在此前就推出了优秀的打包工具，如 Browserify，但 Webpack 的迅速崛起，还有其特别之处：

1）支持所有主流的打包标准（如 CommonJS、AMD、UMD、Globals）。

2）可以通过不同的 Webpack loader 打包.css、.sass、.json、.markdown 等格式的文件。

3）有完善的缓存系统。

4）内置热重载功能。

下面先通过 npm 来安装 Webpack：

```
$ npm install -g webpack
```

注意，请将 Webpack 安装到全局目录下，否则运行 Webpack 时会报错，具体如下：

```
//Mac 报错
-bash: webpack: command not found
//Windows 报错
//Webpack 不是内部或外部命令，也不是可运行的程序或批处理文件
```

若想让浏览器监测代码修改，并自动刷新修改后的结果，Webpack 提供了一个可选的本地开发服务器，这个本地服务器基于 Node.js 构建，可以实现上述功能，不过它是一个单独的组件，在 Webpack 中进行配置之前需要单独安装它作为项目依赖，方法如下：

```
//需要安装 Webpack 配套的 Web 服务器 webpack-dev-server
npm install --save-dev webpack-dev-server
```

如果需要打包除 JavaScript 代码之外的其他代码或资源，需要使用一些 loader，这里安装了编译 Less 的 less-loader、打包样式的 style 和 css-loader、Babel 编译的 babel-loader。以下为需要安装的各种 loader：

```
//style-loader 动态地把样式写入 CSS
```

```
npm install css-loader style-loader --save-dev

//less less-loader 编译 Less
npm install --save-dev less-loader less

//postcss-loader 为 CSS 代码自动添加适应不同浏览器的 CSS 前缀
npm install --save-dev postcss-loader autoprefixer

//编译 ES6 与 JSX
npm install babel-core babel-loader babel-preset-es2015 babel-preset-
react --save-dev

//图片处理
npm install --save-dev url-loadr file-loader

//html-webpack-plugin 根据模板生成 HTML 文件
npm install --save-dev html-webpack-plugin

//extract-text-webpack-plugin 分离 CSS 与 JS
npm install --save-dev extract-text-webpack-plugin
```

安装好以上包后，需要在项目的根目录下创建两个配置文件：webpack.config.js 与 postcss.config.js。代码如下：

```
// 在项目根目录下创建 webpack.config.js
var webpack = require('webpack');
var path = require('path');
var HtmlWebpackPlugin = require('html-webpack-plugin');
var OpenBrowserPlugin = require('open-browser-webpack-plugin');
module.exports = {
    entry:'./app/index.jsx',
    output: {
        path: path.resolve(__dirname,'/'),
        filename: "bundle.js"
    },
    resolve:{
        extensions:[ '.js','.jsx']
    },
    module:{
        loaders:[
            //.css 文件: style-loader 和 css-loader
            {
                test:/\.css$/,
                loader:"style-loader!css-loader!postcss-loader"
            },
            //.less 文件: less less-loader
            {
```

```
                        test:/\.less$/,

                        loader:"style-loader!css-loader!less-loader!postcss-loader"
                    },
                    //.jsx 文件: babel-core、babel-loader、babel-preset-es2015 和
babel-preset-react
                    {
                        test:/\.jsx?$/,
                        exclude:/node_modules/,
                        loader:"babel-loader",
                        query:{presets:['react','es2015']}
                    },
                    {
                        test: /\.(png|jpg|gif|jpeg|bmp)$/,
                        exclude: /node_modules/,
                        loader: 'url-loader?limit=10000'
                    }
                ]
            },
        plugins:[
                new HtmlWebpackPlugin({
                    template: __dirname + "/app/index.tmpl.html",
                    hash:true
                }),
                //当经常使用 React、jQuery 等外部第三方库时，通常在每个模块中都用到这些库
来去除多个文件中的频繁依赖
                new webpack.ProvidePlugin({
        "React": "react",
        "ReactDOM":'react-dom'
                }),
                //定义变量，报错当前环境
                new webpack.DefinePlugin({
                    __DEV__ : JSON.stringify(JSON.parse((process.env.NODE_ENV ==
'development') || 'false'))
                }),
                // 打开浏览器
                new OpenBrowserPlugin({
                    url: 'http://localhost:8080'
                }),
                // 热加载插件
                new webpack.HotModuleReplacementPlugin(),
            ],
        devServer:{
        contentBase: "/",
        historyApiFallback: true,
                inline: true, //实时刷新
```

```
        port:8080,   //端口 8080
        hot: true,   //使用热加载插件 Hot Module Replacement Plugin
    }
}
//在项目根目录下创建 postcss.config.js
module.exports = {
    plugins: [
        require('autoprefixer')
    ]
}
```

下面在项目目录下打开命令行，运行如下命令即可启动开发环境：

```
webpack-dev-server
```

到此为止，基于 Webpack 工程化构建环境搭建完成。

27.2 React 组件构建

27.2.1 渲染组件

ReactDOM.render 是 React 的最基本方法，用于将模板转换为 HTML 语言，并插入指定的 DOM 结点。

语法格式如下：

```
ReactDOM.render(component,dom,callback)
```

参数介绍见表 27-1。

表　27-1

参　　数	含　　义
component	要渲染到页面的组件
dom	组件要渲染到页面的位置
callback	页面渲染完成时的回调函数

基本语法如下：

```
ReactDOM.render(
    html|JSX,              //要输出的组件
    DOM,                   //组件渲染位置
    function(){}           //组件渲染完成后的回调函数
)
```

27.2.2 创建组件

方法 React.createClass()用于生成一个组件类。创建组件的方法有两种：一个是 ES5 的写法，一个是 ES6 的写法。

注意，React.createClass() 将在 React v16 版本中移除，因此后面主要使用 ES6 的写法。

ES5：

```
var 组件类 = React.createClass({
    render:function(){
        return ();
    }
})
```

ES6：

```
class 组件类 extends React.Component{
    render(){
        return ()
    }
}
```

注意，返回组件类名称的首字母需要大写。

27.2.3 示例

了解以上两种方法后，使用这两个方法完成一个简单的练习。通过定义一个 Hello 组件，然后将该组件渲染到 DOM 中。代码如下：

```
index.html:
<!DOCTYPE html>
<html lang="en">
<head>
 <meta charset="UTF-8">
 <title>Document</title>
 <script src="http://cdn.bootcss.com/react/15.6.1/react.js"></script>
 <script src="http://cdn.bootcss.com/react/15.6.1/react-dom.js"></script>
 <script src="https://unpkg.com/babel-standalone@6/babel.min.js"></script>
</head>
<body>
 <div id="box"></div>
 <script type="text/babal" src="index.jsx"></script>
</body>
</html>
index.jsx:
//使用 ES6 语法创建一个 Hello 组件，组件名需首字母大写
```

```
class Hello extends React.Component{
    render(){
        //返回组件结构
        return (<div>你好，优逸客</div>)
    }
}

//通过方法 ReactDOM.render()渲染到指定 DOM 中
ReactDOM.render(<Hello/>,document.querySelector('#box'))
```

27.3 JSX 简介

27.3.1 JSX 的由来

JSX 与 React 有什么关系呢？简单来说，React 是通过 JavaScript 生成用户界面。如果通过 JavaScript 语法写 HTML 代码，那将是一个灾难。JSX 的出现就是为了让开发人员可以在 JavaScript 代码中书写 HTML 语法来提高开发效率。

27.3.2 JSX 介绍

JSX 是一种在 React 组件内部构建标签的类 XML 语法。JSX 的官方定义是类 XML 语法的 ECMAScript 扩展。它完美地利用了 JavaScript 自带语法和特性，并使用大家熟悉的 HTML 语法来创建虚拟 DOM 元素。

例如，在不使用 JSX 的情况下需要通过 React.createElement 方法来创建标签：

```
React.createElement('h3',{className:'title'},'你好，优逸客!')
```

如果使用了 JSX，上述的函数调用就变为非常熟悉的 HTML 标签：

```
<h3 className='title'>你好，优逸客! </h3>
```

JSX 赋予了 React 强大的表现力，利用 JSX 可大大提高开发效率。

27.3.3 使用 JSX 的原因

在这里读者可能会有疑问，为什么要使用 JSX？为什么不直接使用原生 JavaScript？毕竟，JSX 如上述所描述，只是被简单地转换为对应的 JavaScript 函数而已。

使用 JSX 有非常多的好处，而这些好处会随着项目的日益增大、组件的愈加复杂而变得越来越明显。React 在不使用 JSX 的情况下一样可以工作，但是使用 JSX 有如下好处：

1）更加熟悉。

2）更加语义化。

3）可以提高组件的可读性。

4）结构清晰直观。

5）抽象化，抽象了将 HTML 标签转换为 JavaScript 的过程。

6）代码模块化。

27.3.4　JSX 的基本原理

请看以下代码：

```
ReactDOM.render(<h3 class='title'>你好，优逸客!</h3>,document.get
ElementById('title'));
```

编译成功后：

```
ReactDOM.render(React.createElement('h3',{className:'title'},'你好，优
逸客!'))
```

React 中，JSX 的基本原理就是把 JSX 中出现的 HTML 标签自动转换成 React.create Element 函数，这样就转换成了 JS 代码。也可以通过 React.createElement 函数去创建组件，这样可以不使用 JSX，但是这样相对复杂。

JSX 区分 HTML 标签与自定义组件的方式：

1）如果 JSX 中某个标签的首字母是小写，就说明它是 HTML 原生标签，如<div></div>。

2）如果 JSX 中某个标签的首字母是大写，就说明它是 React 组件，如<App></App>。

27.4　开始使用 JSX

27.4.1　在浏览器中使用 JSX

在浏览器中使用 JSX，需要加载 babel.js 库，代码如下：

```
<script src="babel.min.js"></script>
<script type="text/babel">
// 在此写一些 React 代码
</script>
```

使用 JSX 的注意事项：

1）组件首字母大写。

2）符合嵌套规则。

3）可以写入求值表达式{this.props.name}。

4）命名采用驼峰命名法。

5）不能使用 JavaScript 原生函数的一些关键词，如 for 和 class 需要替换成 htmlFor 和

className。

27.4.2 基本语法

使用 XML 语法的好处是标签可以嵌套。开发人员可以像看 HTML 结构一样清晰地看到 DOM 的结构以及属性。如有以下组件：

```
class List extends React.Compoent{
    render(){
        return (<ul>
                <li>list1</li>
                <li>list2</li>
                <li>list3</li>
            </ul>)
    }
}
```

使用了 JSX 之后就如同在写 HTML 代码一样，大大提高了开发效率，但是需要注意以下两点：

1）在 JSX 的返回元素中只能有一个根元素。

2）标签必须闭合。所有的标签，无论是单标签还是双标签都必须闭合，不闭合会报错。例如，<img src="" /> <span></span>。

27.4.3 元素类型

在 React 中，元素的类型分为两种：DOM 元素和组件元素。DOM 元素与组件元素以首字母的大小写作为区分。

1．DOM 元素

DOM 元素对应的就是普通的 HTML 元素，如 ul、li、h1 等。DOM 元素的标签名为小写。

2．组件元素

组件元素是通过 React 方法构建出来的元素，首字母为大写。

示例：

```
class Hello extends React.Component{
    render(){
        return (<div>Hello,优逸客!</div>)
    }
}
```

27.4.4 元素属性

元素除了标签外，另一个组成部分就是属性。

在 JSX 中，无论 DOM 元素还是组件元素，它们都有属性。不同的是，DOM 元素的属性是标准规范的属性。但是有两个属性例外——class 和 for，这是因为在 JavaScript 中这两个单词都是关键字。因此使用时需要进行转换：

1）class 属性改为 className。

2）for 属性改为 htmlFor。

组件元素的属性都是自定义属性，主要的作用是给组件内部传递数据以及参数，在后文中会详细介绍。

27.4.5 JSX 注释

JSX 本质上就是 JavaScript，因此可以在标签内添加原生注释。注释可以用以下两种形式添加：

1）当作一个元素的子结点。

2）内联在元素的属性中。

子结点形式的注释只需要简单地包裹在花括号内即可，并且可以跨越多行。示例如下：

```
<div>
    {/* 这是一个 input 元素,
    主要用于收集用户的邮箱信息*/}
    <input name="email" placeholder="Email Address" />
</div>
```

内联的注释可以有两种形式。一种可以使用多行注释：

```
<div>
<input
    /* 关于 input*/
    name="email"
    placeholder="Email Address" />
</div>
```

另一种可以使用单行注释（使用单行注释时属性间需要换行）：

```
<div>
<input
    name="email" // 关于 email input
    placeholder="Email Address"
    />
</div>
```

27.4.6 求值表达式

JSX 将两个大括号之间的内容渲染为动态值，大括号指明了一个 JavaScript 上下文环境，大括号中可以是一个变量，也可以是函数。

1. 使用变量或属性

示例：

```
var name = "你好，优逸客";
class Hello extends React.Component{
    render(){
        return <div>{name}</div>
    }
}
```

2. 数组

JSX 允许在模板中插入数组，数组会自动展开所有成员。

示例：

```
var arr = [
<h1>优逸客前端培训</h1>,
<h2>专注·极致·口碑</h2>,
];
ReactDOM.render(
<div>{arr}</div>,
  document.getElementById('example')
);
```

3. 调用函数

JSX 中，可以在表达式中调用函数。

示例：

```
class MyDate extends React.Component{
    restDate(){
        var d = new Date();
        return [
            d.getFullYear(),
            d.getMonth()+1,
            d.getDate()
        ].join('-');
    }
    render(){
        return <div>{this.restDate()}</div>
    }
}
```

4. 使用条件判断

在实际开发中，经常需要用到条件判断，在表达式中可以通过以下 3 种方式实现。

（1）三元运算符

示例：

```
class Hello extends React.Component{
    render(){
        return <div>Hello,{this.props.name?this.props.name: 'everyone'}</div>
    }
}
ReactDOM.render(<Hello name='Coder'/>,document.body);
```

（2）使用 ifelse

在表达式中无法使用 ifelse 来完成判断，但可以将条件判断写入函数中，借助函数完成所需的操作。

示例：

```
class Hello extends React.Component{
    getName(){
        if(this.props.name){
            return this.props.name;
        }else{
            return 'everyone';
        }
    }
    render(){
        return <div>Hello,{this.getName.bind(this)()}</div>
    }
}
ReactDOM.render(<Hello name='Coder'/>,document.body);
```

（3）逻辑运算符"||"

可以通过在{}中使用逻辑运算符"||"来完成条件判断。

示例：

```
class Hello extends React.Component{
    render(){
        return <div>Hello,{this.props.name||'everyone'}</div>
    }
}
ReactDOM.render(<Hello name='Coder'/>,document.body);
```

27.5 React 中的非 DOM 属性

JSX 中有 3 个非 DOM 属性，即 dangerouslySetInnerHTML、ref、key。

27.5.1 dangerouslySetInnerHTML 属性

dangerouslySetInnerHTML 属性用于在 JSX 中直接插入 HTML 代码，但是如果能避免使用这个属性则尽量避免使用，因为可能会导致 cross-site scripting（XSS）攻击。

示例：

```
class Links extends React.Component{
    constructor(props){
        super()
    }
    render(){
        var url = "http://www.sxuek.com";
        var a = {__html:'<a href=${url}>山西优逸客</a>'}
        return <div dangerouslySetInnerHTML={a}></div>;
    }
}
ReactDOM.render(<Links/>,document.querySelector('#box'));
```

27.5.2 ref 属性

ref 属性可以用来获取真实的 DOM 对象，其接收一个函数，该函数将在组件渲染到 DOM 时调用。它会将 DOM 对象挂到 this 上。

示例：

```
class Inputs extends React.Component{
    constructor(props){
        super(props);
        this.state= {
            val: ''
        }
        console.log(this)
    }

    getText(){
        // this._input 为真实的 DOM 元素
        this.setState({val:this._input.value})
    }

    render(){
        return (<div>
                <input type="text" ref={(elm)=>{this._input = elm}}
onChange={this.getText.bind(this)} />
                <p>{this.state.val}</p>
            </div>);
```

```
    }

  }
  ReactDOM.render(<Inputs/>,document.querySelector('#box'));
```

27.5.3　key 属性

key 是一个可选的唯一标识符，通过给组件设置一个独一无二的键，并确保它在一个渲染周期内保持一致，使得 React 能够更快地决定应该重用一个组件还是销毁并重建一个组件，进而提高渲染性能。

示例：

```
class Item extends React.Component{
    //注意，如果要使用props，则需要在构造函数中接收props
  constructor(props){
      super()
  }
  render(){
      return <li>{this.props.name}</li>;
  }
}

class List extends React.Component{
  constructor(props){
      super();
  }
  render(){
      return <ul>{
      this.props.data.map(function(o,i){
          return <Item name={o} key={i}/>
      })
      }</ul>;
  }
}

var data = ['吕布','貂蝉','刘备','关羽','赵云','司马懿','诸葛亮'];
ReactDOM.render(<List data={data}/>,document.querySelector('#list'));
```

27.6　组件的生命周期

生命周期就是指一个对象的"生、老、病、死"。生命周期（Life Cycle）的概念应用在各行各业中，从广义上来说泛指自然界和人类社会各种客观事物的阶段性变化及其规律。自然界的生命周期可以划分为出生、生长、成熟、衰老、死亡。不同体系中的生命周期都是从上述规律中演变而来的，运用到了软件开发这个行业中。

React 组件的生命周期分为 3 个阶段：初始化、运行中和销毁。开始使用组件即初始化，组件需要更新即运行中，组件不需要用了即销毁。React 在每个阶段都提供了对应的钩子函数，以此来创建一些更高级的组件。

27.6.1　初始化阶段

初始化阶段主要的工作是创建组件。初始化阶段的主要钩子函数如下：

```
class App extends React.Component{
    static propTypes = {
        //组件属性类型检测
    }
    static defaultProps = {
        //组件默认属性
    }
    constuctor(props){
        super(props);
        this.state = {
            //组件默认状态
        }
    }
    componentWillMount(){
        //组件将要装载调用该函数
    }
    render(){
        //组件开始装载
        return (<div>Hello!<div>)
    }
    componentDidMount(){
        //组件已经装载
    }
}
```

propTypes 和 defaultProps 分别代表属性类型检测和默认属性。这两个属性被声明为静态属性，则从类的外部也可以访问到它们，如 App.propTypes 和 App.defaultProps。

componentWillMount 方法要在首次渲染之前调用，也是在 render 方法调用之前修改 state 的最后一次机会。

render 方法会创建一个虚拟 DOM，用来表示组件的输出。对于一个组件来讲，render 方法是唯一一个必需的方法。

render 方法返回的结果并不是真正的 DOM 元素，而是一个虚拟的表现，类似于一个 DOM tree 的结构的对象。react 之所以效率高，就是这个原因。

componentDidMount 方法被调用时，已经渲染出了真实的 DOM，可以在该方法中通过

ReactDOM.findDOMNode(this)访问到真实的 DOM。

27.6.2 运行中阶段

运行中阶段是指父组件向子组件传递 props 或者组件自身执行 setState 方法时发生的一系列更新动作。

示例：

```
class App extends React.Component{
    componentWillReceiveProps(nextProps){
        //组件属性更新触发
    }
    shouldComponentUpdate(nextProps,nextState){
        //返回布尔类型的值
    }
    componentWillUpdate(nextProps,nextState){
        //组件将要更新
    }
    render(){
        //组件开始更新
        return (<div>Hello!<div>)
    }
    componentDidUpdate(prevProps,prevState){
        //组件更新完成
    }
}
```

当父组件更新 props 时，componentWillReceiveProps 才会被调用。

shouldComponentUpdate 方法非常特殊，它接收新的 props 和 state，可以让开发者通过条件判断来决定是否需要更新。因此当该方法返回 false 时组件不会更新，即不会向下执行生命周期函数。该方法的本质是用来进行正确的组件渲染。

组件在更新之前会调用 componentWillUpdate 方法。

在组件更新之后会调用 componentDidUpdate 方法。

27.6.3 销毁阶段

组件销毁阶段非常简单，只有一个 componentWillUnmount 方法。

示例：

```
class App extends React.Component{
    componentWillUnmount(){
        //组件将要卸载时调用
    }
    render(){
```

```
        return (<div>Hello!<div>)
    }
}
```

在 componentWillUnmount 方法中，通常会执行一些清理操作，如移除事件处理程序或清除定时器。

27.7 React 操作 DOM

多数情况下，React 的虚拟 DOM 足以满足各种需求，不需要直接操作底层真实的 DOM。或者通过将组件组合使用，以满足需求。

在某些特殊情况下，为了某些需求而不得不操作底层的 DOM，最常见的场景是使用一些插件或要执行一个 React 不支持的操作。

可以通过 ref 和 findDOMNode() 来操作 DOM。为了与浏览器交互，需要对 DOM 结点进行引用。

27.7.1 ref 获取 DOM

React 中允许通过 ref 来定位一个组件，具体的做法是：先给一个组件设置一个 ref='×××'的属性，注意，这个 ref 必须是全局唯一的。示例如下：

```
class City extends React.Component{
    render(){
        return (<div>
          <input ref='city' />
        </div>);
    }
    componentDidMount(){
        //componentDidMount是在 render 方法后执行，拿到的是原生 DOM 元素
        var input = this.refs.city;
        input.focus(); //获取焦点
    }
}
```

27.7.2 findDOMNode 获取 DOM

通过 findDOMNode() 获取 DOM 的方法如下：

```
ReactDOM.findDOMNode(component);
```

注意，component 为当前组件。ReactDOM.findDOMNode(this) 只能用于组件已经被放进 DOM 中的情况。

示例：

```
class City extends React.Component{
    render(){
        return (<div>
            <input ref='city' />
        </div>);
    }
    componentDidMount(){
        //componentDidMount 是在 render 方法后执行，拿到的是原生 DOM 元素
        var doms = ReactDOM.findDOMNode(this);
        var input = doms.querySelector('input');
        input.focus();                          //获取焦点
    }
}
```

27.8　React 属性与状态

27.8.1　数据流

在 React 中，数据的流向是单向的——从父结点传递到子结点，因而组件是简单且易于把握的，它们只需要从父结点获取 props 渲染即可。如果顶层组件的某个 props 改变了，React 会递归地向下遍历整棵组件树，重新渲染所有使用这个属性的组件。

27.8.2　props 属性

props 属性类似于 HTML 中的属性，绘制时可在标签中添加属性，然后在组件中通过"this.props.属性名"获取。props 属性是父组件控制子组件的单向数据流传输的关键。

使用 props 的注意事项如下：

1）props 类似于 HTML 的属性。

2）props 只能读，不能使用 this.props 修改。

3）props 用于在整个组件树中传递数据和配置。

4）访问 props，需要通过"this.props.属性名"来获取传递的属性值。

1．属性使用键值对

示例：

```
<Hello name="优逸客"/>              //字符串
<Hello name={1000}/>               //大括号包裹的求值表达式
<Hello name={[1,2,3]}/>            //传入数组
<Hello name={brand}/>              //变量
<Hello component={<City/>} />      //组件
```

2．在组件中使用属性

示例：

```
class HelloMessage extends React.Component{
    render() {
      return <h1>Hello {this.props.name}</h1>;
    }
}
React.render(<HelloMessage name="Coder"/>,document.getElementById('example'));
```

其中，props 可以认为是一个配置接口，在使用 HelloMessage 组件时，传入的任何 HTML 属性都会保存在 this.props 中。

3．属性使用展开定义

示例：

```
var attr={ name:"张三", age:"22" }
```

如果这样定义，则理论上应该是这样调用：one={attr.one}，但是这样写起来比较烦琐，而且如果数据被修改，就需要对应修改相应的赋值，并且无法动态地设置属性，所以 React 中添加了一种展开语法：

```
<Hello {...attr}/>        //即 3 个点加上对象名称
```

这样使用展开语法，React 就会自动把对象中的变量和值当作属性的赋值，所以 Hello 实际上就拿到了 name、age 两个属性，如果没有 3 个点，则 Hello 拿到的实际上就是 attr 对象，使用时还需要自己从中取出变量和值。

4．为组件定义默认属性

示例：

```
class Test extends React.Component{
    static defaultProps = {
        name:'Coder'
    }
    constructor(props){
        super(props);
    }
    render(){
        return (<div>{this.props.name}</div>);
    }
}
```

5．属性类型验证（PropTypes）

PropTypes 是 React 中用来定义 props 的类型的，不符合定义好的类型会报错。建议可复用组件要使用 PropTypes 验证！通过 npm 安装属性类型验证：

```
npm install prop-types --save-dev
```

接着上面的列子设置 PropTypes 如下：

```
import PropTypes from 'prop-types';
class Test extends React.Component{
    static defaultProps = {
        name:'Coder'
    }
    render(){
        return (<div>{this.props.name}</div>);
    }
})
Test.PropsTypes = {
    name:PropTypes.string
}
<Test name="'优逸客'" />
```

PropTypes 提供很多验证器来验证传入数据的有效性。官方定义的验证器见表 27-2。

表　27-2

验 证 器	描　　述
PropTypes.array	类型为数组（可选）
PropTypes.bool	类型为布尔值（可选）
PropTypes. func	类型为函数（可选）
PropTypes.number	类型为数值（可选）
PropTypes.object	类型为对象（可选）
PropTypes.string	类型为字符串（可选）
PropTypes.symbol	类型为 symbol（可选）
PropTypes.node	原生 DOM 对象或 React 虚拟 DOM
PropTypes.element	React 创建组件元素
PropTypes.instanceOf(Message)	用 JS 中的 instanceof 操作符声明 prop 为类的实例
PropTypes.oneOf(['News', 'Photos'])	用 enum 的方式确保 prop 被限定为指定值
PropTypes.oneOfType([PropTypes.string,PropTypes.number, PropTypes.instanceOf(Message)])	指定的多个对象类型中的一个
PropTypes.arrayOf(PropTypes.number)	指定类型组成的数组
PropTypes.objectOf(PropTypes.number)	指定类型的属性构成的对象
PropTypes.func.isRequired	可以在任意东西后面加上 isRequired 来确保如果 prop 没有提供就会显示一个警告
PropTypes.any.isRequired	不为空的任意类型

27.8.3　状态

每一个 React 组件都可以拥有自己的状态（state），state 与 props 的区别在于，前者只存在于组件的内部。使用 state 可以存储简单的视图状态，如下拉框是否显示、单选按钮是否选中等。

示例：

```
class Test extends React.Component{
    constructor(props){
        super(props);
        this.state = {
            isShow:true
        }
    }
    render(){
        return <div style={display:this.state.isShow?'block':'none'}>This is
component!</div>
    }
}
```

state 可以通过 setState 方法来修改，也可以在 constructor 函数中提供一组默认值。只要setState 被调用，render 函数就会被调用。如果 render 函数的返回值有变化，则虚拟 DOM 就会更新，真实的 DOM 也会被更新，用户可以在浏览器中看到变化。

示例：

```
class Timer React.Component{
    constructor(props){
        super(props);
        this.state = {
            sec:1
        }
    }
    add(){
        this.setState({sec:this.state.sec+1});
    }
    componentDidMount(){
        setInterval(this.add.bind(this),1000);
    }
    render(){
        return ( <div>过去了:{this.state.sec}秒钟</div>);
    }
});
ReactDOM.render(<Timer/>,document.getElementById('demo'));
```

27.9 React 事件

React 通过将事件处理器绑定到组件上来处理事件。

27.9.1　React 事件处理

React 通过将事件处理器绑定到组件上来处理事件，在事件被触发的同时，更新组件的内部状态。组件内部状态的更新会触发组件重绘。

React 处理事件本质上和原生 JavaScript 事件一样，所有的事件都进行了重新封装，事件在命名上也与原生 JavaScript 规范一致，并且会在相同的场景下触发。

27.9.2　React 合成事件

React 实现了一个"合成事件"层，这个事件模型保证了与 W3C 标准保持一致，使得开发人员在开发过程中不需要考虑兼容问题。

React 中实现的事件有如下作用：

（1）事件委托

合成事件会以事件委托的方式绑定到组件的最上层，并且在组件卸载时自动销毁绑定的事件。

（2）原生事件

在 componentDidMount 方法中通过 addEventListener 绑定的事件就是浏览器原生事件。

阻止事件流、阻止浏览器默认动作使用方法 e.stopPropagation()或 e.preventDefault()。

27.9.3　React 支持事件

React 支持常用的事件类型，具体支持情况介绍如下。

1）鼠标事件：onClick、onContextMenu、onDoubleClick、onDrag、onDragEnd、onDragEnter、onDragExitonDragLeave、onDragOver、onDragStart、onDrop、onMouseEnter、onMouseLeave、onMouseDown、onMouseMove、onMouseUp、onMouseOver、onMouseOut。

2）键盘事件：onKeyDown、onKeyPress、onKeyUp。

3）表单事件：onChange、onInput、onSubmi。

4）焦点事件：onFocus、onBlur。

5）触控事件：onTouchCancel、onTouchEnd、onTouchMove、onTouchStart。

6）剪贴板事件：onCopy、onCut、onPaste。

27.9.4　事件中的 this 指向

在 React 组件中，每个方法的上下文都会指向该组件的实例，即自动绑定 this 为当前组件。而且 React 还对这种引用进行缓存，已达到 CPU 和内存的最优化。当使用 ES6 中的 class 或纯函数时，这种自动绑定就不复存在了，需要手动实现 this 的绑定。

示例：

```
class Counter extends Component{
```

```
    constructor(props){
        super(props);
        this.state = {
            value:0
        }
    }
    increase(){
        //该函数不是生命周期函数，所以内部的 this 不会指向组件本身
        this.setState({
            value:this.state.value+1
        })
    }
    decrease(){
        //该函数不是生命周期函数，所以内部的 this 不会指向组件本身
        this.setState({
            value:this.state.value-1
        })
    }
    render(){
        return (<div>
            <span>{this.state.value}</span>
            <button onClick={this.increase}>加</button>
            <button onClick={this.decrease}>减</button>
            </div>)
    }
}
```

1. bind 方法

bind 方法可以绑定事件处理器内的 this，并可以向事件处理器中传递参数。

示例：

```
class Counter extends Component{
    constructor(props){
        super(props);
        this.state = {
            value:0
        }
    }
    increase(){
        //该函数不是生命周期函数，所以内部的 this 不会指向组件本身
        this.setState({
            value:this.state.value+1
        })
    }
    decrease(){
        this.setState({
```

```
            value:this.state.value-1
        })
    }
    render(){
        return (<div>
            <span>{this.state.value}</span>
            <button onClick={this.increase.bind(this)}>加</button>
            <button onClick={this.decrease.bind(this)}>减</button>
            </div>)
    }
}
```

2. 构造函数内的声明

在组件的构造函数内完成了 this 的绑定，这种绑定方式的好处在于仅需要进行一次绑定，而不需要每次调用事件监听函数时都执行绑定操作。

示例：

```
class App extends Component{
    constructor(props){
        super(props);

        this.handleClick = this.handleClick.bind(this);
    }
    handleClick(e){
        console.log(e)
    }
    render(){
        return <button onClick={this.handleClick}>Test</button>
    }
}
```

3. 箭头函数

箭头函数不仅是函数的语法糖，它还自动绑定了定义此函数作用域的 this，因此不需要再对它使用 bind 方法。

示例：

```
class App extends Component{
    const handleClick=(e)=>{
        console.log(e)
    }
    render(){
        return <button onClick={this.handleClick}>Test</button>
    }
}
```

27.9.5　在 React 中使用原生事件

React 提供了很好的合成事件系统，但这并不意味着在 React 架构下无法使用原生事件。React 提供了完备的生命周期方法，其中 componentDidMount 方法会在组件已经完成安装并且在浏览器中存在真实的 DOM 后调用，此时就可以完成原生事件的绑定。

示例：

```
class Button extends Component{
    componentDidMount(){
        this.refs.btn.addEventListener('click',this.handleClick);
    }
    handleClick(){
        alert('单击了按钮！');
    }
    render(){
        return (<button ref="btn">Button</button>)
    }
}
```

27.9.6　对比 React 合成事件与 JavaScript 原生事件

JavaScript 原生事件与 React 合成事件的区别见表 27-3。

表　27-3

类　　型	JavaScript 原生事件	React 合成事件
阻止事件传播	e.preventDefault()	e.prevent-Default()
事件类型	JavaScript 原生事件	React 合成事件的事件类型是 JavaScript 原生事件类型的子集
事件绑定	1）直接在 DOM 元素绑定：<button onclick="alert(1)">Test</button> 2）直接复制绑定：elm.onclick =e=>{alert(1)} 3）通过监听函数绑定：elm.addEventListener('click',fn)	<button onClick={this.handleClick}> Test </button>
事件对象	原生事件对象（存在兼容问题）	合成事件对象（不存在兼容问题）

27.10　React 表单

在 Web 应用开发中，表单是应用必不可少的一部分，只要需要用户输入，哪怕是最简单的输入，都离不开表单。正是因为表单的存在，才使得用户能够与 Web 应用进行富交互。打开搜索引擎输入关键字进行检索，这个过程就是一次基于表单的交互。而在 React 中，一切数据都是状态，当然也包括表单数据。本节将讲述 React 是如何处理表单的。

React 组件的核心理念就是可预知性和可测试性。给定同样的 props 和 state，任何 React 组件都会渲染出不同的结果，表单也不例外。

27.10.1　表单类型

在 React 中，表单组件有两种类型：约束性组件和无约束性组件。

约束性组件，简单地说，就是由 React 管理了其 value，而无约束性组件的 value 是原生的 DOM 管理的。

27.10.2　无约束表单

在 HTML 中，表单组件的<input />给定一个值，这个值用户是可以修改的。修改的过程中，表单组件的值是不受 React 组件控制的。

无约束性组件写法如下：

```
<input type="text" defaultValue="name" />
```

其中，defaultValue 是原生 DOM 中的 value 属性。这样写出来的组件，其 value 值就是用户输入的内容，React 完全不管理输入的过程。

无约束性组件可以用在基本的、无须任何验证或输入控制的表单中。

27.10.3　约束性组件

约束性组件与 React 中其他类型的组件表现一致，表单组件的状态是由 React 组件控制的，状态被存储在 React 组件的 state 中。如果想要更好地控制表单组件，推荐使用约束性组件。在约束性组件中，输入的值是由父组件的 state 来设置的。

约束性组件写法如下：

```
<input type="text" value={this.state.name} onChange={this.handleChange} />

//...省略部分代码
handleChange: function(e) {
  this.setState({name: e.target.value});
}
```

这里，value 属性不再是一个固定的值，它是 this.state.name，而 this.state.name 是由 this.handleChange 负责管理的。

此时，实际上 input 的 value 根本不是用户输入的内容，而是 onChange 事件触发之后，由于 this.setState 导致了一次重新渲染。不过 React 会优化这个渲染过程，实际上它依然是通过设置 input 的 value 来实现的。

但是一定要注意，约束性组件显示的值和用户输入的值虽然很多时候是相同的，但它们是两码事。约束性组件显示的是 this.state.name 的值。可以在 handleChange 中对用户输入的值做任意处理，如进行错误校验。

如下示例将输入值转换成大写：

```
var Name = React.createClass({
    getInitialState:function(){
        return {name:'allcky'}
    },
    handleChange:function(event){
        this.setState({
            name:event.target.value.toUpperCase()
        })
    },
    render:function(){
        return <input type="text" value="{this.state.name}" onChange="
{this.handleChange}" />
    }
})
```

用户在表单中输入数据后会触发 onChange 事件，在该事件的处理程序中可以对用户输入的数据进行拦截处理，处理完成后再通过调用 setSate 函数来更新，然后这个组件就会重新渲染输入框。

约束性组件可以用来做如下操作：

1）有效长度有限制的输入框还可以输入几个字符。

2）使用输入框的值更新其他组件。

3）自动匹配下拉列表的可选项。

4）输入错误校验。

约束性组件和无约束性组件的输入流程对比如下。

1）无约束性组件：用户输入 A→input 中显示 A。

2）约束性组件：用户输入 A→触发 onChange 事件→在 handleChange 中设置"state.name = "A""→渲染 input 使其 value 变成 A。

27.10.4　表单控件

1. label

label 是表单元素中很重要的组件，通过 label 可以明确地向用户传达要求，提升单选框和复选框的可用性。

但是 label 与 for 属性有一个冲突的地方，因为如果使用 JSX，for 即变成 htmlFor。

2. 文本框与 select

React 对<textarea/>和<select/>的接口做了一些修改，提升了一致性，让它们操作起来更容易。

（1）textarea

<textarea/>被改得更像<input/>了，允许设置 value 和 defaultValue。示例如下：

```
<!-- 非约束的 -->
```

```
<textarea defaultValue="hello world" />

<!-- 约束的 -->
<textarea value={this.state.helloTo} onChange={this.handleChange} />
```

（2）select

<select/>现在接收 value 和 defaultValue 来设置已选项，可以更容易地对其值进行操作。示例如下：

```
<!-- 非约束的 -->
<select defaultValue="sw">
    <option value="ks">看书</option>
    <option value="wyx">玩游戏</option>
    <option value="dy">电影</option>
</select>

<!-- 约束的 -->
<select value={this.state.fav} onChange={this.handleChange}>
    <option value="ks">看书</option>
    <option value="wyx">玩游戏</option>
    <option value="dy">电影</option>
</select>
```

3. 复选框和单选框

复选框和单选框使用的则是另外一种完全不同的控制方式。

（1）单选框

下面通过一个男女选择的示例介绍单选框组件的使用。

1）约束的，代码如下：

```
class Sex extends React.Component{
    constrcutor(props) {
        super(props);
        this.state = {gender: '男'};
    }
    render() {
        return (<div>
            <input type='radio' name='gender' value='男' checked={this.
state.sex == '男'} onChange={this.handlerChange.bind(this)} />男
            <input type='radio' name='gender' value='女' checked={this.
state.sex == '女'} onChange={this.handlerChange.bind(this)} />女
            </div>);
    }
    handlerChange(event) {
        this.setState({gender: event.target.value});
    }
}
```

2）设置单选框的 defaultChecked 会使其变为无约束性组件，代码如下：

```
<input type='radio' defaultChecked='true' />
```

（2）复选框

下面通过一个爱好选择的示例介绍复选框组件的使用。

1）约束的，代码如下：

```
var CheckBox = React.createClass({
    getInitialState: function() {
        return {basketBall: false, swim: false, sing: false};
    },
    render: function() {
        return (<div>
                <p>爱好: </p>
                <input type='checkbox' checked={this.state.basketBall}
value='basketBall' onChange={this.handlerChange} />篮球
                <input type='checkbox' checked={this.state.swim} value=
'swim' onChange={this.handlerChange} />游泳
                <input type='checkbox' checked={this.state.sing} value=
'sing' onChange={this.handlerChange} />唱歌
        </div>);
    },
    handlerChange: function(event) {
        var type = event.target.value,
            checked = event.target.checked,
            newState = {};
        newState[type] = checked;
        this.setState(newState);
    }
});
```

2）设置复选框的 defaultChecked 会使其变为无约束性组件，代码如下：

```
<input type='checkbox' defaultChecked='true' />
```

4．focus

控制表单组件的 focus 可以很好地引导用户按照表单逻辑逐步填写，而且还可以减少用户的操作，增强可用性。

5．autoFocus

React 实现了 autoFocus 属性，在组件第一次挂载时，如果没有其他表单域聚焦，则 React 就会把焦点放到这个组件对应的表单域中。

autoFocus 属性是 React 提供的一个非常简单的获取焦点的方式，在需要获取焦点的表单元素上添加该属性即可。例如：

```
<input type='text' name='given_name' autoFocus="true" />
```

6．DOM 操作方式

除了给表单控件添加 autoFocus 属性外，还可以通过原生操作方式去获取原生的 DOM 属性。此处采用的是 ref 属性，在 componentDidMount 方法中获取表单的原生 DOM，再使用原生 DOM 上的 focus 方法实现自动聚焦。

示例：

```
var GetName = React.createClass({
    render:function(){
        return (<input type="text" name="given_name" ref="givenName" />)
    },
    componentDidMount:function(){
        var inputName = this.refs.givenName.getDOMNode();
        inputName.focus();
    }
})
```

7．表单事件

访问表单事件是控制表单不同部分的一个非常重要的方面。

React 支持所有的 HTML 事件，这些事件遵循驼峰命名的约定。这些事件是标准化的，提供了跨浏览器的一致接口。

所有的事件都提供了 event.target 来访问触发事件的 DOM 结点。

示例：

```
handleEvent:function(event){
    var DOMNode = event.target;
    var newValue = DOMNode.value;
}
```

这是访问约束性组件最简单的方式之一。

27.11　使用 CSS 样式

React 组件最终会生成 HTML，所以可以使用给普通 HTML 设置 CSS 一样的方法来设置样式。如果想给组件添加类名，为了避免命名冲突，React 中需要设置 className 属性。此外，也可以通过 style 属性来给组件设置行内样式，这里要注意，style 属性需要的是一个对象。

在 JSX 中可以通过如下两种方式给某个元素绑定样式：行内方式和类名方式。

27.11.1　行内方式添加样式

可以将样式写入一个对象中，将这个对象绑定到元素的 style 属性上，以完成样式的添加。

示例：

```
var style = {
    color:"red",
    border:"1px solid blue",
    height:40,              //width 和 height 属性的值最后可不写"px"
    textAlign:"center",  //在 CSS 中，如 text-align 这样的属性需要转换写法，即
"-"之后的单词首字母要大写，如 textAlign
    lineHeight:"30px"
};
React.render(<div style={style}>风萧萧雨兮兮</div>,document.body);
```

当设置 width 和 height 这类与大小有关的样式时，大部分会以像素（px）为单位，此时若重复输入 px，会很麻烦。为了提高效率，React 会自动对这样的属性添加 px。例如：

```
const style = { height: 10 };              //渲染成 height:10px
ReactDOM.render(<Component style={style}>Hello</Component>, mountNode);
class Button extends Component {           //代码未完
```

注意，有些属性除了支持以 px 为单位的像素值，还支持数字直接作为值，此时 React 并不添加 px，如 lineHeight 属性。

27.11.2 类名方式添加样式

可以将样式写入外部的 CSS 文件中，然后通过给当前的组件或元素添加指定的类名的方式来添加样式。当然可以使用 CSS 预处理语言，如 less、sass 等。

示例：

```
//index.css
.box{
    color:red;
    border:1px solid blue;
    text-align:center;
    line-height:30px;
}
//绑定该类名
React.render(<div className='box'>风萧萧雨兮兮 </div>,document.body);
```

第 28 章

React 进阶

本章主要内容

- **React 组件组合**
- **React 组件间通信**
- **React 性能优化**
- **React 动画**
- **ReactRouter**

本章将介绍 React 的一些高级应用，如组件的组合、组件间通信、性能优化、动画等。

28.1 React 组件组合

组合本质上是对组件的一种组织和管理方式，实现代码的封装。

在传统 HTML 中，HTML 元素是构成页面的基本单元。但在 React 中，构建页面的基本单元是 React 组件。整个 React 应用都是用组件组合来构建的。

本质上，一个组件就是一个 JavaScript 函数，它接收属性（props）和状态（state）作为参数，并输出渲染好的 HTML。组件一般被用来呈现和表达应用的某部分数据，因此可以把 React 组件理解为 HTML 元素的扩展。

React 推崇通过组合的方式来组织大规模的应用。

28.1.1 组件组合

下面通过一个留言板的示例展示组件的组合使用。

留言板分为以下几个组件。

1）CommentFrom：提交留言表单组件。

2）CommentList：留言展示列表组件。

3）CommentItem：单条留言组件。

4）CommentBox：留言组件。

1. 提交留言表单组件

留言板有提交留言的表单组件，该组件叫作 CommentFrom，在此处结合 27.10 节中的约束表单来写该示例：

```
class CommentFrom extends React.Component{
    constuctor(props){
        super(props);
        this.state = {
            name:'',
            val:''
        }
    }
    render(){
    return (<div>
            <div>
                <span>姓名: </span>
                <input type="text" value={this.state.value} onChange=
{this.handleInputChange.bind(this)} />
            </div>
            <div>
                <span>留言: </span>
                <textarea value={this.state.val} onChange={this.
handleTextareaChange.bind(this)}/>
```

```
                    </div>
                    <div>
                        <button onClick={this.handleSubmit.bind(this)}>提交
</button>
                    </div>
                </div>)
        }
        handleTextareaChange(e){
            //清理数据，删除用户输入中开头和结尾的空格
            var val = e.target.value.repalce(/^\s+|\s+$/,'');
            this.setState({
                val:val
            })
        }
        handleInputChange(e){
            this.setState({
                name:e.target.value
            })
        }
        handleSubmit(){
            return {name:this.state.name,val:this.state.val};
        }
    }
```

2. 留言展示列表组件

留言展示列表组件中主要有两个组件，一个是单条留言组件，一个是留言列表组件。留言展示组件是由多个单条留言组成的，在此处初步进行一次组合的使用。代码如下：

```
//单条留言组件
class CommentItem extends React.Component{
    render(){
        return <div>
            {/*姓名*/}
            <span>{this.props.data.name}</span>

            {/*留言内容*/}
            <span>{this.props.data.val}</span>
        </div>
    }
}

//留言列表组件
class CommentList extends React.Component{
    render(){
        return (<div>
            {/*在此处将单条留言组件在该组件中进行了组合，类似 HTML 中的标签嵌套*/}
```

```
                    {this.props.list.map((item,index)=>{
                        <CommentItem data={item} key={index}/>
                    })}
            </div>)
    }
}
```

3. 留言组件

留言组件就是一个容器组件，用来组合提交留言表单组件与留言展示列表组件。代码如下：

```
class CommentBox extends React.Component{
    render(){
        return (<div>
                <CommentList/>
                <CommentFrom/>
            </div>)
    }
}

//将该留言渲染到指定标签中
ReactDOM.render(<CommentBox/>,document.querySelector('#box'))
```

通过以上示例发现，React 组件组合其实与 HTML 标签的嵌套类似。在实际开发过程中，最重要的是拆分组件，拆分组件对于接触 React 的初学者而言往往是比较困难的。根据组件的目的来明确为什么要写该组件，组件的目的是为了复用，因此可以根据该思想来确定哪些组件需要拆分组合使用。

28.1.2 组件包含

通过之前留言板的例子，大家已经掌握了 React 的基本开发思想，为了更好地应用组件的组合，下面再介绍一个更为巧妙的组合方式。

在开发组件的过程中，往往不知道组件中的具体内容是什么，只有在使用时才能明确其中的内容。例如，在需求中，经常会用到 Button 按钮组件，但是有一些需求是组件中只需要出现文字，而有些则需要出现图标与文字。示例代码如下：

```
//注册按钮，只要文字
<Button>注册</Button>
//添加按钮，需要添加图标结合文字
<Button><Icon type="add" />添加</Button>
//删除按钮，只需要删除图标
<Button><Icon type="del"/></Button>
```

这种类型的组合类似一个 HTML 标签，标签中的内容是使用标签时再决定，这种类型的组合需要借助 this.props.children 属性来实现。示例代码如下：

```
class Button extends React.Component{
    render(){
        return <button>{this.props.children}</button>
    }
}
<Button>注册</Button> //在 Button 组件中写入注册时，对应的组件中 this.props.
```
children 就是"注册"
```
<Button><Icon type="add" />添加</Button> //这种情况下，this.props.
```
children 就是 <Icon type="add" />添加

下面完成一个面板组件（Panel），面板有标题，还有内容。但是内容我们不知道用户要放置什么，因此可以采用组件包含来完成该组件的设计。示例代码如下：

```
class Panel extends React.Component{
    render(){
        return (<div className="panel">
            <h3 className="panel-title">{this.props.title}</h3>
            <div className="panel-body">
            {this.props.children}
            </div>
        </div>);
    }
}
//当前 Panel 中放置的内容为一个列表
<Panel title="用户列表">
    <ul>
        <li>张三</li>
        <li>李四</li>
        <li>王武</li>
    </ul>
</Panel>
//当前 panel 中放置的内容为一段文本
<Panel title="激励的句子">
    <p>不是因为看到希望而去做，是做了才有希望</p>
</Panel>
```

28.2 React 组件间通信

React 是以组合组件的形式组织的，组件彼此是相互独立的，从传递信息的内容上看，几乎所有类型的信息都可以实现传递，如字符串、数组、对象、方法或自定义组件等。所以，在嵌套关系上就会有两种不同的可能性：父组件向子组件通信、子组件向父组件通信。下面重点讨论这两种不同的通信方式。

28.2.1　父组件向子组件通信

React 数据流动是单向的，父组件向子组件的通信也是最常见的方式之一。父组件通过 props 向子组件传递需要的信息。

示例：

```
class Item extends React.Component{
    render(){
        return <li>{this.props.data}</li>
    }
}
class List extends React.Component{
    render(){
        return (<ul>
                {this.props.list.map((item,index)=>{
                    return <Item data={item} key={index} />
                })}
            </ul>)
    }
}
var lists = ['c#','php','java','javascript'];
ReactDOM.render(<List list={lists}/>,document.querySelector('#box'))
```

28.2.2　子组件向父组件通信

在 React 中，子组件向父组件通信可以使用父组件传递回调函数给子组件，子组件调用触发即可。

示例：

```
class Child extends React.Component{
    handleClick(){
        this.props.handleChangeName(this.refs.text.value);
    }
    render(){
        return <div>
            <input type='text' ref="text"/>
            <button onClick={this.handleClick.bind(this)}>提交</button>
        </div>
    }
})
class Parent extends React.Component{
    constuctor(props){
        super(props);
        this.state = {
```

```
            text:'everyone'
        }
    }
    handleChangeName(name){
        this.setState({
            text:name
        })
    }
    render(){
        return (<div>
            <p>hello,{this.state.text}</p>
            <Child handleChangeName = {this.handleChangeName.bind(this)}/>
        </div>)
    }
})
ReactDOM.render(<Parent />,document.querySelector('#box'));
```

数据在 Parent 组件中，如果想通过子组件 Child 去修改 text 的值，则通过父组件传递到子组件的函数调用去修改 text。

28.3　React 性能优化

从过往的经验与实践中知道，影响网页性能最大的因素是浏览器的重绘（Reflow）和重排版（Repaint）。React 背后的 Virtual DOM 就是尽可能地减少浏览器的重绘与重排版。对于性能优化这个主题，我们往往会基于"不信任"的前提，即需要提高 React Virtual DOM 的效率。从 React 的渲染过程来看，如何防止不避要的渲染可能是最需要去解决的问题。然而，针对这个问题，React 官方提供了一个便捷的方法来解决，那就是 PureRender。

React 中有一个生命周期 hook 叫作 shouldComponentUpdate，组件每次更新之前，都要过一遍这个函数，如果这个函数返回 true 则更新，如果返回 false 则不更新。而在默认情况下，这个函数会一直返回 true，也就是说，如果有一些无效的改动触发了这个函数，也会导致无效的更新。

那么什么是无效的改动？

组件中的 props 和 state 一旦变化就会导致组件重新更新并渲染，但是如果 props 和 state 没有变化也莫名其妙地触发更新了呢？这种情况确实存在，这不就导致了无效渲染吗？

PureRenderMixin 就是重写组件的 shouldComponentUpdate 函数，在每次更新之前判断 props 和 state，如果有变化则返回 true，无变化则返回 false。因此在开发过程中，在每个 React 组件中都尽量使用 PureRenderMixin。

安装工具的代码如下：

```
npm install react-addons-pure-render-mixin -save
```

在组件中引用并使用 PureRenderMixin：

```
import React from 'react'
```

```
import PureRenderMixin from 'react-addons-pure-render-mixin'
class List extends React.Component {
    constructor(props, context) {
        super(props, context);
        this.shouldComponentUpdate = PureRenderMixin.shouldComponent
Update.bind(this);
    }
    //...省略其他内容
}
```

28.4 React 动画

动画就是使用页面局部的快速更新让人们产生动态效果的感觉。

动画可以帮助用户理解页面，增加应用的趣味性和可玩性，提高用户体验。有时候，一个好的动画加载甚至比优化数据库、减少等待时间有效得多。

React 通过 setState 让界面迅速发生变化，但动画的哲学告诉我们，变化要慢，得用一个逐渐变化的过程来过渡，从而帮助用户理解页面。

界面的变化可以分为 DOM 结点（或组件）的增与减以及 DOM 结点（或组件）属性的变化。其中 React 提供的 TransitionGroup 能够便捷地识别出增加或删除的组件，从而让用户能够专注于更加简单的属性变化的动画。

React 对于动画的支持是提供了一个 ReactTransitonGroup 插件作为底层 API 来完成的，相应地，它有一个完整的生命周期来驱动动画的完成。当然，它也提供了一个高级 API ReactCSSTransitionGroup 来简单地实现 CSS 动画的切换与过渡。

要使用 React 动画，需要安装 react-addons-css-transition-group：

```
npm install react-addons-css-transition-group -save
```

引用代码如下：

```
import ReactCSSTransitionGroup from 'react-addons-css-transition-
group'; // ES6
var ReactCSSTransitionGroup = require('react-addons-css-transition-
group'); // ES5 with npm
```

ReactCSSTransitionGroup 组件有 3 个常用的属性介绍如下。

1）transitionName：关联 CSS 类，需要自己实现 CSS 动画实现的类。例如，transition Name="box"，那么需要在 CSS 中写以下两个类，即进入前后的状态和离开前后的状态。

2）transitionEnterTimeout：进入动画执行的时间。

3）transitionLeaveTimeout：离开动画执行的时间。

假设有一个需要淡入/淡出的需求，示例代码如下：

```
//animate.less
.box-enter {
  opacity: 0.01;
```

```less
  }
  .box-enter.box-enter-active {
   opacity: 1;
   transition: opacity 500ms ease-in;
  }


  .box-leave {
   opacity: 1;
  }


  .box-leave.box-leave-active {
   opacity: 0.01;
   transition: opacity 300ms ease-in;
  }
```

```jsx
  import ReactCSSTransitionGroup from 'react-addons-css-transition-group';
  import './animate.less'
  class Animate extends React.Component{
    constructor(){
        super(...arguments);
        this.state = {
            show:false,
            lists:['海阔天空','在心里从此有个你','霸王别姬']
        }
    }
    render(){
        var items = this.state.lists.map((item,index)=>{
            return <div key={index} onClick={this.handleRemove.bind(this,index)}>{item}</div>
        })
        return <div>
            <button onClick={this.handleAdd.bind(this)}>切换</button>
            <ReactCSSTransitionGroup
                transitionName="box"
                transitionEnterTimeout={500}
                transitionLeaveTimeout={300}
            >
                {items}
            </ReactCSSTransitionGroup>

        </div>
    }
    handleAdd() {
    var newLists =this.state.lists.concat(['Enter some text']);
        this.setState({lists: newLists});
```

```
    }
    handleRemove(i) {
        var newLists = this.state.lists.slice();
        newLists.splice(i, 1);
        this.setState({lists: newLists});
    }
}
```

这样便轻松地实现了新增元素、删除元素的动画。

需要注意的是，要为 ReactCSSTransitionGroup 的子组件提供一个关键 key，这个 key 是为了让 React 知道开发人员添加了什么、删除了什么。

当需要禁止动画时只需要设置 transitionEnter={false} 或者 transitionLeave={false}。

28.5 React Router

React 不是一个前端框架，它只是一个库，因此不像 AngularJS 或者 Ember.js 等集成了开发者可能需要的各种各样的功能，用户必须选择符合自己需求且必要的部分才能打造一个完整的前端单页应用。

React 应用搭配的路由系统非 React Router 莫属。事实上，React Router 在 GitHub 上的代码库已经和 React 一样，都归属于 React.js Group 下。从某种意义上说，React Router 已经成为官方认证的路由库了。

28.5.1 路由的基本原理

简单地说，路由的基本原理即是保证 View 和 URL 同步，而 View 可以看成资源的一种表现。当用户在 Web 界面中进行操作时，应用会在若干个交互状态中切换，路由则会记录下某些重要的状态，如在博客系统中用户是否登录、访问哪一篇文章、位于文章归档列表的第几页等。这些变化同样会被记录在浏览器的历史中，用户可以通过浏览器的"前进"和"后退"按钮以切换状态，同样可以将 URL 分享给好友。简单地说，用户可以通过手动输入或者与页面进行交互来改变 URL，然后通过同步或者异步的方式向服务端发送请求以获取资源，重新绘制 UI。

28.5.2 React Router 特性

在 Web 应用开发中，路由系统是不可或缺的一部分。在浏览器当前的 URL 发生变化时，路由系统会做出一些响应，用来保证用户界面与 URL 的同步。React Router 是完整的 React 路由解决方案。

React Router 4.0 已经正式发布，它遵循 React 的设计理念，即一切皆组件。React Router 4.0 提供了导航功能的组件（还有若干对象和方法），具有声明式（引入即用）、可组合的特点。

此代码库中包含的库及描述见表 28-1。

表 28-1

库 名 称	描 述
react-router	React Router 核心
react-router-dom	用于 DOM 绑定的 React Router
react-router-native	用于 React Native 的 React Router
react-router-redux	React Router 和 Redux 的集成
react-router-config	静态路由配置帮助助手

28.5.3 安装 react-router-dom

首先，通过 npm 安装 React Router v4：

```
npm install react-router --save
npm install react-router-dom --save
```

然后使用一个支持 CommonJS 或 ES2015 的模块管理器，如 Webpack：

```
import {
  BrowserRouter,
  HashRouter,
  Route,
  matchPath,
  Link,
  NavLink,
  StaticRouter
} from 'react-router-dom'
```

28.5.4 路由中的组件

React Router 提供了路由功能常用的一些组件，如 BrowserRouter、HashRouter、Route、Link、NavLink。

1. 多种路由切换方式

路由切换大多使用 hashChange 或 history.pushState。hashChange 的方式拥有良好的浏览器兼容性，但是 URL 中却多了丑陋的 /#/ 部分；而 history.pushState 方法则能提供优雅的 URL，但需要额外的服务端配置来解决任意路径刷新的问题。

因此，React Router 提供了两种解决方案供用户根据自己的业务需求进行挑选。路由切换组件需要从 react-router-dom 引入 BrowserRouter 和 HashRouter，BrowserRouter 即 history.pushState 的实现，假如想使用 hashChange 的方式改变路由，则从 React Router 中使用 import HashRouter 即可。

2. 声明式路由

React 最特别的编程体验就是声明式编程，所有的交互逻辑都在 render 返回的 JSX 标签中得到体现。而 React Router 很好地继承了 React 的这一特点，允许开发者使用 JSX 标签来书写声明式的路由。下面是一个简单的例子：

```
import { BrowserRouter, Route } from 'react-router-dom';
const routes = (
<BrowserRouter>
<Route path="/" component={App} />
</BrowserRouter>
);
```

这个路由非常简单，当前页面的 URL 为/时，React Router 会渲染 App 这个组件。

28.5.5　路由实例

下面请看一个路由实例，具体代码如下：

```
import {BrowserRouter,Route,NavLink,Switch} from "react-router-dom";
class Home extends React.Component{
    render(){
        return (
        <div>
            <h1>Hello</h1>
            <p>
            Cras facilisis urna ornare ex volutpat, et
            convallis erat elementum. Ut aliquam, ipsum vitae
            gravida suscipit, metus dui bibendum est, eget rhoncus nibh
            metus nec massa. Maecenas hendrerit laoreet augue
            nec molestie. Cum sociis natoque penatibus et magnis
            dis parturient montes, nascetur ridiculus mus.
            </p>
        </div>
        )
    }
}
class Contact extends React.Component{
    render() {
        return (
        <div>
            <h2>GOT QUESTIONS?</h2>
            <p>The easiest thing to do is post on
            our <a href="http://zhidao.baidu.com">zhidao</a>.
            </p>
        </div>
        );
```

```
        }
    }

    class Stuff extends React.Component{
      render() {
        return (
          <div>
            <h2>STUFF</h2>
            <p>Mauris sem velit, vehicula eget sodales vitae,
            rhoncus eget sapien:</p>
            <ol>
              <li>Nulla pulvinar diam</li>
              <li>Facilisis bibendum</li>
              <li>Vestibulum vulputate</li>
              <li>Eget erat</li>
              <li>Id porttitor</li>
            </ol>
          </div>
        );
      }
    }

    class Other extends React.Component{
      render(){
        return (
            <div>
                <h3>不对啊!</h3>
                <p>出错了!!!!!</p>
            </div>
        )
      }
    }

    const routes = (
    <BrowserRouter>
      <div>
        <header>
          <h1>React,router</h1>
        </header>
        <ul className="list">
          <li><NavLink to="/" activeClassName="active">主页</NavLink>
</li>
          <li><NavLink to="/stuff" activeClassName="active">产品
</NavLink></li>
          <li><NavLink to="/contact" activeClassName="active">关于
</NavLink></li>
```

```
        </ul>
        {/* Switch 组件依次匹配，成功匹配后不会继续匹配 */}
        <Switch>
            {/*exact 精确匹配；component 匹配成功的组件；path 匹配路径*/}
            <Route exact path="/" component={Home}/>
            <Route path="/stuff" component={stuff}/>
            <Route path="/contact" component={contact}/>
            <Route component={Other}/>
        </Switch>
    </div>
</BrowserRouter>
)
ReactDOM.render(routes,document.querySelector('#box'))
```

第 29 章

React 应用实例

本章主要内容

- 项目介绍
- 项目分析
- 准备开发环境
- 天气应用

本章主要通过 React 技术栈完成天气应用的项目开发。

29.1　项目介绍

本章将完成一个基于 React 的天气应用项目的开发，效果如图 29-1 和图 29-2 所示。

图 29-1

图 29-2

当开发一个基于 React 的项目时，不是仅使用 React 开发组件就可以了，还需要使用各种各样的技术来完成项目开发，那么开发 React 项目需要用到哪些技术呢？

React 相关技术见表 29-1。

表　29-1

名　　称	描　　述	安 装 方 法
react	React 核心	npm install react --save
react-dom	React 相关 DOM 操作库	npm install react-dom --save
react-router-dom	React 路由相关（v4）	npm install react-router-dom --save

开发环境相关内容见表 29-2。

表　29-2

名　　称	描　　述	安 装 方 式
webpack	模块化打包工具	npm install webpack --save-dev
webpack-dev-server	webpack 服务器环境	npm install webpack-dev-server --save-dev
babel	JS 语法编译器	npm install babel-loader babel-core --save-dev
less	CSS 预处理	npm install less --save-dev
normalize.css	CSS 初始化库	npm install normalize.css --save

29.2　项目分析

本项目中有两个主要页面，即展示天气的页面和选择城市的页面，下面将分析每个页面的组件，提取出公共部分和页面部分的组件。

29.2.1　公共部分组件

Header 组件如图 29-3 所示。Footer 组件如图 29-4 所示。

图 29-3　　　　　　　　　　　　　　　　　图 29-4

29.2.2　首页组件划分

首页组件划分主要分为公共组件，即 Header 和 Footer，还有 3 个当前页面组件，即 NowWeather、HourForecast、FutureWeather。这 5 个组件组成首页。

NowWeather 组件如图 29-5 所示，HourForecast 组件如图 29-6 所示，FutureWeather 组件如图 29-7 所示。

图 29-5

图 29-6

图 29-7

29.2.3　城市选择页面

城市选择页面相对简单，这个页面只有一个组件 CityList，效果如图 29-8 所示。

图 29-8

29.3　准备开发环境

项目起初就是做开发前的准备工作，主要工作有建立目录结构、初始化当前项目。

29.3.1　建立项目文件夹

根据自己的需求在指定位置通过如下命令建立项目文件夹：

```
mkdir weather
cd weather
```

29.3.2　项目初始化

创建一个 package.json 文件，这是一个标准的 npm 说明文件，其中包含了丰富的信息，包括当前项目的依赖模块、自定义的脚本任务等。在终端中使用 npm init 命令可以自动创建 package.json 文件。

最终会在项目目录中生成 package.json 文件。这个文件较常用，在任何一个项目中都会看到，所有的依赖库都是通过 package.json，也就是 npm 进行安装的，这样也方便多人合作。此文件中主要有 3 个模块。

1）dependencies：产品环境依赖库。

2）devDependencies：开发环境依赖库。

3）scripts：执行脚本，如通过 npm 启动代理服务器。

29.3.3　安装指定 npm 包

安装 Webpack：

```
$ npm install webpack webpack-dev-server --save-dev
```

安装 React 和 React-dom：

```
$ npm install react react-dom --save
```

安装完成后，查看 package.json 文件，可看到多了 devDependencies 和 dependencies 两项，根目录也多了一个 node_modules 文件夹。

注意，--save 与--save-dev 的具体使用参见本书第 4 部分。

最终进行 package.json 文件配置，代码如下：

```
{
  "name": "Weather",
  "version": "1.0.0",
  "description": "Weather",
  "main": "index.js",
  "scripts": {
    "start": "webpack-dev-server",
    "build": " rd /s/q build & webpack --config./webpack.production.
config.js --progress -p"
  },
  "keywords": [
    "Weather",
    "天气"
  ],
  "author": "hnz",
  "license": "ISC",
  "devDependencies": {
    "babel-core": "^6.25.0",
    "babel-loader": "^7.0.0",
    "babel-preset-es2015": "^6.24.1",
    "babel-preset-react": "^6.24.1",
    "css-loader": "^0.28.4",
    "extract-text-webpack-plugin": "^2.1.2",
    "file-loader": "^0.11.2",
    "html-webpack-plugin": "^2.28.0",
    "less": "^2.7.2",
    "less-loader": "^4.0.4",
    "open-browser-webpack-plugin": "0.0.5",
```

```
    "style-loader": "^0.18.2",
    "url-loader": "^0.5.9",
    "webpack": "^2.6.1",
    "webpack-dev-server": "^2.4.5"
  },
  "dependencies": {
    "normalize.css": "^7.0.0",
    "react": "^15.6.1",
    "react-dom": "^15.6.1",
    "react-router-dom": "^4.1.1",
    "whatwg-fetch": "^2.0.3"
  }
}
```

29.3.4 Webpack 配置文件

在项目中要使用 Webpack 构建工具打包项目，因此需要在项目的根目录下创建两个 Webpack 配置文件，即开发环境下的配置文件与生产环境配置文件。

1）开发环境配置文件：webpack.config.js，代码如下：

```
var path = require('path');
var webpack = require('webpack');
var HtmlWebpackPlugin = require('html-webpack-plugin');
var OpenBrowserPlugin = require('open-browser-webpack-plugin');
process.env.NODE_ENV='development';
module.exports = {
    entry:'./app/index.jsx',
    output:{
        path:path.resolve(__dirname,'build'),
        filename:'[name].js'
    },
    resolve: {
        extensions: ['.js','.jsx']
    },
    module:{
        rules:[
            { test: /\.css$/, loader: 'style-loader!css-loader' },
            { test:/\.less$/, loader: 'style-loader!css-loader!less-loader'},
            {
                test:/\.(woff|woff2|svg|ttf|eot)($|\?)/i,
                loader:'url-loader?limit=10000'
            },
            {
                test:/\.jsx?$/i,
                exclude: /node_modules/,
```

```
                        loader:'babel-loader',
                        options:{presets:['react','es2015']}
                },
                {
                    test: /\.(png|jpg|gif|jpeg|bmp)$/,
                    exclude: /node_modules/,
                    loader: 'url-loader?limit=100000&name=images/[name].[ext]'
                }
            ]
        },
        plugins:[
            new HtmlWebpackPlugin({
                template: __dirname + "/app/index.tmpl.html"
            }),
            new webpack.ProvidePlugin({
                'React':'react',
                'ReactDOM':'react-dom'
            }),
            new OpenBrowserPlugin({
                url:'http://localhost:8080'
            }),
            // 热加载插件
            new webpack.HotModuleReplacementPlugin()
        ],
        devServer:{
            contentBase: "./",
            historyApiFallback: true,
            inline: true,
            port:8080,
            hot: true
        }
}
```

2）生产环境配置文件：webpack.production.config.js，代码如下：

```
var path = require('path');
var webpack = require('webpack');
var CommonsChunkPlugin = webpack.optimize.CommonsChunkPlugin;
var HtmlWebpackPlugin = require('html-webpack-plugin');
var ExtractTextPlugin = require('extract-text-webpack-plugin');
process.env.NODE_ENV = 'production';
module.exports = {
    entry:{
        'app':'./app/index.jsx',
        'common':['react','react-dom']
    },
    output:{
```

```
            path:path.resolve(__dirname,'build'),
            publicPath: "/",
            filename:'js/[name]-[chunkhash:8].js'
        },
        resolve: {
            extensions: ['.js','.jsx']
        },
        module:{
            rules:[
                {
                    test: /\.css$/, loader:ExtractTextPlugin.extract({ fallback:
'style-loader', use: 'css-loader' })
                },
                {
                    test:/\.less$/, loader:ExtractTextPlugin.extract({ fallback:
'style-loader', use: 'css-loader!less-loader' })
                },
                {
                    test:/\.(woff|woff2|svg|ttf|eot)($|\?)/i,
                    loader:'url-loader?limit=1000&name=fonts/[name].[ext]'
                },
                {
                    test:/\.jsx?$/i,
                    exclude: /node_modules/,
                    loader:'babel-loader',
                    options:{presets:['react','es2015']}
                },
            {
                    test:/\.(png|gif|jpg|jpeg|bmp)$/i,
                    loader:'url-loader?limit=50&name=images/[name].[ext]'
            }
            ]
        },
        plugins:[
            new HtmlWebpackPlugin({
                template: __dirname + "/app/index.tmpl.html"
            }),
            new webpack.ProvidePlugin({
                'React':'react',
                'ReactDOM':'react-dom'
            }),
            new ExtractTextPlugin('css/[name]-[chunkhash:8].css'),
            new CommonsChunkPlugin({
                name:'common',
                filename:'js/[name]-[chunkhash:8].js'
            }),
```

```
        new webpack.optimize.OccurrenceOrderPlugin(),
        // new webpack.optimize.DedupePlugin(),
        new webpack.optimize.UglifyJsPlugin({
            compress: {
                warnings: false
            }
        }),
        new webpack.DefinePlugin({
            'process.env':{
                'NODE_ENV': JSON.stringify(process.env.NODE_ENV)
            }
        })
    ]
}
```

29.3.5 应用目录结构

通过前几个小节的介绍，本项目的应用目录基本如下：

```
/
|---build/                          # 生成生产环境文件目录（一般自动创建）
|---app/                            # 项目开发文件目录
|---node_modules/                   # 项目依赖 npm 包目录（自动生成）
|---package.json                    # 项目配置文件
|---webpack.config.js               # Webpack 开发环境配置文件
|---webpack.production.config.js    # Webpack 生产环境配置文件
|---README.md                       # 项目介绍文件
```

应用开发文件主要在 app 文件夹下，最终上线生产文件生成在 build 目录下，build 目录一般是通过构建工具自动生成。

完整的项目目录如下：

```
/
|---build/                  # 生成生产环境文件目录（一般自动创建）
|---app/                    # 项目开发文件目录
|    |---components/        # 木偶组件目录
|    |---containers/        # 智能组件目录
|    |---routes/           # 路由目录（route）
|    |---config/           # 公共文件
|    |---static/           # 公共静态资源目录（css、font、images）
|    |---libs/             # 工具目录（localStorage）
|    |---index.jsx         # 整个程序的入口文件
|    |---index.tmpl.html   # Webpack 使用模板文件
|---docs/                   # 项目文档目录
|---node_modules/           # 项目依赖 npm 包目录（自动生成）
|---package.json            # 项目配置文件
```

```
|---webpack.config.js                # Webpack 开发环境配置文件
|---webpack.production.config.js     # Webpack 生产环境配置文件
|---README.md                        # 项目介绍文件
```

29.4 天气应用

接下来所有的文件基本上都是写在 app 文件夹下。

注意，项目使用的 CSS 样式不会出现在这里，项目源码可访问本书的 GitHub 地址。

开始开发时可以在项目的命令行中输入如下命令：

```
npm run start
```

该命令会调用配置文件 webpack.config.js。

1. index.tmpl.html

先创建一个模板文件 index.tmpl.html，在 Webpack 配置文件中指定该模板文件的路径：

（1）webpack.config.js

```
plugins:[
    new HtmlWebpackPlugin({
        template: __dirname + "/app/index.tmpl.html"
    })
]
```

（2）webpack.production.config.js

```
<!doctype html>
<html lang="en">
<head>
    <meta charset="UTF-8">
    <meta name="viewport"
        content="width=device-width,    user-scalable=no,    initial-
scale=1.0, maximum-scale=1.0, minimum-scale=1.0">
    <meta http-equiv="X-UA-Compatible" content="ie=edge">
    <title>Document</title>
</head>
<body>
    <div id="box"></div>
</body>
</html>
```

2. app/index.jsx

创建 index.jsx 文件，这是项目的入口文件，所有的组件都汇聚到该文件中并渲染到模板的指定标签中。

```
//导入初始化 CSS 包
```

```
import "normalize.css";

//导入 fetch 兼容包
import "whatwg-fetch";

//导入公共 less 文件
import "./static/css/public.less";

//导入路由模块
import  Route from "./routes/router";

//渲染组件到指定的 DOM 元素中
ReactDOM.render(Route,document.querySelector('#box'));
```

3. app/routes/router.jsx

此文件主要是通过 react-router-dom 包完成页面的跳转，根据项目需求这里需要指定两个路由：

```
import {BrowserRouter as Router,Route,Link,NavLink,Switch} from "react
-router-dom";
import Index from "../containers/index/index";
import CityList from "../containers/citylist/index";

export default
    <Router>
        <Switch>
            <Route path="/" exact={true} component={Index}/>
            <Route path="/citylist" component={CityList}/>
        </Switch>
    </Router>
```

4. app/config/fetch.js

此文件主要是天气应用的数据来源，这里主要采用和风天气 API 提供的数据。

```
var configs = {
    url:'https://free-api.heweather.com/v5/',
    type:'weather',
    key:'93153eebb4394129a5afae1b8efa7c9a'
}
var store = {
    getCity:function(city='beijing'){
        var url = this._getUrl(city);
        return fetch(url).then((res)=>{
            return res.json();
        })
    },
```

```
        _getUrl:function(city){
            return`${configs.url}${configs.type}?city= ${city}&key=
${configs.key}`;
        }
    }


    export default store;
```

5. 首页（index）

下面开始首页的开发。

在 containers 文件夹中建立 index 文件夹，这个文件夹中存放的是关于首页的一些组件：

```
index/
|--subpages/              # subpages 文件夹中主要存放首页组件
|--index.jsx             # 首页入口
|--index.less            # index 页面的样式
index.jsx
```

在此 JSX 文件中将其子组件 NowWeather、HourForecast、FutureWeather 以及公共组件 IndexHader、IndexFooter 组合起来。代码如下：

```
import IndexHader from "../../components/indexheader/index";
import IndexFooter from "../../components/indexfooter/index";
import NowWeather from "./subpages/nowWeather";
import HourForecast from "./subpages/hourforecast";
import FutureWeather from "./subpages/futureWeather";
import './index.less';
import store from "../../config/fetch";
class Index extends React.Component{
    constructor(){
        super(...arguments);
        this.state = {
            city:'北京',
            data:{},
            time:{}
        }
    }
    render(){
        return <div className="container index-container">
            <IndexHader data={this.state.city}/>
            <NowWeather data={this.state.data}/>
            <HourForecast data={this.state.data.hourly_forecast} time=
{this.state.time}/>
            <FutureWeather data={this.state.data.daily_forecast}/>
            <IndexFooter data={this.state.time}/>
        </div>
    }
```

```
    componentDidMount(){
        console.log(localStorage.getItem('city'))
        var city = localStorage.getItem('city')|| this.state.city;
        store.getCity(city).then((data)=>{
            this.setState({
                city:city,
                data:data['HeWeather5'][0],
                time:data['HeWeather5'][0].basic.update.loc
            })
        })
    }
}
export default Index;
```

首先完成公共组件 IndexHeader 和 IndexFooter。

1）components/indexheader/index.jsx：此 JSX 文件主要是应用的公共头部。代码如下：

```
import "./index.less";
import {Link} from "react-router-dom";
class IndexHader extends React.Component{
    render(){
        return <div className="index-header">
            <div className="left"></div>
            <div className="center">{this.props.data}</div>
            <div className="right">
                <Link to="/citylist">+</Link>
            </div>
        </div>
    }
}
export default IndexHader;
```

2）components/indexfooter/index.jsx：此 JSX 文件主要是应用的公共底部。代码如下：

```
import "./index.less"
class IndexFooter extends React.Component{
    render(){
        var d = new Date(this.props.data);
        return <div className="index-footer">
            <div className="inner">
                <div className="left">
                    中央气象台
                </div>
                <div className="right">
                    {d.getHours()+':'+d.getMinutes()} 发布
                </div>
            </div>
```

```
        </div>
    }
}
export default IndexFooter;
```

然后完成 index 文件中的子组件。

1) subpages/nowWeather.jsx：此 JSX 文件主要用于展示当前天气。代码如下：

```
import "./nowweather.less";
class NowWeather extends React.Component{
    render(){
        var d = this.props.data.now;
        var daily = this.props.data.daily_forecast;

        return <div className="now-wheather">
            <div className="inner">
                <div className="left">{d&&d.tmp||'N/A'}℃</div>
                <div className="right">
                    <div className="w-pic">
                        <img src={require(`./images/${d&&d.cond.code|
|'402'}.png`)} alt=""/>
                    </div>
                    <div className="w-msg">{d&&d.cond.txt||'N/A'}</div>
                    <div className="w-wd">{daily&&(daily[0].tmp.min+'~'+
daily[0].tmp.max+'℃')||'N/A'}</div>
                </div>
            </div>
        </div>
    }
}
export default NowWeather;
```

2) subpages/hourforecast.jsx：此 JSX 文件主要用于展示每个小时的天气情况。代码如下：

```
import IndexHourItem from "../../../components/indexHourItem/index";
import "./hourforecase.less";
var week ={
    1:'星期一',
    2:'星期二',
    3:'星期三',
    4:'星期四',
    5:'星期五',
    6:'星期六',
    7:'星期日',
}
class HourForecast extends React.Component{
```

```
        render(){
          var d = new Date(this.props.time);
            return(
                <div className="hour-forecast">
                    <div className="title">
                        <div className="left">预报</div>
                        <div className="right">今天 {week[d.getDay()]}</div>
                    </div>
                    <div className="list">
                    {this.props.data&&this.props.data.map((item,index)=>{
                        return <IndexHourItem data={item} key={index}/>
                    })}
                    </div>
                </div>
            )
        }
}
export default HourForecast;
```

3）components/indexHourItem/index.jsx：此 JSX 文件主要用于展示一个小时天气的组件。代码如下：

```
        import './index.less';
        class IndexHourItem extends React.Component{
            render(){
                var o = this.props.data;
                return (
                    <div className="houritem">
                        <div className="top">{(new Date(o.date).getHours()+':
00') ||"N/A"}</div>
                        <img src={require(`../../containers/index/subpages/
images/${o.cond.code||'101'}.png`)} alt=""/>
                        <div className="footer">{o.tmp||"N/A"}℃</div>
                    </div>
                )
            }
        }
        export default IndexHourItem;
```

4）subpages/IndexFutureItem.jsx：此 JSX 文件主要用于展示未来 3 天的天气情况。代码如下：

```
        import "./futureWeather.less";
        import IndexFutureItem from "../../../components/indexFutureItem/index";
        class FutureWeather extends React.Component{
            render(){
              console.log(this.props.data)
```

```
        return (<div className="futureWeather">
            <div className="title">3天天气</div>
            <div className="list">
            {this.props.data&&this.props.data.map((d,i)=>{
                return <IndexFutureItem data={d} key={'f'+i}/>
            })}
            </div>
        </div>)
        )
    }
}
export default FutureWeather;
```

5）components/ indexFutureItem/index.jsx：此文件用来展示未来几天的天气情况。

```
import './index.less';
class IndexFutureItem extends React.Component{
    render(){
        var data = this.props.data;
        return (
            <div className="futureitem">
                <div className="top">{data.date||"N/A"}</div>
                <img src={require(`../../containers/index/subpages/images/
${data.cond.code_d||'101'}.png`)} alt=""/>
                <div className="footer">{data.tmp.min+'~'+data.tmp.max+'℃'|
|"N/A"}</div>
            </div>
        )
    }
}
export default IndexFutureItem;
```

6. 城市选择页（citylist）

下面开始城市选择页的开发，这个组件比较简单，主要是通过选择 a 标签，然后让用户选择城市。

在 containers 文件夹中建立 citylist 文件夹，此文件夹中存放的是关于城市选择页的一些组件。

在 citylist 文件夹中建立如下文件：

```
containers/citylist/
|--index.jsx    # 首页入口
|--index.less   # index 页面的样式
```

以下为展示城市和选择城市组件的代码实现：

```
var citylists = ['太原','西安','北京','上海','深圳','武汉','郑州','成都','重
庆','杭州','天津','拉萨','沈阳'];
```

```
import './index.less'
class CityList extends React.Component{
    render(){
        return <div className="citylist">
            <div className="header">
                城市列表
            </div>
            <div className="list">
                {citylists.map((v,i)=>{
                    return <a href="/" key={'city'+i} onClick={this.
handleClick.bind(this,v)}>{v}</a>;
                })}
            </div>
        </div>
    }
    handleClick(v){
        localStorage.setItem('city',v);
    }
}
export default CityList;
```

至此，页面基本完成，可以在项目目录下通过执行如下命令让项目打包并生成最终发布到服务器的版本：

```
npm run build
```

该命令会将项目应用最终打包完成并生成如下文件夹结构：

```
build/
|--css/
|--images/
|--js/
|--index.html
```

至此已经通过 React 技术栈完成了天气应用的项目开发，可以将生成好的 build 文件夹中的项目文件发布到服务器上。通过该项目可基本掌握 React 库。

第 4 部分 全栈之 Node. js

Web 全栈工程师正成为 IT 界的新秀，无论是上市互联网公司还是创业公司，都对全栈工程师青睐有加，无论是 Facebook 这样的大型公司，还是初创公司，都开始招募全栈工程师。

"全栈"翻译自英文 Full-Stack，表示为了完成一个项目所需要的一系列技术的集合。IT 行业发展到现阶段，开发一个 Web 应用，工程师需要具备的技能涵盖：前端标记语言（HTML 5、CSS 3）、前端编程语言（JavaScript）、服务器端编程语言（如 Node.js）、数据库（如 MongoDB）等，这些环节互相联系、互相依赖，缺一不可。以至于所有的 IT 公司都急需有全栈人才的加入，节约开发周期、减少开发成本、增强产品的伸缩性和可维护性。

近几年前端飞速发展，使得前端程序语言 JavaScript 焕发出它本该具有的光芒。在这种力量的支持下，各种前端框架百花齐放，如 AngularJS、React 等，后台 JavaScaript 也迅猛发展，我们称之为 Node.js。Node.js 的诞生使得前端程序员无障碍地进入到后台世界，与此同时，非关系型数据库如火如荼。JavaScript 再次发力，完成对 MongoDB 的操作和控制。至此 JavaScript 以全新的姿态进入到人们的视野，一种语言能够完美地衔接前端、后台、数据库，使得前端人员迅速占领了全栈工程师的高地。

互联网公司的命脉在于产品，产品的成功与否依赖于生产周期、可延展性和可维护性，这已是行业共识。全栈工程师是现在以及未来每一个程序员必将要前进的一个方向，也是企业对于人才的要求标准。

第 30 章

初识 Node.js

本章主要内容

- **Node.js 简介**
- **Node.js 的发展**
- **Node.js 的特性**
- **Node.js 的使用场景**
- **Node.js 和 JavaScript 的区别与联系**
- **CommonJS**

本章主要对 Node.js 相关的一些概念进行介绍。Node.js 是一个让 JavaScript 能运行在浏览器之外的平台。它实现了诸如文件系统、模块、包、操作系统 API、网络通信等 JavaScript 没有或不完善的功能。

30.1　Node.js 简介

Node.js 是一个 JavaScript 运行环境。实际上它是对 Google V8 引擎进行了封装。V8 引擎执行 JavaScript 的速度非常快，性能非常好。Node.js 对一些特殊用例进行了优化，提供了替代的 API，使得 V8 在非浏览器环境下运行得更好。

Node.js 是一个让开发者可以快速创建网络应用的服务器端 JavaScript 平台，同时使用 JavaScript 进行前端与后端编程，开发者可以更专注于系统的设计并保持其一致性。

30.2　Node.js 的发展

2009 年 2 月，Ryan Dahl 在博客上宣布准备基于 V8 创建一个轻量级的 Web 服务器并提供一套库。

2009 年 5 月，Ryan Dahl 在 GitHub 上发布了最初版本的部分 Node.js 包，随后几个月里，有人开始使用 Node.js 开发应用。

2009 年 11 月和 2010 年 4 月，两届 JSConf 大会都安排了 Node.js 的讲座。

2010 年底，Node.js 获得云计算服务商 Joyent 的资助，创始人 Ryan Dahl 加入 Joyent，全职负责 Node.js 的发展。

2011 年 7 月，Node.js 在微软的支持下发布 Windows 版本。

30.3　Node.js 的特性

在现今多数的 Web 服务器中，有一条新的链接就会申请一条线程来负责处理，直到这个请求周期结束，再接着执行其他流程。可以想象，有成千上万个链接便有成千上万条线程，每条线程暂以堆栈 2MB 的消耗去计算，累加起来是一个不小的数目。如何优化和改进本身就是一个大问题，此外，使用系统线程必须考虑线程锁的问题，否则造成主进程堵塞又是一个难题。Node.js 则通过基于事件的异步模型绕开了基于线程模型所带来的问题。Node.js 使用 JavaScript 单线程轮询事件，设计上比较简单，高并发时，不仅根本性地减少了线程创建和切换的开销，而且由于没有锁，也不会造成进程阻塞。

Node.js 的特性总结如下：

1）基于事件驱动、异步 I/O。

2）运行速度快，依赖于 Chrome V8 引擎进行代码解释。

3）非阻塞 I/O。

4）轻量、可伸缩，适用于实时数据交互应用。

5）单进程，单线程。

30.4　Node.js 的使用场景

1）具有复杂逻辑的网站。

2）基于社交网络的大规模 Web 应用。

3）Web Socket 服务器。

4）TCP/UDP 套接字应用程序。

5）命令行工具。

6）交互式终端程序。

7）带有图形用户界面的本地应用程序。

8）单元测试工具。

9）客户端 JavaScript 编译器。

30.5　Node.js 和 JavaScript 的区别与联系

Node.js 是一个可以快速构建网络服务及应用的平台，运行于服务器端的 ECMAScript，操作服务器的文件、数据库、HTTP 系统底层的一些东西。

而 JavaScript 是一种 Web 前端语言，主要用于 Web 开发中。浏览器的 ECMAScript 在前台解析，操作历史记录、BOM、DOM。

两者之间也有联系，Node.js 与 JavaScript 都采用 ECMAScript 语法。JavaScript 主要应用于前端开发，Node.js 主要用于后端开发。

30.6　CommonJS

在 Netscape 诞生后不久，JavaScript 就一直在探索本地编程的路。那时的服务端 JavaScript 走的路均是参考众多服务器端语言来实现的，在这样的背景下，一是没有特色，二是没有实用价值。但是随着 JavaScript 在前端的应用越来越广泛，以及服务端 JavaScript 的推动，JavaScript 现有的规范十分薄弱，不利于大规模应用。那些以 JavaScript 为宿主语言的环境中，只有本身的基础原生对象和类型，更多的对象和 API 都取决于宿主的提供，所以 JavaScript 缺少如下功能：

1）JavaScript 没有模块系统。没有原生的支持密闭作用域或依赖管理。

2）JavaScript 没有标准库。除了一些核心库外，没有文件系统的 API、没有 IO 流 API 等。

3）JavaScript 没有标准接口，没有如 Web Server 或数据库的统一接口。

4）JavaScript 没有包管理系统，不能自动加载和安装依赖。

于是便有了 CommonJS 规范的出现，其目标是为了构建 JavaScript 在包括 Web 服务器、桌面、命令行工具及浏览器方面的生态系统。

CommonJS 试图定义一套普通应用程序能使用的 API，从而填补 JavaScript 标准库过于简单的不足。CommonJS 的终极目标是制订一个像 C++标准库一样的规范，使得基于 CommonJS API 的应用程序可以在不同的环境下运行，就像用 C++编写的应用程序可以使用不同的编译器和运行时函数库一样。

CommonJS 规范包括了模块（Modules）、包（Packages）、系统（System）、二进制（Binary）、控制台（Console）、编码（Encodings）、文件系统（FileSystems）、套接字（Sockets）、单元测试（Unit Testing）等部分。

Node.js 是 CommonJS 规范最热门的一个实现。

CommonJS 制订了解决这些问题的一些规范，而 Node.js 就是这些规范的一种实现。Node.js 自身实现了 require 方法作为其引入模块的方法，同时 npm 也基于 CommonJS 定义了包规范，实现了依赖管理和模块自动安装等功能。

第 31 章

Node.js 的安装

本章主要内容

- 下载 Node.js
- Node.js 的版本信息
- Node.js 的安装方法

本章主要介绍 Node.js 的安装和使用方法以及与版本相关的一些信息。

31.1　下载 Node.js

用户可以从官方网站 www.nodejs.org 中下载所需版本的 Node.js 安装包，如图 31-1 所示。

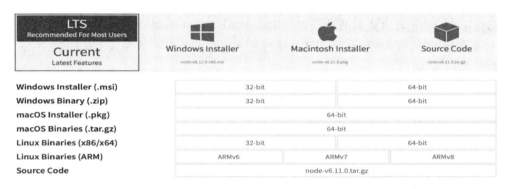

图 31-1

可以根据不同的平台系统选择所需的 Node.js 安装包。

31.2　Node.js 的版本信息

偶数版本是稳定版本，奇数版本则不稳定。稳定版本的 API 功能不会发生变化，是固定的。奇数版本每年 10 月份发布；偶数版本在第二年的 4 月份发布。

当一个奇数版本发布后，最近的一个偶数版本会立即进入 LTS 维护计划，一直持续 18 个月（LTS Start）。然后会有 12 个月的延长维护期（Maintenance Start）。这两个期间可以支持的变更是不一样的。

1）LTS 期间支持的变更：bug fix，安全问题 fix，文档更新和与未来新特性兼容问题的更新。

2）Maintenance 期间支持的变更：严重的 bug fix，严重的安全问题 fix 或者文档更新。

当一个偶数版本发布时，奇数版本只有两个月的维护期。

总结：

基于小版本号升级来说，LTS 和 Maintenance 版本没有激进的新特性更新，更加适应于生产环境，升级小版本号的回归工作量和风险会小很多。

基于主版本号升级来说，LTS 和 Maintenance 版本维护的生命周期长，不需要经常升级主版本号，而奇数版本则不然，通常半年多就得升级一次主版本号。当然，想要体验 Node 的新特性，在人力和风险都可控的情况下，奇数版本也是可以操作的。

31.3　Node.js 的安装方法

这里以官网上提供的 v8.1.2 版本为例，其他版本类似，用户可以在官网上下载对应的.msi 版本，取得一个安装包，双击打开后采用默认配置，一直单击下一步，就可以完成安装。

安装成功以后检测 Node.js 是否安装成功，可以打开命令行工具，输入如下命令检查 Node.js 的版本：

```
node -v
```

Node.js 主要的运行方式有两种，第一种叫作交互型运行；第二种叫作编译型运行。

1）交互型运行：打开命令行工具，通过系统自带的命令行界面或者编辑器的 terminal 打开运行以下代码即可：

```
allcky-2:~ houningzhou$ node
> 1+1
2
>
```

在上述环境下，只要输入符合 Node.js 语法规范的代码，按〈Enter〉键后会立即得到相应的结果，所以称为交互型。

2）编译型运行：创建一个 JS 文件，如 index.js。通过命令行进入 index.js 所在的目录，运行 node index.js，就会执行 index.js 中的代码。

注：对 JS 文件进行解析和执行时，如果想在命令行看到结果，则必须手动输出。

第 32 章

Node.js 模块系统

本章主要内容

- **模块化编程**
- **Node.js 中模块的分类**
- **模块操作**
- **模块加载的优先级**
- **模块路径解析规则**
- **Node.js 包**

本章主要介绍 Node.js 中的模块系统。为了使 Node.js 中的文件可以相互调用，Node.js 提供了一个简单的模块系统，模块是 Node.js 应用程序的基本组成部分，文件和模块是一一对应的。换言之，一个 Node.js 文件就是一个模块，这个文件可能是 JavaScript 代码、JSON 或者编译过的 C/C++扩展。在当前模块下定义的所有变量和函数，都是属于这个模块的。如果想要定义全局变量，则必须通过 global 定义。在模块下定义的变量，其作用范围只是当前模块，而通过 global 定义的变量，则具有全局的作用范围。

32.1　模块化编程

网页越来越像桌面程序，需要分工协作、进度管理、单元测试等，开发者不得不使用软件工程的方法来管理网页的业务逻辑。JavaScript 模块化编程，已经成为一个迫切的需求。理想情况下，开发者只需要实现核心的业务逻辑，其他内容都可以加载已经写好的模块。这样就可以很好地解决命名冲突问题和文件依赖问题。

32.2　Node.js 中模块的分类

Node.js 中的模块分为两类：原生模块和文件模块。

原生模块即 Node.js API 提供的原生模块，原生模块在启动时已经被加载，如 os 模块、http 模块、fs 模块、buffer 模块、path 模块等。

调用方法如下：

```
//调用原生模块不需要指定路径
var http = require('http');
```

文件模块为动态加载模块，加载文件模块主要由原生模块 module 来实现和完成。原生模块在启动时已经被加载，而文件模块则需要通过调用 Node.js 的 require 方法来实现。

调用方法如下：

```
//调用文件模块必须指定路径，否则会报错
var sum = require('./sum.js');
```

在文件模块中，又分为 3 类模块。这 3 类文件模块以扩展名来区分，Node.js 会根据扩展名来决定加载方法，规则如下。

1）.js：通过 fs 模块同步读取 JS 文件并编译执行。

2）.node：通过 C/C++编写的 Addon，通过 dlopen 方法进行加载。

3）.json：读取文件，调用 JSON.parse 解析加载。

32.3　模块操作

在编写每个模块时，都有 require、exports、module 3 个预先定义好的变量可供使用。

32.3.1　require

require 方法接受以下几种参数的传递：

1）http、fs、path 等，原生模块。

2）./mod 或../mod，相对路径的文件模块。

3）/pathtomodule/mod，绝对路径的文件模块。

4）mod，非原生模块的文件模块。

5）require 函数用于在当前模块中加载和使用其他模块，传入一个模块名，返回一个模块导出对象。模块名可使用相对路径（以./开头）或绝对路径（以/或 C:之类的盘符开头）。

另外，模块名中的扩展名.js 可以省略。以下是一个例子。

```
var foo1 = require('./foo');
var foo2 = require('./foo.js');
var foo3 = require('/home/user/foo');
var foo4 = require('/home/user/foo.js');
//foo1 ~ foo4 中保存的是同一个模块的导出对象
//Node.js 核心模块可以不加路径，直接通过 require 导入
//加载 Node.js 核心模块
var fs = require('fs');
var http = require('http');
var os = require('os');
var path = require('path');
//加载和使用 JSON 文件
var data = require('./data.json');
```

32.3.2 exports

exports 对象是当前模块的导出对象，用于导出模块的公有方法和属性。其他模块通过 require 函数使用当前模块时得到的就是当前模块的 exports 对象。以下例子中导出了一个公有方法。

```
//sum.js
exports.sum = function(a,b){
    return a+b;
}

//main.js
var m = require("./sum");
var num = m.sum(10,20);
console.log(num);
```

32.3.3 module

通过 module 对象可以访问到当前模块的一些相关信息，但最多的用途是替换当前模块导出对象。例如，模块默认导出对象是一个普通对象，如果想改为一个函数，则可以通过如下方式：

```
//导出一个普通函数
//sum.js
function sum(a,b){
    return a+b;
```

```
    }
    module.exports= sum;
    //main.js
    var sum = require('./sum');
    sum(10,20);// 30
    //导出一个构造函数
    //hello.js
    function hello(){
        this.name ="你的名字";
        this.setName = function(name){
            this.name = name;
        }
        this.sayName = function(){
            alert(this.name);
        }
    }
    module.exports= hello;
    //main.js
    var hello = require('./hello.js');
    var o = new hello();
    o.setName('张三');
    o.sayName(); // 张三
```

32.3.4　module 的其他 API

每个 JS 文件都是一个模块，每个模块都有一个对象，这个对象可以通过 module 访问到，该对象上保存了一些当前模块的状态。

1）module.id：模块的 ID，通常是当前模块文件的路径，包含文件名。

2）module.filename：当前模块文件的路径，包含文件名。

3）module.loaded：判断当前模块是否已加载。

4）module.parent：加载当前脚本的模块对象。

5）module.children：当前模块加载的模块对象集合是一个数组。

32.4　模块加载的优先级

一个模块中的 JS 代码仅在模块第一次被使用时执行一次，并在执行过程中初始化模块的导出对象。之后，缓存起来的导出对象被重复利用。

模块加载的优先级：已缓存模块 > 原生模块 > 文件模块 > 从文件中加载。

Node.js 的 require 方法中的文件查找策略如图 32-1 所示。

由于 Node.js 中存在 4 类模块（原生模块和 3 种文件模块），因此尽管 require 方法极其简单，但是内部的加载却是十分复杂的，其加载优先级也各自不同。

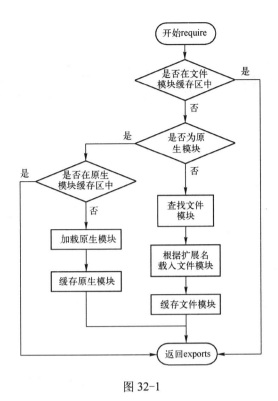

图 32-1

32.5 模块路径解析规则

1. 内置模块

如果传递给 require 函数的是 Node.js 内置模块名称，则不做路径解析，直接返回内部模块的导出对象，如 require('fs')。

2. node_modules 目录

Node.js 定义了一个特殊的 node_modules 目录用于存放模块。例如，某个模块的绝对路径是/home/user/hello.js，则在该模块中使用 require('foo/bar')方式加载模块时，Node.js 依次尝试使用以下路径：

```
/home/user/node_modules/foo/bar      # 当前目录下的 node_modules 目录
/home/node_modules/foo/bar           # 父级目录下的 node_modules 目录
/node_modules/foo/bar                # 根目录下的 node_modules 目录
```

从当前文件目录开始查找 node_modules 目录；然后依次进入父目录，查找父目录下的 node_modules 目录；依次迭代，直到查找根目录下的 node_modules 目录。

3. 主模块

通过命令行参数传递给 Node.js 以启动程序的模块称为主模块。主模块负责调度组成整个程序的其他模块完成工作。例如，通过以下命令启动程序时，main.js 就是主模块。

```
node main.js
```

32.6 Node.js 包

32.6.1 包的概念

JS 模块的基本单位是单个 JS 文件，但复杂些的模块往往由多个子模块组成。为了便于管理和使用，可以把由多个子模块组成的大模块称作包，并把所有子模块放在同一个目录里。

32.6.2 自定义包

在组成一个包的所有子模块中，需要有一个入口模块，入口模块的导出对象被作为包的导出对象。例如，有以下目录结构：

```
d:/node/calc/
/calc
    sum.js                      //加法
    subtraction.js              //减法
    multiplication.js           //乘法
    division.js                 //除法
    main.js                     //主模块，也是入口模块
```

calc 目录定义了一个包，其中包含了 4 个子模块，main.js 作为入口模块。

```
var sum = require('./sum.js');
var subtraction = reuqire('./subtraction.js');
var multiplication = require('./multiplication.js');
var division = require('./division.js');
function calc(a,tag,b){
    switch(tag){
        case '+':
        return sum(a,b);
        break;
        case '-':
        return subtraction(a,b);
        break;
        case '*':
        return multiplication(a,b);
        break;
        case '/':
        return division(a,b);
    }
```

```
    }
    module.exports = calc;
```

然后使用这个包：

```
//d:/node/use.js

var calc = require('./calc/main.js');
console.log(clac(10,'+',100));
```

但是上述这样使用感觉不像一个包，应这样使用：

```
    var calc = require('./calc');
```

32.6.3　包配置文件 package.json

如果想自定义入口模块的文件名和存放位置，就需要在包目录下包含一个 package.json 文件，package.json 是包的配置文件。

示例：

```
d:/node/calc/
/calc
    sum.js                          //加法
    subtraction.js                  //减法
    multiplication.js               //乘法
    division.js                     //除法
    main.js                         //主模块，也是入口模块

//package.json
{
    "name": "calc",
    "main": "./calc/main.js"
}
```

1. package.json 的属性说明

1）name：包名。

2）version：包的版本号。

3）description：包的描述。

4）homepage：包的官网 URL。

5）author：包的作者姓名。

6）contributors：包的其他贡献者姓名。

7）dependencies：依赖包列表。如果依赖包没有安装，则 npm 会自动将依赖包安装在 node_module 目录下。

8）repository：包代码存放的地方的类型，可以是 git 或 svn，git 可以在 GitHub 上。

9）main：main 字段是一个模块 ID，它是一个指向用户程序的主要项目。也就是说，如果用户的包的名字叫 express，然后用户安装它，可使用 require("express")。

10）keywords：关键字。

package.json 是这样一个 JSON 文件（注意，JSON 文件内是不能写注释的，若复制如下内容请删除注释）：

```JavaScript
{
  "name": "test",                                  //项目名称（必需）
  "version": "1.0.0",                              //项目版本（必需）
  "description": "This is for study gulp project !",  //项目描述（必需）
  "homepage": "",                                  //项目主页
  "repository": {                                  //项目资源库
    "type": "git",
    "url": "https://git.oschina.net/xxxx"
  },
  "author": {                                      //项目作者信息
    "name": "surging",
    "email": "surging2@qq.com"
  },
  "license": "ISC",                                //项目许可协议
  "devDependencies": {                             //项目依赖的插件
    "gulp": "^3.8.11",
    "gulp-less": "^3.0.0"
  }
}
```

2. 符合 CommonJS 规范的包

包是在模块的基础上更深一步的抽象，Node.js 的包类似于 C/C++的函数库或 Java/.NET 的类库。它将某个独立的功能封装起来，用于发布、更新、依赖管理和版本控制。Node.js 根据 CommonJS 规范实现了包机制，开发了 npm 来解决包的发布和获取需求。Node.js 的包是一个目录，其中包含一个 JSON 格式的包说明文件 package.json。严格符合 CommonJS 规范的包应该具备以下特征：

1）package.json 必须在包的顶层目录下。

2）二进制文件应该在 bin 目录下。

3）JavaScript 代码应该在 lib 目录下。

4）文档应该在 doc 目录下。

5）单元测试文件应该在 test 目录下。

Node.js 对包的要求并没有这么严格，只要顶层目录下有 package.json，并符合部分规范即可。当然为了提高兼容性，还是建议在制作包时，严格遵守 CommonJS 规范。

第 33 章

Node.js 包管理工具

本章主要内容

- npm 简介
- npm 常见的使用场景
- npm 常用命令
- 向 npm 服务器发布自己的包

npm 是个同 Node.js 一起安装的包管理工具，解决了 Node.js 代码部署上的很多问题，用于 Node.js 包的发布、传播、依赖控制。本章学习 npm 的具体用法。

33.1 npm 简介

Node Package Manager 简称 NPM，是 Node.js 的包管理器。Node.js 本身提供了一些基本的 API 模块，但是这些基本模块难以满足开发者的需求。Node.js 需要通过使用 NPM 来管理开发者自我研发的一些模块，并使其能够共享于其他开发者。简单地说，NPM 就是 Node.js 的包管理器。

33.2 npm 常见的使用场景

npm 是随同 Node.js 一起安装的包管理工具，能解决 Node.js 在代码部署上的很多问题，常见的使用场景有以下几种：

1）允许用户从 npm 服务器下载他人编写的第三方包到本地使用。

2）允许用户从 npm 服务器下载并安装他人编写的命令行程序到本地使用。

3）允许用户将自己编写的包或命令行程序上传到 npm 服务器供他人使用。

Node.js 安装包中已经集成了 npm，Node.js 安装结束后 npm 即安装完成。可以通过 "npm –v" 命令来检测 nmp 是否安装成功。命令如下：

```
$ npm -v
5.0.3
```

如果可以出现 npm 当前的版本号，即说明安装成功。

在 Window 系统下，npm 升级使用如下命令：

```
npm install npm -g
```

在 Linux 系统下，npm 升级使用如下命令：

```
sudo npm install npm -g
```

33.3 npm 常用命令

33.3.1 使用 npm 安装模块

npm 建立了一个 Node.js 生态圈，Node.js 开发者和用户可以在生态圈中交流。

当需要下载第三方包时，首先要知道有哪些包可用。https://www.npmjs.com/ 提供了可以根据包名来搜索的平台，但是如果不知道包名可以先搜索一下。知道了包名后，就可以使用命令去安装了，例如，安装 express 可以输入：

```
npm install express
```

下载完成后，express 包就放在了工程目录下的 node_modules 目录中，在编程中只需要通过 require('express')的方式去引用，无须指定包路径。

以上命令默认下载最新版本的第三方包，如果要下载指定版本，可以在包名后面追加 @<version>，如通过如下命令可以下载 0.0.1 版本的 express。

```
npm install express@0.0.1
```

如果使用到的第三方包比较多，那么在终端下载一个包就需要一条命令非常不方便，因此 npm 对 package.json 的字段做了扩展，允许在其中添加第三方包依赖。

```
npm install express --save
{
    "name":"test",
    "main":"./lib/main.js",
    "dependencies":{
        "express":"3.2.1"
    }
}
```

这样处理后，在工程目录下就可以使用 npm install 命令批量安装第三方包了。最重要的是，当日后把 test 项目上传到 npm 服务器，他人下载这个包时，npm 会根据包中声明的三方依赖包自动下载依赖。这样用户只需要关心要使用的包，而不用管其依赖的三方包。

现在，可以在 JS 文件中使用此模块了：

```
var express = require('express');
```

33.3.2 全局安装与本地安装

本地安装在默认情况下，npm 安装指定包且安装到本地。本地安装是指包安装在当前目录下的 node_modules 文件夹中。本地安装的包都可以通过方法 require()进行访问。例如，安装 express 模块。

```
$ npm install express
```

列出所有本地安装的模块：

```
$ npm ls
```

全局安装的包都存储在系统目录中，可以在 Node.js 的命令行界面（CLI）中使用，但是不能直接使用方法 require()进行访问。例如，安装 http-server 包：

```
//全局安装
$ npm install -g http-server
//使用 node CLI
$ http-server
```

--save 和--save-dev 的区别如下：

编写 npm install 命令时使用--save 和--save-dev，可分别将依赖（插件）记录到 package.json 中的 dependencies 和 devDependencies 模块下。

dependencies 模块下记录的是项目在运行时必须依赖的插件，常见的如 React、JQuery 等，即使项目打包好了、上线了，这些也是需要用的，否则程序无法正常执行。

devDependencies 模块下记录的是项目在开发过程中使用的插件，如需要使用 Webpack 打包，但是一旦项目打包发布、上线以后，Webpack 就没有用了，可以不安装了。

33.3.3　模块中的其他操作

使用如下命令卸载 Node.js 模块：

```
npm uninstall express
```

使用如下命令完成指定模块的更新工作：

```
npm update express
```

搜索某个指定模块可以使用 npm 包名来查看：

```
npm search express
```

33.3.4　版本号

使用 npm 下载和发布代码时都会接触到版本号。npm 使用语义版本号来管理代码。

语义版本号分为 X.Y.Z 三位，分别代表主版本号、次版本号和补丁版本号。当代码变更时，版本号按以下原则更新：

1）如果只是修复 bug，则需要更新 Z 位。

2）如果是新增了功能，但是是向下兼容，则需要更新 Y 位。

3）如果有大变动，并且向下不兼容，则需要更新 X 位。

33.4　向 npm 服务器发布自己的包

作为开发者，经常会为了完成某些功能开发一些常用的包，开发完成后可以将其发布到公共的 npm 仓库，供用户体验。

第一次使用 npm 发布自己的包时，需要先注册一个账号。可以运行 **npm adduser** 命令来完成注册，注册时会有一系列的问题需要回答，以设置用户名、密码和电子邮件。

```
npm adduser                          #添加用户，在npm官网注册的账号
Username: allcky                     #用户名
Password:                            #密码
Email: (this IS public) allcky@qq.com
```

下一步要在对应的 Node.js 包的根目录下运行如下命令：

```
npm publish .                  # 发布指定包
```

如果上述操作一切正常，则在 npm publish 命令执行结束后，可以从 npm 官网搜索到自己发布的 Node.js 包。

当某个包不再使用时，可以撤销自己发布过的某个版本的包：

```
npm unpublish <包名>@<版本号>
```

第 34 章

Node.js 全局对象

本章主要内容

- **Buffer 类**
- **console 模块**
- **process 对象**
- **global 对象的方法**
- **魔术常量**

JavaScript 中有一个特殊的对象，称为全局对象（Global Object），它及其所有属性都可以在程序的任何地方访问，即全局变量。在浏览器中运行的 JavaScript，通常 window 是全局对象，而 Node.js 中的全局对象是 global，所有全局变量（除了 global 本身以外）都是 global 对象的属性。在 Node.js 中可以直接访问到 global 的属性，而不需要在应用中包含它。global 最根本的作用是作为全局变量的宿主。

34.1 Buffer 类

JavaScript 对字符串的处理十分友好，无论是宽字节还是单字节字符串，都被认为是一个字符串。Node.js 中需要处理网络协议、操作数据库、处理图片、文件上传等，还需要处理大量的二进制数据，自带的字符串远不能满足这些要求，因此 Buffer 应运而生。

Buffer 是一个典型的 JavaScript 和 C++结合的模块，性能相关部分用 C++实现，非性能相关部分用 JavaScript 实现。Node.js 在进程启动时 Buffer 就已经加入内存，并将其放入全局对象，因此无须使用 require 方法。

JavaScript 语言自身只有字符串数据类型，没有二进制数据类型。但在处理 TCP 流或文件流时，必须使用二进制数据。因此在 Node.js 中，定义了一个 Buffer 类，该类用来创建一个专门存放二进制数据的缓存区。在 Node.js 中，Buffer 类是随 Node.js 内核一起发布的核心库。Buffer 库为 Node.js 带来了一种存储原始数据的方法，可以让 Node.js 处理二进制数据，每当需要在 Node.js 中处理 I/O 操作中移动的数据时，就有可能使用 Buffer 库。原始数据存储在 Buffer 类的实例中。一个 Buffer 类似于一个整数数组，但它对应于 V8 堆内存之外的一块原始内存。

1. 创建 Buffer 类

Node Buffer 类可以通过多种方式来创建。

方法 1：创建长度为 10 字节的 Buffer 实例。

```
var buf = new Buffer(10);
```

方法 2：通过给定的数组创建 Buffer 实例。

```
var buf = new Buffer([10, 20, 30, 40, 50]);
```

方法 3：通过一个字符串来创建 Buffer 实例。

```
var buf = new Buffer("www.baidu.com", "utf-8");
```

UTF-8 是默认的编码方式，此外还支持以下编码：ASCII、UTF-16LE、UCS2、Base64 和 Hex。

2. 写入缓冲区

写入 Node.js 缓冲区的语法如下：

```
buf.write(string[, offset[, length]][, encoding])
```

参数描述如下：

1）string：写入缓冲区的字符串。

2）offset：缓冲区开始写入的索引值，默认为 0。

3）length：写入的字节数，默认为 buffer.length。

4）encoding：使用的编码。默认为 UTF-8。

返回实际写入的大小。如果 Buffer 空间不足，则只写入部分字符串。示例代码如下：

```
buf = new Buffer(256);
len = buf.write("www.runoob.com");
console.log("写入字节数 : "+ len);
```

执行以上代码，输出结果为：

写入字节数 : 14

3. 从缓冲区中读取数据

读取 Node.js 缓冲区数据的语法如下：

```
buf.toString([encoding[, start[, end]]])
```

参数描述如下。

1）encoding：使用的编码，默认为 UTF-8。

2）start：指定开始读取的索引位置，默认为 0。

3）end：结束位置，默认为缓冲区的末尾。

返回解码缓冲区数据并使用指定的编码返回字符串。示例代码如下：

```
buf = new Buffer(26);for (var i = 0 ; i < 26 ; i++) {
  buf[i] = i + 97;
}
console.log(buf.toString('ascii'));                //输出:
abcdefghijklmnopqrstuvwxyzconsole.log(buf.toString('ascii',0,5));
                                                   //输出:
abcdeconsole.log(buf.toString('utf8',0,5));        //输出:
abcdeconsole.log( buf.toString(undefined,0,5));
                                        //使用 UTF-8 编码,并输出: abcde
```

执行以上代码，输出结果为：

```
Abcdefghijklmnopqrstuvwxyz
Abcde
Abcde
Abcde
```

4. 将 Buffer 转换为 JSON 对象

将 Buffer 转换为 JSON 对象的语法格式如下：

```
buf.toJSON()
```

返回 JSON 对象。示例代码如下：

```
var buf = new Buffer('www.runoob.com');var json = buf.toJSON(buf);
console.log(json);
```

执行以上代码，输出结果为：

```
[ 119, 119, 119, 46, 114, 117, 110, 111, 111, 98, 46, 99, 111, 109 ]
```

5．缓冲区合并

缓冲区合并的语法如下：

```
Buffer.concat(list[, totalLength])
```

参数描述如下。

1）list：用于合并的 Buffer 对象数组列表。

2）totalLength：指定合并后 Buffer 对象的总长度。

返回一个由多个成员合并的新 Buffer 对象。示例代码如下：

```
var buffer1 = new Buffer('菜鸟教程 ');var buffer2 = new Buffer('www.runoob.com');
Var buffer3=Buffer.concat([buffer1,buffer2]);
console.log("buffer3 内容:"+buffer3.toString());
```

执行以上代码，输出结果为：

```
buffer3 内容: 菜鸟教程 www.runoob.com
```

6．缓冲区比较

Node Buffer 比较的语法如下，该方法在 Node.js v0.12.2 版本引入：

```
buf.compare(otherBuffer);
```

参数描述如下。

otherBuffer：与 buf 对象比较的另外一个 Buffer 对象。

返回一个数字，表示 buf 在 otherBuffer 之前、之后或相同。示例代码如下：

```
var buffer1 = new Buffer('ABC');
var buffer2 = new Buffer('ABCD');var result = buffer1.compare(buffer2);
if(result < 0) {
   console.log(buffer1 + " 在 " + buffer2 + "之前");
}else if(result == 0){
   console.log(buffer1 + " 与 " + buffer2 + "相同");
}else {
   console.log(buffer1 + " 在 " + buffer2 + "之后");
}
```

执行以上代码，输出结果为：

```
ABC 在 ABCD 之前
```

7．复制缓冲区

缓冲区复制语法如下：

```
buf.copy(targetBuffer[, targetStart[, sourceStart[, sourceEnd]]])
```

参数描述如下。

1）targetBuffer：要复制的 Buffer 对象。

2）targetStart：数字，可选，默认为 0。

3）sourceStart：数字，可选，默认为 0。

4）sourceEnd：数字，可选，默认为 buffer.length。

没有返回值。示例代码如下：

```
var buffer1 = new Buffer('ABC');                    //复制一个缓冲区
var buffer2 = new Buffer(3);
buffer1.copy(buffer2);console.log("buffer2 content: " + buffer2.toString());
```

执行以上代码，输出结果为：

```
buffer2 content: ABC
```

8. 缓冲区裁剪

缓冲区裁剪语法如下：

```
buf.slice([start[, end]])
```

参数描述如下。

1）start：数字，可选，默认为 0。

2）end：数字，可选，默认为 buffer.length。

返回一个新的缓冲区，它和旧缓冲区指向同一块内存，但是从索引 start 到 end 的位置进行剪切。示例代码如下：

```
var buffer1 = new Buffer('runoob');                    //剪切缓冲区
var buffer2 = buffer1.slice(0,2);console.log("buffer2 content: " +
buffer2.toString());
```

执行以上代码，输出结果为：

```
buffer2 content: ru
```

9. 缓冲区长度

缓冲区长度计算语法如下：

```
buf.length;
```

返回 Buffer 对象所占据的内存长度。示例代码如下：

```
var buffer = new Buffer('www.baidu.com');              //缓冲区长度
console.log ("buffer length: " + buffer.length);
```

执行以上代码，输出结果为：

```
buffer length: 13
```

34.2 console 模块

console 模块是 Node.js 提供的核心模块，用于提供控制台标准输出。它是由 Internet Explorer 的 JavaScript 引擎提供的调试工具，后来逐渐成为浏览器的事实标准。Node.js 沿用了这个标准，提供与习惯行为一致的 console 对象，用于向标准输出流或标准错误流输出字符。

console 对象的方法见表 34-1。

表　34-1

方　法	描　述
console.log()	在控制台输出
console.info()	返回信息行消息
console.error()	在控制台输出一个错误的消息
console.warn()	输出警告消息
console.dir(object)	利用 util.inspect()输出对象的分析
console.time()	在程序运行之前调用，记录当前的时间信息
console.timeEnd()	配合 onsole.time()，在程序运行完成之后调用，记录程序完成后的时间信息（即间隔时间）
consle.trance()	追踪情况
console.assert(expr,msg)	用于判断某个表达式或变量是否为真。若 expr 为假，则输出 msg

1. console.log()

console.log()用于向标准输出流打印字符并以换行符作为结束。console.log 接受若干个参数，如果只有一个参数，则输出这个参数的字符串形式。如果有多个参数，则以类似于 C 语言中 printf()的格式输出。

示例：

```
console.log('%s,%d,%j','helloworld',1000,{name:'BillGate',Sexy:'Male',
age:18,product:['xp','win7','win8']});
```

输出如下：

```
helloworld,1000,{"name":"BillGate","Sexy":"Male","age":18,"product":["
xp","win7","win8"]}
```

console.error()与 console.log()用法相同，只是用于输出错误。

2. console.dir()

console.dir()用于打印出指定对象的所有属性和属性值。

示例：

```
var Person = function(name,age)
{
  this.name=name;
```

```
    this.age=age;
};
var p = new Person('Jobs',23);
console.dir(p);
console.dir(Person);
```

输出如下：

```
Person { name: 'Jobs', age: 23 } [Function: Person]
```

3．console.time()

可以启动一个计时器（timer）来跟踪某一个操作的占用时长。每个计时器必须有唯一的名字，页面中最多能同时运行 10,000 个计时器。当以此计时器名字为参数调用 console.timeEnd()时，浏览器将以 ms 为单位，输出对应计时器所经过的时间。

示例：

```
console.time('timer1');
for(var i=0;i<10000000;i++){
}
console.timeEnd('timer1');
console.trace('trace');
```

输出如下：

```
timer1: 169ms
```

4．console.assert()

如果断言为 false，则将一个错误消息写入控制台。如果断言是 true，则没有任何反应。在 Node.js 中一个值为假的断言将会导致一个 AssertionError 被抛出，使得代码执行被打断。

示例：

```
try
{
console.assert(1==22,'if equal are wrong');
}
catch(err)
{
  console.log('%s,%s',err.name,err.message);
}
```

输出如下：

```
AssertionError,if equal are wrong
```

5．console.trace()

console.trace()用于向 Web 控制台输出一个堆栈跟踪。

示例：

```
console.trace()
```

输出如下：

```
Trace
    at Object.<anonymous> (/Users/houningzhou/Web/Nodejs/3.filesystem/
7.path/a.js:15:9)
    at Module._compile (module.js:570:32)
    at Object.Module._extensions..js (module.js:579:10)
    at Module.load (module.js:487:32)
    at tryModuleLoad (module.js:446:12)
    at Function.Module._load (module.js:438:3)
    at Module.runMain (module.js:604:10)
    at run (bootstrap_node.js:389:7)
    at startup (bootstrap_node.js:149:9)
    at bootstrap_node.js:504:3
```

34.3 process 对象

process 对象就是处理与进程相关信息的全局对象，不需要 require 引用。

1. process.argv 获取命令行指令参数

使用 Node 命令执行某个脚本时，可以在指令末尾加上参数，process.argv 可返回一个数组，第一个元素是 process.execPath，第二个元素是被执行脚本的路径，示例如下：

```
var args = process.argv;
if(!args.length){
    process.exit(0);
}else{
    console.log(args.slice(2).join('\n'));
}
```

执行结果如下：

```
E:\developmentdocument\nodejsdemo>node process-example.js a b c
A
B
C
```

2. process 事件

（1）exit 事件

当调用方法 process.exit() 或者事件循环队列没有任何工作时便会触发 exit 事件，监听的回调函数的逻辑必须是同步的，否则不会执行。示例如下：

```
process.on('exit',(code)=>{
    console.log(code);
```

```
        setTimeout(()=>console.log(code),1000);              //不会执行
    });
```

（2）message 事件

进程间使用方法 childProcess.send()进行通信，就会触发 message 事件，示例如下：

```
const cp = require('child_process').fork(`${__dirname}/test.js`);
cp.on('message',(message)=>{
    console.log('got the child message: '+message);
});
cp.send('hello child!');//test.js
process.on('message',(message)=>{
    console.log('got the parent message: '+message);
});
process.send('hello parent');
```

执行结果如下：

```
E:\developmentdocument\nodejsdemo>node process-example.js
got the child message: hello parent
got the parent message: hello child!
```

（3）uncaughtException 事件

当一个没有被捕获的异常冒泡到事件队列中时，就会触发 uncaughtException 事件，默认打印错误信息且退出进程。当 uncaughtException 事件有一个以上的 listener 时，会阻止 Node 结束进程。但是这种做法有内存泄漏的风险，所以千万不要这么做。

示例：

```
process.on('uncaughtException', (err) => {
  fs.writeSync(1, `Caught exception: ${err}`);
});

setTimeout(() => {
  console.log('This will still run.');
}, 500);
nonexistentFunc();console.log('This will not run.');
```

3．process 方法

（1）process.abort 方法

process.abort 方法使 Node.js 的执行立即退出，并生成一个核心文件。

（2）process.nextTick 方法

process.nextTick 方法用于将回调函数添加到下一次事件缓存队列中，当前事件循环都执行完毕后，所有的回调函数都会被执行，示例如下：

```
console.log('hello world');
setTimeout(()=>console.log('settimeout'),10);
process.nextTick(()=>console.log('nexttick'));console.log('hello
```

```
nodejs');
```

执行结果：

```
E:\developmentdocument\nodejsdemo>node process-example.js
hello world
hello nodejs
Nexttick
Settimeout
```

4. process 属性

一个包含用来编译当前 node.exe 的配置选项的对象，其可能的输出示例如下：

```
{
  target_defaults:
   { cflags: [],
     default_configuration: 'Release',
     defines: [],
     include_dirs: [],
     libraries: [] },
  variables:
   {
     host_arch: 'x64',
     node_install_npm: 'true',
     node_prefix: '',
     node_shared_cares: 'false',
     node_shared_http_parser: 'false',
     node_shared_libuv: 'false',
     node_shared_zlib: 'false',
     node_use_dtrace: 'false',
     node_use_openssl: 'true',
     node_shared_openssl: 'false',
     strict_aliasing: 'true',
     target_arch: 'x64',
     v8_use_snapshot: 'true'
   }
}
```

34.4 global 对象的方法

global 对象的方法见表 34-2。

表 34-2

方　　法	描　　述
setInterval(fn,ms)	全局函数在指定的毫秒数后执行指定的 fn 函数，重复执行

（续）

方　法	描　述
clearInterval(timeout)	取消一个由 setInterval()创建的 Timeout 对象
setTimeout(fn,ms)	全局函数在指定的毫秒数后执行指定的 fn 函数，只执行一次
clearTimeout(timeout)	全局函数用于停止一个之前通过 setTimeout()创建的定时器
setImmediate(callback[, ...args])	Node.js 的事件循环当前回合结束时调用的函数
clearImmediate(immediate)	取消一个由 setImmediate() 创建的 Immediate 对象

34.5　魔术常量

1）__filename 表示当前正在执行的脚本的文件名，输出文件所在位置的绝对路径。

例如，从/Users/houningzhou/Web/Nodejs/global 运行 node test.js：

```
console.log(__filename);
// 输出：/Users/houningzhou/Web/Nodejs/global/test.js
```

__filename 实际上不是一个全局变量，而是每个模块内部的变量。

2）__dirname 表示当前执行脚本所在的目录。

例如，从/Users/houningzhou/Web/Nodejs/global 运行 node test.js：

```
console.log(__dirname);
// 输出：/Users/houningzhou/Web/Nodejs/global
```

第 35 章

Node.js 常用模块

本章主要内容

- **path 模块**
- **child_process 模块**
- **url 模块**
- **querystring 模块**

本章主要学习 Node.js 中的处理路径、进程、url、查询字符串等方便快捷的内置模块，这些模块可以非常方便地处理 Web 开发中的常见需求。更多的模块用法可以参考 Node.js 文档。本章介绍的这些模块涉及的方法并不是很多，也都相对简单，掌握了这些基础的模块之后就可以利用它们来完成更复杂的事。

35.1 path 模块

Node.js path 模块提供了一些用于处理文件路径的小工具，与物理文件系统无关，可通过以下方式引入该模块：

```
var path=require("path");
```

下面请看方法实例。

创建 main.js，代码如下：

```
var path=require("path");
//返回路径的最后一部分
console.log('basename:'+path.basename('/foo/bar/baz/asdf/test.html'));
//返回路径的名称
console.log('dirname:'+path.basename('/foo/bar/baz/asdf/test.html'));
//从路径的最后一部分返回路径的扩展名，如果没有则返回一个空字符串
console.log('extname:'+path.basename('test.html'));
//把字符串组合成对象的格式
console.log('parse:'+path.parse('/home/user/dir/file.txt'));
//格式化路径
console.log('normalization : ' + path.normalize('/test/test1//
2slashes/1slash/tab/..'));
//连接路径
console.log('joint path : ' + path.join('/test', 'test1', '2slashes/
1slash', 'tab', '..'));
//转换为绝对路径
console.log('resolve : ' + path.resolve('main.js'));
```

执行结果如下：

```
basename: test.html
dirname: /foo/bar/baz/asdf
extname: .html
parse: {
root : "/",
dir : "/home/user/dir",
base : "file.txt",
ext : ".txt",
name : "file"
}
normalization : /test/test1/2slashes/1slash
joint path : /test/test1/2slashes/1slash
resolve : /web/com/1427176256_27423/main.js
```

35.2 child_process 模块

通过 child_process 模块可以创建子进程，从而实现多进程模式，进而更好地利用 CPU 多核计算资源。

该模块提供了 4 种方法创建子进程：

```
child_process.spawn()
child_process.exec()
child_process.execFile()
child_process.fork()
```

这 4 个方法都返回一个 childProcess 对象，该对象实现了 EventEmitter 的接口，带有 stdout、stdin、stderr 的对象。

1. 方法 child_process.spawn(command[, args][, options])

该方法使用 command 指令创建一个新进程，参数含义如下：

1）command——待执行的命令。

2）args——命令行参数数组。

3）options——可选参数，是一个对象。

options 参数主要拥有以下属性：

① cwd——当前工作目录，若没有指定，则使用当前工作目录。

② env——命令执行环境，默认为 process.env。

③ argv0——如果没有指定 command，则该值会被设置为 command。

④ stdio——子进程标准 I/O 配置。

返回值为 childProcess 对象，示例如下：

```
const child_process = require('child_process');const iconv = require
('iconv-lite');const spawn = child_process.spawn;
const buffArr = [];let buffLen = 0;
const dirs = spawn('cmd.exe',['/C','dir']);
dirs.stdout.on('data',(data)=>{
    buffArr.push(data);
    buffLen+=data.length;
});
dirs.stderr.on('end',()=>{
    console.log(iconv.decode(Buffer.concat(buffArr,buffLen),'GBK'));
});
dirs.stderr.on('error',(err)=>{
    console.log(err);
});
dirs.on('close',(code)=>{
    console.log(code);
});
```

执行结果如下：

```
正在 Ping www.qq.com [14.17.32.211] 具有 32 字节的数据：
来自 14.17.32.211 的回复：字节=32 时间=2ms TTL=55
来自 14.17.32.211 的回复：字节=32 时间=2ms TTL=55
来自 14.17.32.211 的回复：字节=32 时间=3ms TTL=55
来自 14.17.32.211 的回复：字节=32 时间=3ms TTL=55
14.17.32.211 的 Ping 统计信息：
数据包：已发送 = 4，已接收 = 4，丢失 = 0（0% 丢失），
往返行程的估计时间（以 ms 为单位）：
最短 = 2ms，最长 = 3ms，平均 = 2ms
```

如果输出碰到乱码，可以借助 iconv-lite 进行转码，使用"npm install iconv-lite –save"。

2. 方法 child_process.exec(command[, options][, callback])

新建一个 shell 执行 command 指令，并缓存产生的输出结果，参数含义如下：

1）command——待执行的指令，带独立的参数。

2）options——对象，拥有 cwd、env、encoding、shell、maxBuffer 等属性。

3）callback——回调函数，参数为(error,stdout,stderr)，如果执行成功，error 则为 null，否则为 Error 的实例。

返回值也是 childProcess 对象，该方法与 child_process.spawn()的区别在于，使用回调函数获得子进程的输出数据，会先将数据缓存在内存中，等待子进程执行完毕之后，再将所有的数据 Buffer 交给回调函数。如果该数据大小超过了 maxBuffer（默认为 200KB），则会抛出错误。虽然可以通过参数 maxBuffer 来设置子进程的缓存大小，但是不建议这样做，因为方法 exec()不合适创建返回大量数据的进程，应该就返回一些状态码。

示例如下：

```
exec('netstat /ano | find /C /I "tcp"',(err,stdout,stderr)=>{
    if(err) throw err;
    console.log(stdout);
    console.log(stderr);
});
```

3. 方法 child_process.execFile(file[, args][, options][, callback])

类似于 child_process.exec()，不同之处是不会创建一个 shell，而是直接使用指定的可执行文件创建一个新进程，更有效率。示例如下：

```
execFile('mysql',['--version'],(err,stdout,stderr)=>{
    if(err) throw err;
    console.log(stdout);
    console.log(stderr);
});
```

4. 方法 child_process.fork(modulePath[, args][, options])

创建一个子进程执行 module，并与子进程建立 IPC（Inter-Process Communication）通道

进行通信，方法返回一个 childProcess 对象，作为子进程的句柄，通过方法 send()向子进程发送信息，监听 message 事件接收子进程的消息，子进程亦同理。示例如下：

```
const fibonacci = fork('./fibonacci.js');const n = 10;
fibonacci.on('message',(msg)=>{
    console.log(`fibonacci ${n} is: ${msg.result}`);
});
fibonacci.send({n:n});//fibonacci.jsfunction fibonacci(n,ac1=1,ac2=1)
{
    return n<=2?ac2:fibonacci(n-1,ac2,ac1+ac2);
}
process.on('message',(msg)=>{
    process.send({result:fibonacci(msg.n)})
});
```

5. 方法 child.disconnect()

该方法用于关闭父子进程之间的 IPC 通道，之后父子进程不能进行通信，并会立即触发 disconnect 事件，示例如下：

```
const fibonacci = fork('./fibonacci.js');const n = 10;
fibonacci.on('message',(msg)=>{
    console.log(`fibonacci ${n} is: ${msg.result}`);
    fibonacci.disconnect();
});
fibonacci.on('disconnect',()=>{
    console.log('与子进程断开连接.');
});
fibonacci.send({n:n});//fibonacci.jsfunction fibonacci(n,ac1=1,ac2=1)
{
    return n<=2?ac2:fibonacci(n-1,ac2,ac1+ac2);
}
process.on('message',(msg)=>{
    process.send({result:fibonacci(msg.n)})
});
```

执行结果：

```
fibonacci 10 is: 55
```

6. 与子进程断开连接

子进程主要用来做 CPU 密集型的工作，如 Fibonacci 数列的计算、Canvas 像素处理等。

35.3 url 模块

url 模块提供了 URL 解析和分析工具。使用方法如下：

```
var url = require('url');
```

对于一个 URL 的解析结果，有些部分只有在 URL 字符串中存在时，对应字段才会出现在解析后的对象中。以下是一个解析 URL 的例子。

解析后的对象字段如下：

```
Href
```

解析前的完整原始 URL、协议名和主机名已转为小写，例如：

```
protocol:
```

请求协议，要小写，例如：

```
'http:'
slashes:
```

协议的 ":" 号后是否有 "/"，例如：

```
true or false
host:
```

URL 主机名，包括端口信息，要小写，例如：

```
'host.com:8080'
auth
```

URL 中的认证信息，例如：

```
'user:pass'
hostname:
```

主机名，要小写，例如：

```
'host.com'
port:
```

主机的端口号，例如：

```
'8080'
pathname
```

URL 中的路径，例如：

```
'/p/a/t/h'
search
```

查询对象，即 queryString，包括之前的问号 "?"，例如：

```
'?query=string'
path
```

pathname 和 search 的合集，例如：

```
'/p/a/t/h?query=string'
query
```

查询字符串中的参数部分（问号后面的字符串），或使用 querystring.parse()解析后返回的对象，例如：

```
'query=string' or {'query':'string'}
hash:
```

锚点部分（即"#"及其后的部分），例如：

```
'#hash'
```

将 URL 字符串转换为对象：

```
url.parse(urlStr[, parseQueryString][, slashesDenoteHost])
```

方法 url.parse()用于解析 URL 对象，解析后返回一个 JSON 对象。示例如下：

```
var url = require('url');
var    urlString    =    'http://user:pass@host.com:8080/p/a/t/h?query=
string#hash';var result = url.parse(urlString);console.log(result);
```

输出结果如下：

```
{ protocol: 'http:',
  slashes: true,
  auth: 'user:pass',
  host: 'host.com:8080',
  port: '8080',
  hostname: 'host.com',
  hash: '#hash',
  search: '?query=string',
  query: 'query=string',
  pathname: '/p/a/t/h',
  path: '/p/a/t/h?query=string',
  href: 'http://user:pass@host.com:8080/p/a/t/h?query=string#hash'
}
```

当第二个可选参数设置为 true 时，会使用 querystring 模块来解析 URL 中的查询字符串部分，默认值为 false。输出结果如下：

```
{ protocol: 'http:',
  slashes: true,
  auth: 'user:pass',
  host: 'host.com:8080',
  port: '8080',
  hostname: 'host.com',
  hash: '#hash',
```

```
    search: '?query=string',
    query: {query:"string"},
    pathname: '/p/a/t/h',
    path: '/p/a/t/h?query=string',
    href: 'http://user:pass@host.com:8080/p/a/t/h?query=string#hash'
}
```

当第三个可选参数设置为 true 时，会把诸如//foo/bar 这样的 URL 解析为{host: 'foo', pathname: '/bar' }而不是{pathname: '//foo/bar'}。默认值为 false。

将对象格式化为 URL 字符串使用 "url.format(urlObj)"。url.format()用于格式化 URL 对象。流程是输入一个 URL 对象，返回格式化后的 URL 字符串，示例如下：

```
var url = require('url');
var urlObj = {
  protocol: 'http:',
    slashes: true,
    hostname: 'itbilu.com',
    port: 80,
    hash: '#hash',
    search: '?query=string',
    path: '/nodejs?query=string'
}var result = url.format(urlObj);console.log(result);
```

输出结果如下：

```
http://itbilu.com:80?query=string#hash/*
```

传入的 URL 对象会做以下处理：

1）href 属性会被忽略。

2）无论 protocol 是否有末尾的冒号，都会被做同样的处理。

3）协议包括 http、https、ftp、gopher、file，后缀是://（冒号-斜杠-斜杠）。

4）所有其他的协议，如 mailto、xmpp、aim、sftp、foo 等会加上冒号。

5）auth 如果有将会出现。

6）如果 host 属性没被定义，则会使用 hostname 属性。

7）如果 host 属性没被定义，则会使用 port 属性。

8）host 会优先使用，将替代 hostname 和 port。

9）无论 pathname 结尾是否有/，都会被做同样的处理。

10）search 将会替代 query 属性。

11）如果没有 search，将会使用 query 属性。

12）无论 search 前面是否有?（问号），都会被做同样的处理。

13）无论 hash 前面是否有#（井号，锚点），都会被做同样的处理。

URL 路径处理使用 "url.resolve(from, to)"。url.resolve()用于处理 URL 路径，也可以处理锚点，示例如下：

```
url.resolve('/one/two/three', 'four')      // '/one/two/four'
url.resolve('http://example.com/', '/one')  // 'http://example.com/one'
url.resolve('http://example.com/one', '/two') // 'http://example.com/two'
```

35.4 querystring 模块

查询字符串主要由两个方法组成，一个是将对象转换为字符串，一个则相反，是将字符串转换为对象，此外还有两个内置方法 escape 和 unescape。

```
querystring.stringify(obj, [sep], [eq]):
```

将 JSON 对象格式化为查询字符串格式的字符串，默认的分隔符为 “&” 和 “=”，具体请看以下代码：

```
querystring.stringify({ foo: 'bar', baz: ['qux', 'quux'], corge: '' })
//返回
'foo=bar&baz=qux&baz=quux&corge='
querystring.stringify({foo: 'bar', baz: 'qux'}, ';', ':')
//返回
'foo:bar;baz:qux'
```

querystring.parse(str, [sep], [eq], [options]):

根据 “&” 和 “=” 将字符串进行分割，反序列化为 JSON 对象，而 options 包含的 maxKeys 默认设置为 1000，如果将其设置为 0 则表示没有这个限制。

示例：

```
querystring.parse('foo=bar&baz=qux&baz=quux&corge')
//返回
{ foo: 'bar', baz: ['qux', 'quux'], corge: '' }
```

querystring.escape 和 querystring.unescape：

这两个内置方法，分别在上述两个方法的内部使用，功能是格式化和解码 URL 字符串。

第 36 章

Node.js 中的 fs 模块

本章主要内容

- **使用 fs 模块**
- **常用操作**

本章主要介绍 Node.js 中的文件操作。Node.js 中的 fs 模块用于对系统文件及目录进行操作，它提供了文件的读取、写入、更名、删除、遍历目录等文件系统操作。

36.1 使用 fs 模块

要使用 fs 模块需要通过如下命令:

```
var fs = require('fs')
```

模块中所有方法都有同步和异步两种形式。

异步形式始终以完成回调作为其最后一个参数。传给完成回调的参数取决于具体方法,但第一个参数总是留给异常。如果操作成功完成,则第一个参数会是 null 或 undefined。

当使用同步形式时,任何异常都会被立即抛出。可以使用 try/catch 来处理异常,或让它们往上冒泡。

1. 异步编程

Node.js 异步编程的直接体现就是使用回调函数。异步编程依赖于回调来实现,但不代表使用了回调函数程序就异步化了,非阻塞代码的实现即异步编程。接下来请看示例。

创建 example.txt 文件,输入以下内容:

```
var fs=require("fs");
fs.readFile("example.txt","utf-8",function(error,data){
  if(err) throw err;
  console.log(data.toString());
});
console.log("end");
```

执行结果如下:

```
$ node main.js
End
```

2. 同步编程

示例:

```
var fs=require("fs");
var con=fs.readFileSync("input.txt");
console.log(con.toString());
condole.log("end");
```

执行结果如下:

```
$ node main.js
异步和同步
end
```

第一个例子不需要等待文件读取完成,就可以在读取文件的同时执行接下来的代码,大大提高了程序的性能。第二个例子在文件读取完成之后才执行完程序。

阻塞代码是按照顺序依次执行的,而非阻塞的代码则不需要按顺序执行。

36.2　常用操作

文件的操作包括打开、读取、修改、关闭、删除、复制，具体方法及描述见表 36-1。

表　36-1

方　　法	描　　述
fs.readFile(filename,[option],callback)	异步读取文件
fs.readFileSync(file[, options])	同步读取文件
fs.writeFile(filename,data,[options],callback)	异步写入文件
fs.writeFileSync(file, data[, options])	同步写入文件
fs.appendFile(file,data,[,options],callback())	异步追加写入文件末尾
fs.appendFileSync(file, data[, options])	同步追加写入文件末尾
fs.unlink(path,callback)	异步删除文件
fs.unlinkSync(path)	同步删除文件

文件夹的操作包括创建、删除、修改、遍历，具体方法及描述见表 36-2。

表　36-2

方　　法	描　　述
fs.mkdir(path,[mode],callback)	异步创建目录（创建目录时，父目录必须存在）
fs.mkdirSync(path[, mode])	同步创建目录
fs.rmdir(path,callback)	异步删除目录
fs.rmdirSync(path)	同步删除目录
fs.readdir(path,callback)	读取目录下的所有文件

其他常用文件操作，见表 36-3。

表　36-3

方　　法	描　　述
fs.existsSync(path)	判断文件或文件夹是否存在，如果文件存在，则返回 true，否则返回 false
fs.rename(oldPath,newPath,callback)	异步重命名文件
fs.renameSync(oldPath, newPath)	同步重命名文件
fs.stat(path, callback)	异步查看文件或文件夹状态
fs.statSync(path)	异步查看文件或文件夹状态，path 返回一个 fs.Stats 实例
stats.isFile()	判断是否为文件
stats.isDirectory()	判断是否为目录

36.2.1　异步读取文件

fs.readFile(filename,[encoding],[callback(err,data)])是最简单的读取文件的函数。它接受一

个必选参数 filename，表示要读取的文件名；第二个参数 encoding 是可选的，表示文件的字符编码；callback 是回调函数，用于接收文件的内容。语法格式如下：

```
fs.readFile(filename,[option],callback)
```

参数说明如下。

1）filename：一个字符串，表示文件名。

2）option：值为一个对象，包含 encoding 和 flag 两个键。

3）encoding：值为字符串，默认为 null。如果字符编码未指定，则返回原始的 buffer。

4）flag：值为一个字符串，默认值为 r。

5）callback：为函数，包含两个参数，即 err 和 data，其中 data 是文件的内容。

flag 参数的值具体见表 36-4。

表　36-4

flag	描　　述
r	以读取模式打开文件，如果文件不存在则抛出异常
r+	以读写模式打开文件，如果文件不存在则抛出异常
rs	以同步的方式读取文件
rs+	以同步的方式读取和写入文件
w	以写入模式打开文件，如果文件不存在则创建
wx	类似 "w"，但是如果文件路径存在，则文件写入失败
w+	以读写模式打开文件，如果文件不存在则创建
wx+	类似 "w+"，但是如果文件路径存在，则文件读写失败
a	以追加模式打开文件，如果文件不存在则创建
ax	类似 "a"，但是如果文件路径存在，则文件追加失败
a+	以读取追加模式打开文件，如果文件不存在则创建
ax+	类似 "a+"，但是如果文件路径存在，则文件读取追加失败

异步读取当前目录下的 test.txt 文件，代码如下：

```
var fs = require('fs');
fs.readFile('./test.txt',function(err,data){
    if(err){
        console.error(err);
        return ;
    }
    console.log(data);
})
console.log('OK')
```

执行结果：

```
OK
<Buffer 68 65 6c 6c 6f 21>
```

如果字符编码未指定，则返回原始的 Buffer。

异步方法不会阻塞主进程，也不会影响后续代码的执行。

36.2.2 同步读取文件

readFileSync()是用于同步读取文件的函数。语法格式如下：

```
fs.readFileSync(file[, options])
```

参数说明：

```
filename String 文件名
option Object
encoding String |null default=null 如果字符编码未指定，则返回原始的 buffer
flag String default='r'
var fs = require('fs');
try{
    var data = fs.readFileSync('./test.txt');
    console.log(data);
}catch (err){
    console.error(err);
}
console.log('OK')
```

执行结果：

```
<Buffer 68 65 6c 6c 6f 21>
OK
```

同步方法会阻塞主进程的执行，在数据没有返回之前不能执行后续代码。同步方法不需要传递回调函数，通过函数返回值接收结果。

方法 fs.access(path[, mode], callback)用于测试。

参数说明如下。

1）path：指定的文件或目录的用户权限。

2）mode：一个可选的整数，指定要执行的可访问性检查。mode 可能的值如下。

① fs.constants.F_OK – path：文件对调用进程可见。这在确定文件是否存在时很有用，但不涉及读、写、执行等权限。如果没有指定 mode，则默认为 fs.constants.F_OK。

② fs.constants.R_OK - path：文件可被调用进程读取。

③ fs.constants.W_OK - path：文件可被调用进程写入。

④ fs.constants.X_OK – path：文件可被调用进程执行。对 Windows 系统没有作用（相当于 fs.constants.F_OK）。

3）callback：一个回调函数，会接收一个可能的错误参数。如果可访问性检查有任何的失败，则错误参数会被传入。

示例：检查 /etc/passwd 文件是否可以被当前进程读取和写入。代码如下。

```
fs.access('/etc/passwd', fs.constants.R_OK | fs.constants.W_OK, (err) => {
  console.log(err ? 'no access!' : 'can read/write');
});
```

同步调用方法：fs.accessSync(path[, mode])，如果有任何可访问性检查失败则抛出错误，否则什么也不做。

打开文件的语法格式如下：

```
fs.open(path,flags[,mode],callback(err,fd))
(async)
```

参数说明如下。

1）path：文件的路径。

2）flags：文件打开的方式。

3）mode：设置文件模式（权限），文件创建默认权限为 0666（可读，可写）。

4）callback：打开完成后执行的函数，带有两个参数：err 和 fd。

flags 参数的值与 readFile 函数相同。

注意，fs.open() 的某些标志行为是与平台相关的。例如，在 OS X 和 Linux 系统下用 'a+' 标志打开一个目录（见下面的例子），会返回一个错误。与此相反，在 Windows 和 FreeBSD 系统下，则会返回一个文件描述符。

示例：

```
// OS X 与 Linux
fs.open('<directory>', 'a+', (err, fd) => {
  // => [Error: EISDIR: illegal operation on a directory, open <directory>]
});
// Windows 与 FreeBSD
fs.open('<directory>', 'a+', (err, fd) => {
  // => null, <fd>
});
```

同步调用方法：fs.openSync(path, flags[, mode])，用于返回一个表示文件描述符的整数。语法格式如下：

```
fs.stat(path,callback(err,stats))
(async)
```

作用是读取文件的元信息。

参数说明如下。

1）path：文件的路径。

2）callback：读取完信息以后要执行的函数，返回两个参数：err 和 stats。

3）stats：fs.Stats 的一个对象，返回有关文件的一些信息。

同步调用方法：fs.statSync(path)，用于返回一个 fs.Stats 实例。语法格式如下：

```
fs.read(fd,buffer,offset,length,position,callback)
```

作用是从 fd 文件中读取数据。

参数说明如下。

1）fd：打开文件的编码。

2）buffer：数据将被写入到的 buffer。

3）offset：Buffer 中开始写入的偏移量。

4）length：是一个整数，指定要读取的字节数。

5）position：是一个整数变量，标识从哪个位置开始读取文件。如果 position 的参数为 null，则数据将从文件的当前位置开始读取。

6）callback：读取完成后执行的回调函数。回调了 3 个参数：err、bytesRead、buffer。

方法 fs.write(fd,buffer,offset,length[,position],callback())可以将 Buffer 缓冲器中的内容写入 fd 指定的文件。

参数说明如下。

1）fd：打开文件编码。

2）buffer：要写入的数据。

3）offset：要写入的数据的位置。

4）length：要写入的数据的长度。

5）position：指明将数据写入文件从头部算起的偏移位置。如果把 position 设置为 null，那么数据将从当前位置开始写入。

6）callback：接受两个参数：err 和 written，其中 written 标识有多少字节的数据已经写入。

buffer 参数可以通过 Node.js Buffer API 的 new Buffer 创建。

方法 fs.writeFile(file,data[,options],callback())用于异步写入数据到文件，如果文件已经存在，则替代文件。

参数说明如下。

1）file：文件的名字。

2）data：写入的内容。

3）options：设置选项。

4）callback：写入完成后执行的回调函数。

方法 fs.appendFile(file,data,[,options],callback())用于向文件追加内容，如果文件不存在，则创建文件。

参数说明如下。

1）file：要操作的文件。

2）data：要追加的内容。

3）options：指定选项。

4）callback：要执行的回调函数。

示例：

```
fs.appendFile('message.txt', 'data to append', (err) => {
  if (err) throw err;
  console.log('The "data to append" was appended to file!');
```

```
});
```

如果 options 是一个字符串，则它指定了字符编码。例如：

```
fs.appendFile('message.txt', 'data to append', 'utf8', callback);
```

注意：如果文件存在，则往里追加内容；若不存在，则和 writeFile() 一样。

同步调用方法：fs.appendFileSync(file, data[, options])，返回 undefined。语法格式如下：

```
fs.readFile(file[,options],callback(error,data))
```

作用是异步读取一个文件的全部内容。

参数说明如下。

1）file：要读取的文件

2）options：设置选项。

3）callback：读取完成后执行的回调函数，回调有两个参数：err 和 data，其中 data 是文件的内容。

方法 data.toString() 用于读取文件里的内容。

示例：

```
fs.readFile('/etc/passwd', (err, data) => {
  if (err) throw err;
  console.log(data);
});
```

如果字符编码未指定，则返回原始的 Buffer。

如果 options 是一个字符串，则它指定了字符编码。例如：

```
fs.readFile('/etc/passwd', 'utf8', callback);
```

同步读取：fs.readFileSync('filename')，用于返回 file 的内容。

如果指定了第二个参数，则该函数返回一个字符串，否则返回一个 Buffer。

方法 fs.rename(oldPath,newPath,callback) 用于修改文件名字。

参数说明如下。

1）olaPath：原来的名字。

2）newPath：新的名字。

3）callback：修改完成后执行的回调函数。

示例：

```
var fs = require('fs');var root = __dirname;
fs.rename(root + 'oldername.txt', root + 'newname.txt', function() {
    if (err) throw err;
    console.log('rename complete');
});
```

代码执行结果：被指定的文件被重命名为 newname.txt。

同步调用方法：fs.renameSync(oldPath, newPath)，返回 undefined。语法格式如下：

```
fs.unlink(path,callback)
```

作用是删除文件。

参数说明如下。

1）path：要删除的文件的名字。

2）callback：删除完成后执行的回调函数。

示例：

```
var fs = require('fs');var root = __dirname;
fs.stat(root + 'duang.txt', function( err ) {
    if (err) throw err;
});
```

同步调用方法：fs.unlinkSync(path)，返回 undefined。其作用是进行文件的复制。但此方法需要自定义，示例如下。

```
function copy(filename){
    var index=filename.indexOf(".");
    var basename=filename.slice(0,index)+"(1)";
    var lastname=filename.slice(index);
    var newname=basename+lastname;
    fs.readFile(filename,function(err,data){
        fs.writeFile(newname,data,function(){
            console.log("done");
        })
    })
}
```

方法 fs.chmod(path, mode, [callback])用于修改文件权限。

示例：

```
var fs = require('fs');var root = __dirname;
fs.chmod(root + '/duang.txt', '666', function( err ) {
    if (err) throw err;
    console.log('chmod complete');
});
```

上述代码执行前，文件 duang.txt 的权限不是 666。但是当脚本执行完之后该文件的权限就被修改为 666 了。

对应同步调用接口为：fs.chmodSync(path, mode);。

下面介绍有关目录的操作。

方法 fs.mkdir(path,[mode],callback)用于创建一个目录。

参数说明如下。

1）path：创建的目录。

2）mode：目录的模式。

3）callback：回调函数。

方法 fs.rmdir(path,callback)用于删除目录。

参数说明如下。

1）path：要删除的目录。

2）callback：删除后执行的回调函数。

同步调用方法：fs.rmdirSync(path)，用于创建深层次的目录及文件。此方法需要自定义，示例如下。

```
function makedir(path){
    var arr=path.split("/");
    var path="";
    arr.forEach(function(name,val){
      path+=name+"/";
      if(name.indexOf(".")>-1){
          fs.writeFileSync(path.slice(0,-1),"<html>\n\f</html>>");
      }else{
          fs.mkdirSync(path);
      }
    })
}
```

更多详情参见 Node.js API。

第 37 章

Node.js 流

本章主要内容

- **Stream 的作用**
- **读取流**
- **写入流**

Stream 是 Node.js 中处理数据的抽象接口，Node.js 中有很多对象都实现了这个接口。例如，对 HTTP 服务器发起请求的 request 对象就是一个 Stream，还有 stdout（标准输出）。

37.1　Stream 的作用

传统程序在执行过程中会边读边写，读写的速度不一样会导致数据的丢失，并且内存受限，读取/存取速度有限。采用流以后，程序会读一部分写一部分，保障数据不缺失。

Stream 的作用如下：

1）保证程序运行的效率。

2）防止数据丢失。

3）防止内存溢出。

Node.js 中有 4 种基本的流类型：

1）Readable——读取流，如 fs.createReadStream()。

2）Writable——写入流，如 fs.createWriteStream()。

3）Duplex——写流，即双工流，如 net.Socket。

4）Transform——读写流，操作被写入数据，然后读出结果，如 zlib.createDeflate()。

37.2　读取流

fs.createReadStream(path,[opts]); 用于创建可读流。

Path：创建读取流指定的文件路径。

opts：选项参数。

flags：读取方式。

encoding：编码方式。

fd：会忽略 path 参数并且会使用指定的文件描述符。这意味着不会触发 open 事件。

mode：用于设置文件模式（权限和黏结位），但仅限创建文件时。

autoClose：如果 autoClose 为 false，则文件描述符不会被关闭，即使有错误。应用程序需要负责关闭它，并且确保没有文件描述符泄漏。如果 autoClose 被设置为 true（默认），则在出现 error 或 end 时，文件描述符会被自动关闭。

start：读取的开始位置。

end：读取的结束位置。

```
{"encoding":"utf-8","start":0,"end":2}
```

（1）事件

1）data——当数据读取时触发。

2）close——当数据读完时触发。

3）end——没有更多的数据可读时触发。

（2）方法

1）pause()：暂停读取数据。

2）resume(0)：继续读取数据。

3）pipe()：管道由读取流安全地传输到下一个流。

37.3 写入流

fs.createWriteStream(path,[opts]); 用于创建可写入流。

（1）事件

1）drain——当前内存数据完全都写入流时触发。

2）close——数据全部都写完以后触发。

（2）方法

write(chunk,[encoding],[callback])——要往写入流写入数据时触发。

stream.Duplex 是读写流，示例如下：

```
duplex2._read=function(data,encoding,callback){
}
duplex2._write=function(data,encoding,callback){
    this.push(data.toString().toUpperCase());
    callback();
}
```

stream.Transform 是读写流，方法如下：

```
tranform_transform=function(data,encoding,callback){ }
```

Transform 和 Duplex 的区别：

Duplex 在写入前必须定义读取流，读流里为空，而 Transform 中用_transform 方法则不需要读写这么麻烦，已经封装好了读写，只要操作数据即可。

管道流：

管道提供了一个从输出流到输入流的机制，通常用于从一个流中获取数据并将数据传送到另外一个流中。方法如下：

```
fs.createReadStream().pipe(fs.createWriteStream());
```

第 38 章

Node.js 中的 http 模块

本章主要内容

- **HTTP 简介**
- **http 模块**

文件处理和网络操作是 Node.js 的两大核心功能，本章将学习 Node.js 中的网络操作，以及 HTTP 的一些重点内容。

38.1 HTTP 简介

超文本传输协议（Hyper Text Transfer Protocol，HTTP）是互联网上应用最为广泛的一种网络协议。所有的 WWW 文件都必须遵守这个规定。设计 HTTP 最初的目的是为了提供一种发布和接收 HTML 页面的方法。

1．技术架构

HTTP 是一个客户端和服务器端请求和应答的标准。客户端是终端用户，服务器端是网站。通过使用 Web 浏览器、网络爬虫或其他工具，客户端发起一个到服务器上指定端口（默认端口为 80）的 HTTP 请求。

2．HTTP 头域

HTTP 的头域包括通用头、请求头、响应头和实体头 4 部分。

（1）通用头域

通用头域包含请求和响应消息都支持的头域，通用头域包含 Cache-Control、Connection、Date、Pragma、Transfer-Encoding、Upgrade、Via。

1）Cache-Control 头域：指定请求和响应遵循的缓存机制。其中，Public 指示响应可被任何缓存区缓存；Keep-Alive 功能使客户端到服务器端的连接持续有效，当出现对服务器的后继请求时，Keep-Alive 功能避免了建立或者重新建立连接。

2）Date 头域：表示消息发送的时间。

3）Pragma 头域：用来包含实现特定的指令，最常用的是 Pragma:no-cache。在 HTTP/1.1 中，它的含义和 Cache-Control:no-cache 相同。

（2）请求消息

1）Host 头域：指定请求资源的 Internet 主机和端口号。

2）Referer 头域：允许客户端指定请求 URL 的资源地址，是一个相对地址。

3）Range 头域：可以请求实体的一个或多个子范围。

4）User-Agent 头域：内容包含发出请求的用户信息。

（3）响应消息

1）Location 响应头：用于重定向接收者到一个新的 URI（Uniform Resource Locator）地址。

2）Server 响应头：包含处理请求的原始服务器的软件信息。

（4）实体信息

请求消息和响应消息都可以包含实体信息，实体信息一般由实体头域和实体组成。

1）Content-Type 实体头：用于向接收方指示实体的介质类型，指定 HEAD 方法送到接收方的实体介质类型，或指定 GET 方法发送的请求介质类型。

2）Content-Range 实体头：用于指定整个实体中的一部分的插入位置，也指示了整个实体的长度。

3）Last-modified 实体头：指定服务器上保存内容的最后修订时间。

3．工作原理

HTTP 操作过程分为 4 步：

1）客户机与服务器建立连接。

2）建立连接后，客户机发送一个请求给服务器，请求方式的格式为：统一资源标识符（URL）、协议版本号，后边是 MIME 信息，包括请求修饰符、客户机信息和可能的内容。

3）服务器接到请求后，给予相应的响应信息，其格式为一个状态行，包括信息的协议版本号、一个成功或错误的代码，后边是 MIME 信息，包括服务器信息、实体信息和可能的内容。

4）客户端接收服务器所返回的信息通过浏览器显示在用户的显示屏上，然后客户机与服务器断开连接。

4．HTTP 的主要特点

1）支持客户/服务器模式。

2）简单快速。客户向服务器请求服务时，只需传送请求方法和路径。请求方法常用的有 GET、HEAD、POST。每种方法规定了不同的客户与服务器联系的类型。由于 HTTP 较简单，使得 HTTP 服务器的程序规模较小，因而通信速度很快。

3）灵活。HTTP 允许传输任意类型的数据对象。正在传输的类型由 Content-Type 加以标记。

4）无连接。无连接的含义是限制每次连接只处理一个请求。服务器处理完客户的请求，并收到客户的应答后，即断开连接。采用这种方式可以节省传输时间。

5）无状态。HTTP 是无状态协议。无状态是指协议对于事务处理没有记忆能力。缺少状态意味着如果后续处理需要前面的信息，则必须重传，这样可能导致每次连接传送的数据量增大。在服务器不需要先前信息时它的应答就比较快。

38.2 http 模块

传统的 HTPP 服务器会由 Apache、Nginx、IIS 之类的软件来担任，但是 Node.js 并不需要，Node.js 提供了 http 模块，自身就可以用来构建服务器，而且 http 模块是由 C++实现的，性能可靠。

使用 http 模块时，需要通过以下方法来引入：

```
var http=require('http')。
```

接下来通过一个简易的 HTTP 服务器作为开头的学习，代码如下：

```
var http=require("http");
http.createServer(function(request,response){
response.writeHead(200,{'Content-Type':'text/html;charset=utf8'});
                                        //发送 HTTP 头部
response.end('Hello world\n');          //发送响应数据
}).listen(8888);
```

使用 Node 命令执行以上代码，打开浏览器输入 "localhost:8888"，可以看到屏幕上的 Hello world 了，这表明这个最简单的 Node.js 服务器已经搭建成功了。

代码分析：

1）使用 require 指令来载入 Node.js 自带的 http 模块，并将实例化的 http 赋值给变量 http。

2）调用 http 模块提供的 createServer 函数，该函数会返回一个对象，这个对象上有一个 listen 方法，此方法有一个数值参数，用来指定服务器监听的端口号。

3）Node.js 中的 http 模块中封装了一个 HTPP 服务器和一个简易的 HTTP 客户端。

4）http.Server 是一个基于事件的 HTTP 服务器，http.request 则是一个 HTTP 客户端工具，用于向 HTTP 服务器发起请求。

在上面的例子中，createServer 方法中的参数函数中的两个参数 req 和 res 分别代表了请求对象和响应对象。其中，req 是 http.IncomingMessage 的实例，res 是 http.Server Response 的实例。

1．HTTP 服务器

本节开头使用的 createServer 方法返回了一个 http.Server 对象，这其实是一个创建 HTTP 服务的捷径，如果使用以下代码来实现，也一样可行。

```
var http=require("http");var server=new http.Server();
server.on("request",function(req,res){
    res.writeHead(200,{
        "content-type":"text/plain"
    });
    res.write("hello nodejs");
    res.end();
});
server.listen(3000);
```

上述代码直接创建一个 http.Server 对象，然后为其添加 request 事件监听，createServer 方法其实本质上也是为 http.Server 对象添加了一个 request 事件监听。

http.Server 是一个基于事件的服务器，继承自 EventEmitter，事实上，Node.js 中大部分模块都继承自 EventEmitter，包括 fs、net 等模块，这也就是为什么说 Node.js 是基于事件驱动的（关于 EventEmitter 的更多内容可以在官方 API 下的 events 模块中找到）。http.Server 提供的事件如下。

1）request：当客户端请求到来时，该事件被触发，提供两个参数，即 req 和 res，表示请求和响应信息，是最常用的事件。

2）connection：当 TCP 连接建立时，该事件被触发，提供一个参数 socket，是 net.Socket 的实例。

3）close：当服务器关闭时，触发事件（注意，不是在用户断开连接时）。

request 事件是最常用的，而参数 req 和 res 分别是 http.IncomingMessage 和 http.Server Response 的实例。

http.IncomingMessage 是 HTTP 请求的信息，一般由 http.Server 的 request 事件发送，并

作为第一个参数传递。HTTP 请求一般可以分为两部分：请求头和请求体。其提供了以下 3 个事件。

1）data：当请求体数据到来时，该事件被触发，该事件提供一个参数 chunk，表示接收的数据，如果该事件没有被监听，则请求体会被抛弃，该事件可能会被调用多次（这与 Node.js 是异步的有关系）。

2）end：当请求体数据传输完毕时，该事件会被触发，此后不会再有数据。

3）close：用户当前请求结束时，该事件被触发，不同于 end，如果用户强制终止了传输，也是用 close。

http.IncomingMessage 的属性见表 38-1。

表 38-1

属 性 名 称	含　　　义
complete	客户端请求是否已经发送完成
httpVersion	HTTP 版本
method	HTTP 请求方法，如 GET、POST、PUT 等
url	原始的请求路径
headers	HTTP 请求头
trailers	HTTP 请求尾（一般不常见）
connection	当前 HTTP 连接套接字，是 net.Socket 的实例
socket	connection 属性的别名
client	client 属性的别名

http.ServerResponse 是返回给客户端的信息，决定了用户最终看到的内容，一般也由 http.Server 的 request 事件发送，并作为第二个参数传递，它有 3 个重要的成员函数，用于返回响应头、响应内容以及结束请求。

1）res.writeHead(statusCode,[heasers])：向请求的客户端发送响应头，该函数在一个请求中最多调用一次，如果不调用，则会自动生成一个响应头。

2）res.write(data,[encoding])：向请求的客户端发送相应内容，data 是一个 Buffer 或者字符串，如果 data 是字符串，则需要制订编码方式，默认为 UTF-8，在 res.end 调用之前可以多次调用。

3）res.end([data],[encoding])：结束响应，告知客户端所有发送已经结束。当所有要返回的内容发送完毕时，该函数必须被调用一次，两个可选参数与 res.write() 相同。如果不调用此函数，则客户端将处于等待状态。

2．HTTP 客户端

http 模块提供了两个函数，即 http.request() 和 http.get()，功能是作为客户端向 HTTP 服务器发起请求。

（1）http.request(options,callback)

options 是一个类似关联数组的对象，表示请求的参数；callback 作为回调函数，需要传递一个参数，为 http.ClientResponse 的实例。http.request 方法返回一个 http.ClientRequest 的实例。

options 常用的参数有 host、port（默认为 80）、method（默认为 GET）、path（请求的相对于根的路径，默认是 "/"，其中 querystring 应包含其中，如/search?query=byvoid）、headers（请求头内容）。

示例：

```
var http=require("http");
var options={
    hostname:"cn.bing.com",
    port:80
}
var req=http.request(options,function(res){
    res.setEncoding("utf-8");
    res.on("data",function(chunk){
        console.log(chunk.toString())
    });
    console.log(res.statusCode);
});
req.on("error",function(err){
    console.log(err.message);
});
req.end();
```

运行这段代码在控制台可以发现，对应首页的 HTML 代码已经呈现出来了。

（2）http.get(options,callback)

这个方法是 http.request 方法的简化版，唯一的区别是 http.get 方法自动将请求方法设为了 GET 请求，同时不需要手动调用 req.end()。但需要记住的是，如果使用 http.request 方法时没有调用 end 方法，则服务器将不会收到信息。因为 http.get 和 http.request 方法都是返回一个 http.ClientRequest 对象。

（3）http.ClientRequest

http.ClientRequest 是由 http.request 或 http.get 方法返回产生的对象，表示一个已经产生而且正在进行中的 HTPP 请求，提供一个 response 事件，即使用 http.get 和 http.request 方法中的回调函数所绑定的对象，可以显式地绑定这个事件的监听函数。

示例：

```
var http=require("http");
var options={
    hostname:"cn.bing.com",
    port:80
}
var req=http.request(options);
req.on("response",function(res){
        res.setEncoding("utf-8");
    res.on("data",function(chunk){
        console.log(chunk.toString())
    });
    console.log(res.statusCode);
```

```
    })
    req.on("error",function(err){
        console.log(err.message);
    });
    req.end();
```

http.ClientRequest 也提供了 write 和 end 函数，用于向服务器发送请求体，通常用于 POST、PUT 等操作。所有写操作都必须调用 end 函数来通知服务器，否则请求无效。此外，这个对象还提供了 abort()、setTimeout()等方法，具体可以参考文档。

（4）http.ClientResponse

与 http.ServerRequest 相似，http.ClientResponse 提供了 3 个事件，即 data、end、close，分别在数据到达、传输结束和连接结束时触发，其中 data 事件传递一个参数 chunk，表示接收到的数据。其属性如下：

① statusCode：HTTP 状态码。

② httpVersion：HTTP 版本。

③ headers：HTTP 请求头。

④ trailers：HTTP 请求尾（不常见）。

此外，http.ClientResponse 对象提供了几个特殊的函数。

1）response.setEncoding([encoding])：设置默认的编码，当 data 事件被触发时，数据将会以 encoding 编码，默认值是 null，即不编码，以 Buffer 形式存储。

2）response.pause()：暂停结束数据和发送事件，方便实现下载功能。

3）response.resume()：从暂停的状态中恢复。

最后介绍一个简单的爬虫练习：通过 http 模块将某大学里学院的名称都找到，代码如下：

```
    var cheerio=require("cheerio");var http=require("http");var fs=require
("fs");
    var options="http://www.sysu.edu.cn/2012/cn/jgsz/yx/index.htm";
    var htmlData=""var req=http.request(options,function(res){
        res.on("data",function(chunk){
            htmlData+=chunk;
        });
        res.on("end",function(){
            var $=cheerio.load(htmlData);
            var textcontent=$("tr").text();
            fs.writeFile("./school.txt",textcontent,"utf-8")
        });
    });
    req.end();
```

执行后就可在 school.txt 文件中看到所有的学院了。这里用了一个外部的模块 cheerio，这个模块可以让开发人员像 jQuery 一样操作 HTML 代码。

第 39 章

Node.js 实战之静态服务器

本章主要内容

- 非目录文件处理
- 目录处理
- 实现静态服务器

上一章介绍了 Node.js 中内置的 http 模块的各种方法，本章将创建一个静态服务器，从而深入了解 Web 开发的本质以及 HTTP 的细节。

在开发这个静态服务器之前，读者可以通过运行如下命令来安装本书的示例代码：

```
npm install -g lserver
```

然后运行 cd 命令跳转到任意目录，运行 lserver，就可以打开默认的浏览器，访问到自己的局域网 IP 地址加一个随机的端口号，同时会在页面中看到当前文件夹下的所有文件，可以单击查看其中的文件，或单击目录查看其中的文件，就像一个运行在网页端的文件管理系统。同时，局域网内的其他成员也可以通过 IP 地址访问到其中的文件，可以下载其中的文件，就像打开了一个局域网文件传递程序。

Node.js 有能力让我们以并不烦琐的方式实现上述两个复杂的功能，这充分证明了其强大的特性。本章中创建静态服务器的代码全部使用 Node.js 内置模块编写，没有使用任何外部库。同时，此程序可以被发布到 npm，供全世界的程序员下载使用。

39.1　非目录文件处理

当一个请求被发送到服务器时，可以通过 http.createServer 回调函数中的 req 对象得到用户请求的 URL 地址，结合 Node.js 的文件处理能力和 http 模块提供的接口，可以把用户请求的 URL 对应到根目录下的文件，然后把该文件发送给用户。

核心代码如下：

```
if (fs.existsSync(file)) {
  if (tools.isFile(file)) {
    var extName = path.extname(file).toLowerCase();
    let type = dict[extName] ? dict[extName] : 'text/plain';
    res.setHeader('Content-type', type);
    res.setHeader('Content-length', fs.lstatSync(file).size);
    let rs = fs.createReadStream(file, {encoding: 'utf8'});
    rs.pipe(res);
    rs.on('end', () => {
      res.end();
    });
  }
} else {
  res.statusCode = 404;
  res.statusMessage = 'not found';
  res.end();
}
```

39.2　目录处理

如果用户请求的 URL 对应的是服务器上的一个目录，此时应该给用户一个特定的标识，如在该文件名后添加一个"/"，提示用户这是一个目录，可被单击。

具体代码如下：

```
if (tools.isDir(file)) {
  let lis = '';
  fs.readdirSync(file).forEach(v => {
    let link = path.join(url, v);
    // 这里是给用户提示的关键，如果用户请求的是目录，则在遍历其中文件的过程中
    // 要对是目录的部分给出特定的提示
    let name = v + (tools.isDir(path.join(documentRoot, link))?'/' : '');
    lis += `<li><a href="${link}">${name}</a></li>`;
  });
  let html = fs.readFileSync(path.join(__dirname, 'index.html'));
  res.end(tools.render(html, lis));
}
```

39.3 实现静态服务器

综上两个要点，我们已经可以处理文件和目录的显示，最后要加上一些判断，如若这个文件不存在，要向用户发送 404 文件当作对不存在的回应。

以下为示例代码，在示例代码中用到了自己开发的 tools.js，它提供了一些方便的方法以快速监测本地 IP 地址，以及判断一个路径是否为文件等工具函数，让程序代码的逻辑更清楚，读者可以参考源码中的注释来理解这部分内容。

```
#!/usr/bin/env node
// 开头的这个描述不可缺少，当想以全局命令的方式把这个模块发到 npm
// 服务器时，这个描述是不可或缺的，它指定了计算机用哪个程序来运行这段脚本
// 同时，当用户执行命令 npm install -g 时，这个标识会在不同的平台上自动编译为平台对应的版本
var http = require('http');
var path = require('path');
var tools = require('./tools');
var dict = require('./contentType');
var os = require('os');
var fs = require('fs');
var queryString = require('querystring');
var documentRoot = process.argv[2] || '.';
if (!fs.existsSync(path.resolve(documentRoot))) {
  throw Error('path not exists');
}

var server = http.createServer((req, res) => {
  let url = queryString.unescape(req.url);
  let file = path.join(documentRoot, url);
  console.log(`${req.socket.remoteAddress}  ${req.method} ${url}`);
  if (fs.existsSync(file)) {
    if (tools.isDir(file)) {
      let lis = '';
      fs.readdirSync(file).forEach(v => {
        let link = path.join(url, v);
        let name = v + (tools.isDir(path.join(documentRoot, link)) ?
'/' : '');
        lis += `<li><a href="${link}">${name}</a></li>`;
      });
      let html = fs.readFileSync(path.join(__dirname, 'index.html'));
      res.end(tools.render(html, lis));
    } else if (tools.isFile(file)) {
      var extName = path.extname(file).toLowerCase();
      let type = dict[extName] ? dict[extName] : 'text/plain';
      res.setHeader('Content-type', type);
```

```
        res.setHeader('Content-length', fs.lstatSync(file).size);
        let rs = fs.createReadStream(file, {encoding: 'utf8'});
        rs.pipe(res);
        rs.on('end', () => {
          res.end();
        });
      }
    } else {
      res.statusCode = 404;
      res.statusMessage = 'not found';
      res.end();
    }
});

server.listen(() => {
  let url = `http://${tools.getAddress()}:${server.address().port}`;
  console.log(`server is listening @ ${url}`);
  tools.openUrl(url);
});
```

　　同时在主程序中，在给用户发回请求时，需要设置 HTTP 回应信息中的 Content-Type 字段，所以引入了这个 JSON 文件，它以查询表的形式列出了各种常见扩展名对应的 mime type，方便我们在程序中直接查表得到。ContentType.json 文件如下，读者可以在此基础上继续扩展。

```
{
  ".aac": "audio/aac",
  ".abw": "application/x-abiword",
  ".arc": "application/octet-stream",
  ".avi": "video/x-msvideo",
  ".azw": "application/vnd.amazon.ebook",
  ".bin": "application/octet-stream",
  ".bz": "application/x-bzip",
  ".bz2": "application/x-bzip2",
  ".csh": "application/x-csh",
  ".css": "text/css",
  ".csv": "text/csv",
  ".doc": "application/msword",
  ".epub": "application/epub+zip",
  ".gif": "image/gif",
  ".html": "text/html",
  ".3gp": "video/3gpp",
  ".3g2": "video/3gpp2",
  ".7z": "application/x-7z-compressed"
}
```

　　index.html 文件中内置了一些样式，供程序读取作为服务器回应的模板，读者可以自行修改，打造成自己喜欢的样子。示例代码如下：

```html
<!doctype html>
<html>

<head>
  <meta charset="utf-8" />
  <meta name="viewport" content="width=device-width, initial-scale=1">
  <title></title>
  <style>
    * {
      margin: 0;
      padding: 0;
      list-style: none;
      text-decoration: none;
      box-sizing: border-box;
    }

    body {
      background: #eee;
    }

    header {
      height: 40px;
      background: #000;
    }

    .container {
      padding: 0 80px;
    }

    ul {
      background: #fff;
      padding: 50px;
    }

    li {
      line-height: 30px;
    }

    li a {
      color: #3768fb;
    }

  </style>
</head>
```

```
<body>
  <header></header>
  <div class="container">
    <ul>
      <!-- 作为正则替换的标准 -->
      <%=lis%>
    </ul>
  </div>
</body>

</html>
```

tools.js 文件中列出了辅助主程序运行的函数，其中包括调用系统命令打开默认浏览器的 openUrl、获取本地局域网 IP 地址的 getAddress，还包括一个便捷的判断路径是文件还是目录的方法。示例代码如下：

```
var os = require('os');
var childProcess = require('child_process');
var fs = require('fs');

function openUrl(url) {
  if (os.platform() === 'win32') {
    childProcess.spawn('explorer', [url]);
  } else if (os.platform() === 'darwin') {
    childProcess.spawn('open', [url]);
  } else {
    console.log('not support yet');
  }
}
function getAddress() {
  let address = '127.0.0.1';
  let addressInfo = os.networkInterfaces();
  for (let key in addressInfo) {
    let arr = addressInfo[key];
    arr.forEach(v=> {
      if (v.family === 'IPv4') {
        address = v.address;
      }
    });
  }
  return address;
}

function getAddress() {
  var address;
  if (os.platform() === 'win32') {
    var info = os.networkInterfaces()['以太网'] ||
```

```
          os.networkInterfaces()['本地连接'] ||
          os.networkInterfaces()['WLAN'];
    address = info.filter(v => v.family === 'IPv4')[0].address;
  } else if (os.platform() === 'darwin') {
    var info = os.networkInterfaces()['en0'] ||
      os.networkInterfaces()['en1'];
    address = info.filter(v => v.family === 'IPv4')[0]
      .address;
  } else {
    console.log('not support yet');
  }
  return address;
}


function isDir(path) {
  return fs.lstatSync(path).isDirectory();
}


function isFile(path) {
  return fs.lstatSync(path).isFile();
}


function render(html, value) {
  return html.toString().replace(/\<\%\=[^\%]*\%\>/, value);
}
module.exports = {
  openUrl,
  getAddress,
  isDir,
  isFile,
  render
};
```

最后需要完善 package.json 文件，这个文件是发布该程序到 npm 服务器的关键。name
字段会作为整个包的名字，bin 字段中的键值是用户在命令行中使用此程序的名字。示例代
码如下：

```
{
  "name": "lserver",
  "version": "1.0.8",
  "description": "static file server",
  "main": "index.js",
  "bin": {
    "lserver": "./index.js"
  },
  "scripts": {
    "test": "echo \"Error: no test specified\" && exit 1"
```

```
    },
    "author": "优逸客",
    "license": "ISC"
}
```

    至此，一个完整的静态服务器开发完毕，此过程能帮助读者理解 Web 应用运作的流程和 HTTP 的细节。这里读者可以自己尝试给这个静态服务器加上缓存的功能，从而扩展这个服务器。

第 40 章

Node.js 实战之爬虫系统

本章主要内容

- 爬虫系统流程
- 布隆过滤器
- 数据存储设计
- 爬虫主程序

在大数据时代，深入整合信息的需求广泛存在，在企业中，信息可以作为数据仓库多维展现的数据源，也可以作为数据挖掘的来源。同时，使用统计学方法分析大量信息有很高的应用价值，如抓捕犯罪嫌疑人、提高企业生产力、调整商品价格、分析股票走势等。

在这样的大背景下，获取信息的能力变得尤为重要。本章将介绍爬虫系统的基本流程、原理、需要解决的问题。最后再以一个实例展示对某新闻网站进行抓取的爬虫系统。

40.1 爬虫系统流程

1. 网页结构分析

以省、市、区这样的数据结构来进行理解。进入这样一个站，有每个省，省下面有每个市，市下面有每个区，想得到的结构化数据是"省-市-区"，如山东省-聊城市-莘县、山东省-聊城市-东昌府区。采取的策略是逐层 URL、逐层获取数据。在省这一层获取市的 URL，再对市的 URL 进行解析得到每个区，进入区这一层时需要把前两层的数据传递过来，返回给 item，交给 pipeline 进行处理。

2. 爬虫队列设计

URL 队列被爬行进程赋予一个 URL（或者来自于其他爬行进程的主机分离器）。它维护了一个包含大量 URL 的队列，并且每当有爬虫线程寻找 URL 时，它都会按照某种顺序重新排序。以何种顺序返回队列中的 URL，需要做两个方面的考虑。

第一个要考虑的是具有很高更新频率的高质量页面，即页面的优先级。一个页面的优先级权值应该是由其改变频率和它本身的网页质量（使用一些恰当的质量评估方法）共同决定的。这是很必要的，因为在每次抓取的时候，很多更新频率很高的页面都是质量很差的垃圾页面。

第二个要考虑的就是礼貌策略，必须避免在很短的时间间隔内重复抓取同一个主机。因此，如果 URL 队列被设计成简单的优先级队列，则可能会造成对某一主机的大量的访问请求。就算设定对于某台主机，任何时候最多只允许一个线程可以进行爬取，这样的情况仍然会发生。一个好的想法是在对某一主机进行连续的爬取请求之间插入一段时间间隔，这个空隙的数量级应该大于最近大部分对该主机爬取所花费的时间。

3. URL 去重

在爬虫启动工作的过程中，我们不希望同一个网页被多次下载，因为重复下载不仅会浪费 CPU 机时，还会为搜索引擎系统增加负荷。而想要控制这种重复性下载问题，就要考虑下载所依据的超链接，只要能够控制待下载的 URL 不重复，就基本可以解决同一个网页重复下载的问题。

所谓的 URL 去重，就是爬虫将重复抓取的 URL 去除，避免多次抓取同一网页。爬虫一般会将待抓取的 URL 放在一个队列中，从抓取后的网页中提取新的 URL，在它们被放入队列之前，首先要确定这些新的 URL 没有被抓取过，如果之前已经抓取过了，就不再放入队列。

最直观的做法是使用散列（Hash）表。

为了尽快把整个爬虫搭建起来，最开始采用的 URL 去重方案是一个内存中的 HashSet。HashSet 中放置的就是 URL 的字符串，任何一个新的 URL 首先在 HashSet 中进行查找，如果 HashSet 中没有，就将新的 URL 插入 HashSet，并将 URL 放入待抓取队列。

这个方案的好处是它的去重效果精确，不会漏过重复的 URL。它的缺点是爬虫第二天早上就挂了，因为随着抓取网页的增加，HashSet 会一直无限制地增长。另外，网络中的很多 URL 其实是很长的，有大量的 URL 长度达到上百个字符。当然，因为爬虫是跑在一个小服务器上，故 Java 虚拟机上的内存本来就不多，否则它应该能再多撑 1～2 天。

简单估算一下，假设单个 URL 的平均长度是 100 B（已经非常保守了），那么抓取 1000 万的 URL 就需要 1 GB。

而 1000 万 URL 在整个互联网中实在是沧海一粟。可以想像，需要多大的内存才能装下所有 URL 的 HashSet。

布隆过滤器（Bloom Filter）是 1970 年由布隆提出的。它实际上是一个很长的二进制向量和一系列随机映射函数。布隆过滤器可以用于检索一个元素是否在一个集合中。它的优点是空间效率和查询时间都远远超过一般的算法，缺点是有一定的误识别率和删除困难。

如果想判断一个元素是不是在一个集合里，一般想到的是将集合中所有的元素保存起来，然后通过比较确定。链表、树、散列表等数据结构都是这种思路。但是随着集合中元素的增加，需要的存储空间越来越大，同时检索速度也越来越慢。

布隆过滤器的原理是，当一个元素被加入集合时，通过 K 个散列函数将这个元素映射成一个位数组中的 K 个点，并把它们置为 1。检索时，只要看看这些点是不是都是 1 就（大约）知道集合中有没有它了。如果这些点有任何一个为 0，则被检元素一定不存在；如果都是 1，则被检元素很可能存在。这就是布隆过滤器的基本思想。

相比于其他数据结构，布隆过滤器在空间和时间方面都有巨大的优势。布隆过滤器的存储空间和插入/查询时间都是常数 O(k)。另外，散列函数相互之间没有关系，方便由硬件并行实现。布隆过滤器不需要存储元素本身，在某些对保密要求非常严格的场合有优势。布隆过滤器可以表示全集，其他任何数据结构都不能。

但是布隆过滤器的缺点和优点一样明显，误算率是其中之一，随着存入元素数量的增加，误算率也随之增加。但是如果元素数量太少，则使用散列表足矣。

另外，一般情况下不能从布隆过滤器中删除元素。我们很容易想到把位数组变成整数数组，每插入一个元素相应的计数器加 1，这样删除元素时将计数器减掉即可。然而要保证安全地删除元素并非如此简单。首先必须保证删除的元素的确在布隆过滤器中，这一点单凭这个过滤器是无法保证的。另外，计数器回绕也会造成问题。

在降低误算率方面，有不少改进方法，故出现了很多布隆过滤器的变种。

4．总结

一个良好的爬虫架构必须满足以下要求。

1）分布式：爬虫应该能够在多台机器上分布执行。

2）可伸缩性：爬虫结构应该能够通过增加额外的机器和带宽来提高抓取速度。

3）性能和有效性：爬虫系统必须有效地使用各种系统资源，如存储器和网络。

4）质量：爬虫应该先抓取高质量的网页。

5）新鲜性：一些更新速度快的应用，爬虫要及时跟进。

6）可扩展性：爬虫架构应该设计成模块化的形式。

了解了爬虫系统的总体设计方案之后，把其中的一些关键技术点解决掉，就可以来开发爬虫系统了，首先需要一个非常关键的布隆过滤器。

40.2 布隆过滤器

这是笔者发布到 npm 上的一个布隆过滤器的实现，读者可以使用。通过命令"npm install bloom-filter-x"来安装这个模块，并在自己的项目中使用，具体的实现原理请看下例。

首先需要一个 Hash 算法来解决布隆过滤器中需要用到的不同的 Hash，这是笔者实现的一个 murmurhash2 规范的散列算法，限于篇幅，这里不做具体的描述，读者可以查阅资料了解该散列算法的设计规则。

示例：

```javascript
"use strict";
function doHash(str, seed) {
 var m = 0x5bd1e995;
 var r = 24;
 var h = seed ^ str.length;
 var length = str.length;
 var currentIndex = 0;

 while (length >= 4) {
   var k = UInt32(str, currentIndex);

   k = Umul32(k, m);
   k ^= k >>> r;
   k = Umul32(k, m);

   h = Umul32(h, m);
   h ^= k;

   currentIndex += 4;
   length -= 4;
 }

 switch (length) {
   case 3:
     h ^= UInt16(str, currentIndex);
     h ^= str.charCodeAt(currentIndex + 2) << 16;
     h = Umul32(h, m);
     break;

   case 2:
     h ^= UInt16(str, currentIndex);
     h = Umul32(h, m);
     break;

   case 1:
```

```
        h ^= str.charCodeAt(currentIndex);
        h = Umul32(h, m);
        break;
    }

    h ^= h >>> 13;
    h = Umul32(h, m);
    h ^= h >>> 15;

    return h >>> 0;
}

function UInt32(str, pos) {
    return str.charCodeAt(pos++) + (str.charCodeAt(pos++) << 8) + (str.char
CodeAt(pos++) << 16) + (str.charCodeAt(pos) << 24);
}

function UInt16(str, pos) {
    return str.charCodeAt(pos++) + (str.charCodeAt(pos++) << 8);
}

function Umul32(n, m) {
    n = n | 0;
    m = m | 0;
    var nlo = n & 0xffff;
    var nhi = n >>> 16;
    var res = ((nlo * m) + (((nhi * m) & 0xffff) << 16)) | 0;
    return res;
}

module.exports = doHash;
```

有了散列算法以后就可以实现布隆过滤器了，具体解释可以参考注释，代码如下：

```
"use strict";
var doHash = require('./murmurhash2');

class BloomFilter {
    constructor(arraySize, hashTimes) {
        this.stack = new Array(arraySize || 50000);
        if (hashTimes) {
            let seeds = [];
            for (let i = 0; i < hashTimes; i++) {
                seeds.push(i * 10);
            }
            this.seeds = seeds;
        } else {
```

```
    this.seeds = [0, 10, 20, 30, 40];
   }
 }

 isInSet(url) {
   return this.seeds.every(seed=> this.stack[doHash(url, seed) %
this.stack.length]);
  }

 add(url) {
   if (!this.isInSet(url)) {
    this.seeds.forEach(v=> {
      var index = doHash(url, v) % this.stack.length;
      this.stack[index] = 1;
    });
    return true;
   } else {
    return false;
   }
  }
 }
module.exports = new BloomFilter();
```

布隆过滤器一旦完成，我们就拥有了过滤 URL 的能力，下一节将设计数据存储的结构。

40.3　数据存储设计

Node.js 与 MySQL 的交互操作有很多库，这里使用 MySQL，读者可以通过如下命令进行 MySQL 的安装：

```
npm install mysql
```

MySQL 库的具体用法读者可以在 npmjs.com 网站上搜索 MySQL，查看其文档。

这里需要一个 MySQL 数据库来存储抓取到的数据，同时需要编写代码来实现对某新闻网站数据的抓取。

config.json 文件作为数据库的配置项，可以保护与数据库相关的私密信息，代码如下：

```
{
  "host": "sqld.duapp.com",
  "port": 4050,
  "user": "优逸客",
  "password": "优逸客",
  "database": "优逸客",
  "connectionLimit": 100000,
  "multipleStatements": true
}
```

mysql.js 中封装了一个更方便的使用 MySQL 库的方法。代码如下：

```
"use strict";

const mysql = require('mysql');
const config = require('./config.json');
const pool = mysql.createPool(config);
module.exports = pool;
```

准备工作都做好以后，即可开始书写抓取信息的主代码。

40.4 爬虫主程序

爬虫主程序主要由 4 部分组成，具体介绍如下。

1. crawler 主函数

调用该函数，将先从数据库中取出最近的 5000 条数据按 id 倒序排列，将这 5000 条数据中的 URL 加入到布隆过滤器中，确保之后抓取的内容不会和之前的重复。

紧接着，该函数会向某新闻网站发起一次请求，抓取到其主页面。然后将页面的内容交付给 getData 函数。

2. getData 函数

该函数主要用于分析主页面，从中抓取到存储新闻数据的两个 JSON 文件，并对其中的数据进行解析。该函数会把所有的新闻数据组合并好以二维数组的形式返回。

3. parseData 函数

该函数主要负责数据清洗工作，调整数据中的值以符合应用需求。这个函数可以根据自己的需求来定制规则。

4. insertData 函数

该函数就是向数据库中写入数据的核心函数，将清洗过的数据写入到 MySQL 数据库。

以下为示例代码：

```
"use strict";
const request = require('request');
const cheerio = require('cheerio');
const bloomFilter = require('bloom-filter-x');
const pool = require('./mysql');
const url = 'http://news.ifeng.com';

function crawler() {
  pool.query('select url from news order by id desc limit 5000', (err,
result)=> {
    result.forEach(v=> bloomFilter.add(v.url));
  });
```

```javascript
  request.get(url, (err, header, body)=> {
    let data = getData(body);
    insertData(parseData(data));
  });
}


function getData(body) {
  let $ = cheerio.load(body);
  let ent = $('.left_co3').nextAll('script')
    .eq(0).html().trim();
  ent = JSON.parse(ent.slice(ent.indexOf('[')));
  let lists = $('.left_co3').nextAll('script')
    .eq(1).html().trim().slice(0, -1);
  lists = JSON.parse(lists.slice(lists.indexOf('[')));
  lists.splice(2, 0, ent);
  return lists;
}


function parseData(data) {
  let r = [];
  data.forEach((v, i)=> {
    v.reverse().forEach(item=> {
      let t;
      if (Array.isArray(item.thumbnail)) {
        t = item.thumbnail[0];
      } else {
        t = item.thumbnail;
      }
      if (bloomFilter.add(item.url)) {
        r.push([item.url, item.title, t, i + 1]);
      }
    })
  });
  return r;
}


function insertData(data) {
  if (data.length) {
    let sql = 'insert into news (url,title,thumbnail,cate) values ?';
    pool.query(sql, [data], (err, result)=> {
      if (err) {
        console.log(err.message);
      } else {
        console.log(result.affectedRows);
      }
    })
```

```
      } else {
        console.log('no new data');
      }
    }

    module.exports = {crawler: crawler};
```

至此完整地实现了一个新闻抓取程序，读者可以把这段程序添加到系统的定时任务中，调整好时间让其持续执行，以达到数据抓取的目的。读者也可以根据这个程序的结构去拓展其他爬虫任务，获取一些自己喜欢的数据。

Node.js 中的库非常多，但是掌握了最基本的原理和编程模式之后，使用库也就变成了看文档和测试的过程，不会再感到迷惑。如果库代码中出现了一些问题，我们也能根据自己对原理的了解快速找到应对的方法。学习编程的唯一捷径就是不停地写代码，希望大家可以积极拓展本书中的示例，完成更有趣的任务，从而提高自己的熟练度！